이론과 문제 중심

알기 쉬운 전기기기

ELECTRIC MACHINERY

김수용 · 김근수 공저

화수목

머리말

전기에너지는 우리생활에 있어서 무엇보다도 중요시 인식이 되고 있으며 모든 산업의 동력원으로 시설하고 육성을 하고 있다. 이러한 이유로서 절대적으로 기술자 필요하다.

이 책을 집필하게 된 동기는 다년간 강의를 하면서 어려운 전기기기를 어떻게 하면 쉽게 집필을 하여 강의를 할 수 있을까라는 이유에서 집필을 하게 되었다. 이론과 문제 중심으로 하여 구성하였으며, 이론을 이해하였다면 연습문제, 실전문제, 실전응용문제까지 기초부터 응용까지 해결이 가능하도록 하여 완벽하게 집필이 되도록 노력하였다. 어느 장소에서도 교재 선정 시 선정이 가능하도록 하였고, 국가기술자격증을 취득을 하고자 하는 분들이 조금 더 쉽게 공부를 할 수 있도록 출제기준에 맞추어 이론과 문제를 체계적으로 구성을 하였으며 이 책의 구성 내용은 다음과 같다.

제 1 장 직 류 기 / 제 2 장 동 기 기 / 제 3 장 변 압 기 / 제 4 장 유 도 기 / 제 5 장 정 류 기 / 실전연습문제 / 실전응용문제로 구성하였다.

1. 전기분야의 기본이론인 전기기기 이론부분과 연습문제, 실전연습문제, 실전응용문제까지 수록을 하였다.
2. 학습에 효율을 높일 수 있도록 이론과 문제를 상세히 서술을 하였다.
3. 초보자라도 쉽게 접근을 할 수 있도록 서술을 하였다.
4. 기초에서 응용까지 해결이 가능하도록 노력을 하였다.
5. 어느 장소에서도 교재 선정 시 선정하여 학습할 수 있도록 다년간 노력을 기울였다.
6. 실력 향상을 위하여 연습문제, 실전연습문제, 실전응용문제에 상세하게 풀이를 하였다.

아무쪼록, 이 책이 학습을 하고자 하는 분들에게 도움이 되길 바라는 마음으로 심혈을 기우려 집필을 하였으며, 책의 내용에 미비한 점들이 있다면 수정 보완해 나갈 것이다.

끝으로 이 책이 출판이 되기까지 수고를 하여주신 화수목 출판사 대표님 및 직원분들께 감사드린다.

교육학/공학박사.기술자(특급) **김수용**, 공학박사 **김근수** 공저자 씀

차 례

application

실전응용문제

CHAPTER

01 직류기

CHAPTER 01 직류기

1.1 직류발전기

* 앙페르의 오른나사 법칙

전류와 자장의 방향 관계

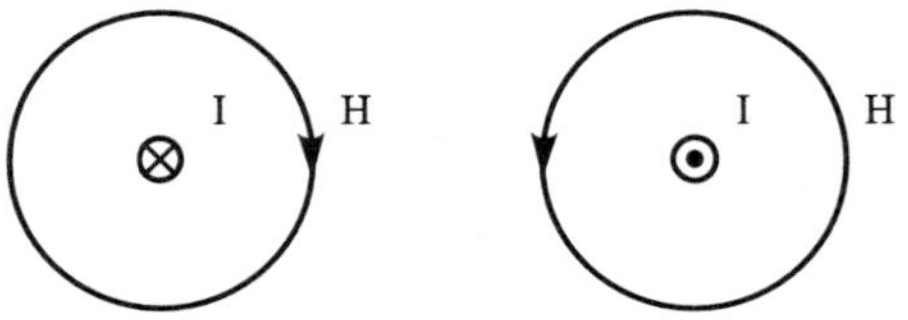

⊗ : 지면 속으로 전류가 흘러 들어가는 모양

⊙ : 지면 속으로부터 전류가 흘러 나오는 모양

* Faraday - Lenze의 전자유도 법칙

코일을 관통하는 자속을 변화시킬 때 코일에 유도기전력이 발생하는 현상

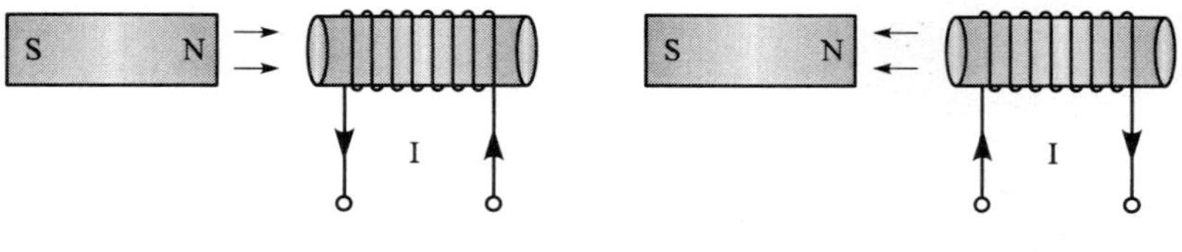

① 유도 기전력의 크기(페러데이 법칙)

$$e = N\frac{d\phi}{dt}[\mathrm{V}]$$

② 유도 기전력의 방향(렌쯔의 법칙): 자속 ϕ의 증감을 방해하는 방향.

$$e = -N\frac{d\phi}{dt}[\mathrm{V}]$$

*** 플레밍의 오른손 법칙 (발전기)**

평등 자계 중에 전기자 도체를 놓고 시계 방향으로 회전시키면 회전하는 도체가 자속을 끊으면서 플레밍의 오른손 법칙에 의한 다음과 같은 방향으로 기전력이 유도된다.

① 엄지 : 도체의 운동 방향 (v)

② 검지 : 자장의 방향(B)

③ 중지 : 기전력의 방향(e)

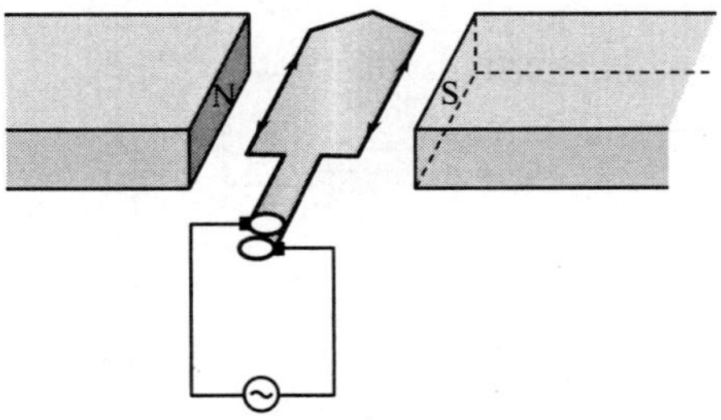

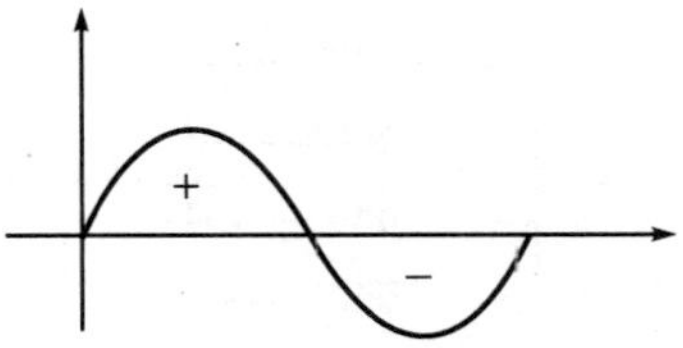

*** 플레밍의 왼손 법칙(전동기)**

평등 자계 중에 전기자 도체를 놓고 전류를 흘려주면 도체에는 플레밍의 왼손법칙에 의한 짝힘(전자력)이 발생되어 시계 반대 방향으로 회전할 수 있다.

① 엄지 : 힘의 방향

② 검지 : 자장의 방향

③ 중지 : 전류의 방향

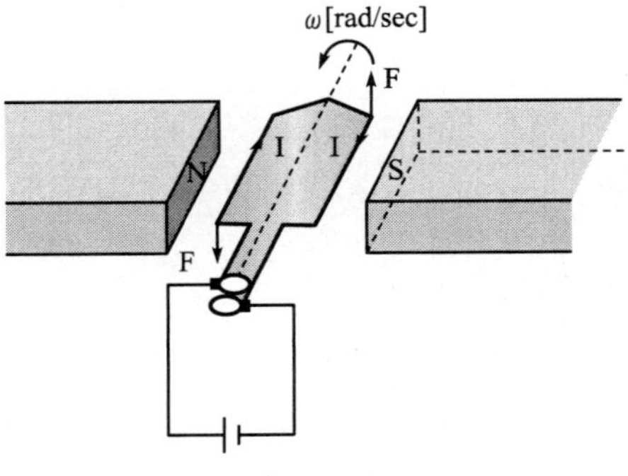

$EI = \omega\tau$

1. 전기자 권선법 및 중권과 파권의 차이점

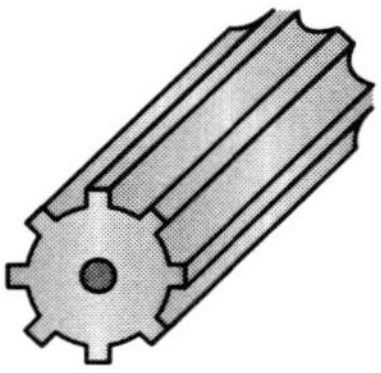

환상권
고상권 : 개로권
　　　　폐로권 :단층권
　　　　　　　이층권 : 중권(병렬권) , 파권(직렬권)

1) 중권

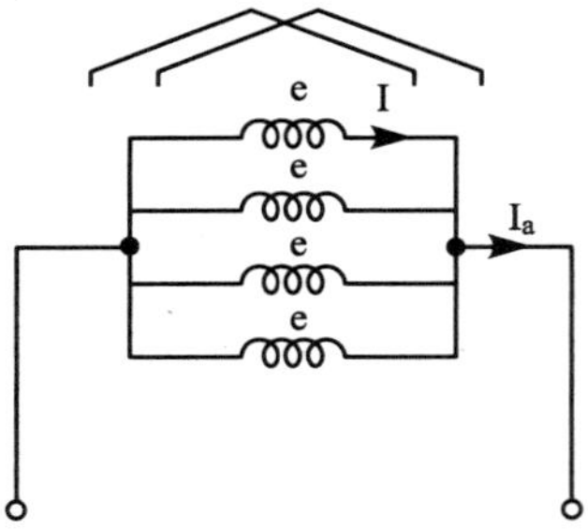

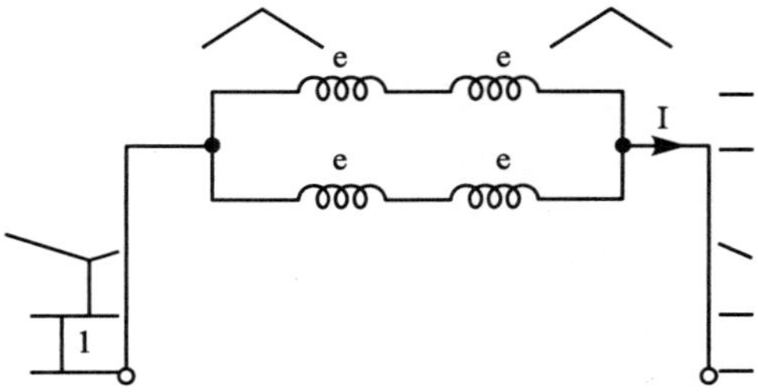

2. 유기 기전력 및 전기자 반작용

직류발전기에서 발생된 전압(E)

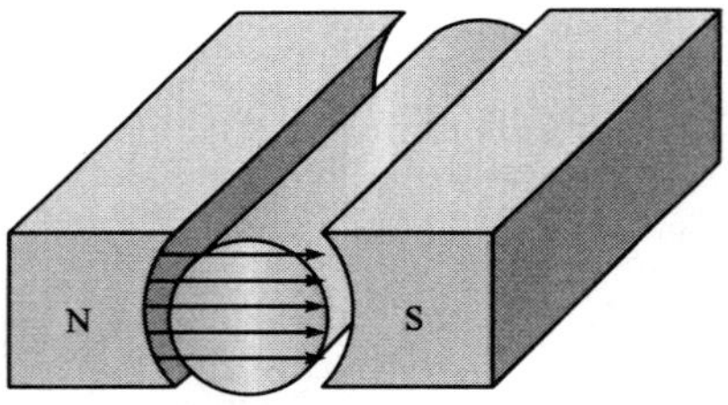

B[Wb/m²]

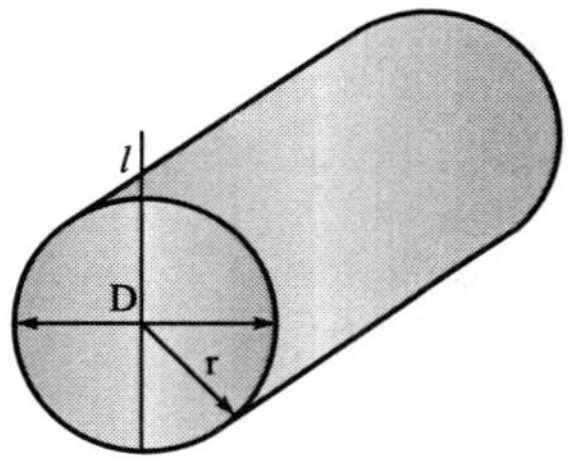

$A = 2\pi\gamma \times \ell = \pi D\ell$

- 단도체　$e = B\ell\nu[V]$
- 자속밀도 $B = \dfrac{P\phi}{\pi D\ell} = [Wb/m^2]$　　　(∴ 총자속수=$P\phi$[Wb])
- 주변속도 $v = 2\pi r \times \dfrac{N}{60} = \pi D\dfrac{N}{60}$[rad/sec]

　∴ 단도체$e = B\ell\nu \times \dfrac{P\phi}{\pi D\ell} \cdot \ell \cdot \pi D\dfrac{N}{60}$[V]

- 전도체　$e = B\ell\nu \times \dfrac{Z}{a} = \dfrac{P\phi}{\pi D\ell} \cdot \ell \cdot \pi D\dfrac{N}{60} \times \dfrac{Z}{a} = \dfrac{P}{a}Z\phi\dfrac{N}{60}$[V]

$$\therefore\ E = \frac{P}{a} Z\phi \frac{N}{60}[\mathrm{V}] = K\phi \mathrm{N}$$

여기서, P : 극수, ϕ : 한 극당 자속[Wb], $K = \dfrac{PZ}{60a}$,

N : 회전수[rpm] a : 병렬회로수

*** 전기자 반작용**

전기자 도체의 전류에 의해 발생된 자속이 계자 자속에 영향을 주는 현상.

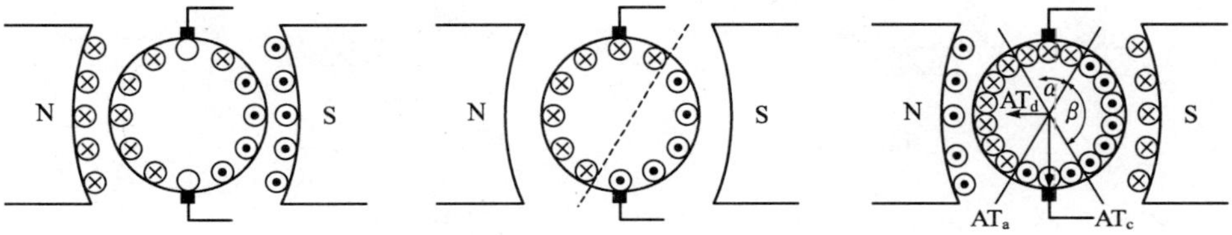

1) 전기자 반작용 발생결과

① 주자속 감소(감자작용)

G : E↓ ($E = K\phi N$), M : τ↓ ($E = K\phi I_a$)

② 편자 작용에 의한 중성축 이동

G : 회전 방향, M : 회전 반대 방향

➡ 전기자 기자력(ATa)의 2분력 : 감자기자력(AT_d) : 주자속 감소

교차기자력(AT_c) : 중성축 이동

- 매극당 감자 기자력 $AT_d = \dfrac{2a}{\pi}\dfrac{Z}{P}\dfrac{1}{2}\dfrac{I_a}{a}$[AT/pole]

- 매극당 교차 기자력 $AT_c = \dfrac{\beta}{\pi}\dfrac{Z}{P}\dfrac{1}{2}\dfrac{I_a}{a}$[AT/pole]

③ 자기적 중성축 이동으로 인한 브러쉬에서의 기전력 발생으로 정류자 편간 전압이 불균일하게 되어 브러쉬에서 불꽃이 발생한다. (정류불량의 원인)

2) 전기자 반작용 방지 대책

① 보상권선 : 주자속 감소 방지. 전기자 전류 방향과 반대로 한다.

② 보극 : 공극에서의 자속 밀도 균일화.

3. 정류작용 및 여자 방식에 따른 종류

전기자 도체의 전류가 브러쉬를 통과할 때마다 전류의 방향을 반전시켜 교류 기전력을 직류로 변환시키는 작용.

1) 정류작용

브러쉬가 정류자편을 단락시키는 순간부터 단락이 끝나는 때까지 정류가 이루어진다.

① 정류전

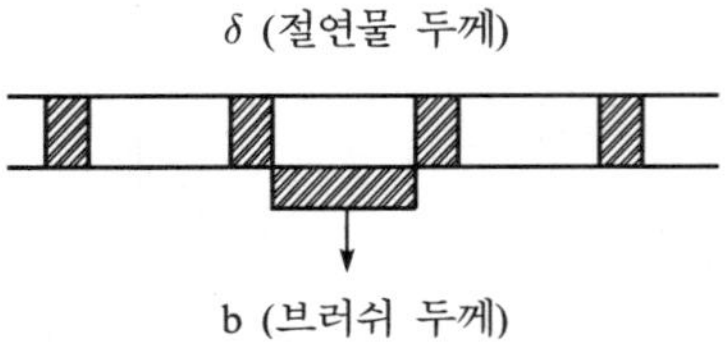

② 정류중

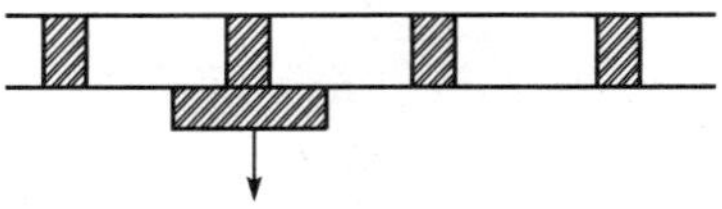

③ 정류초기

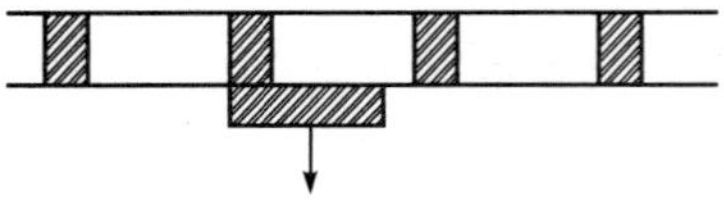

④ 정류말기

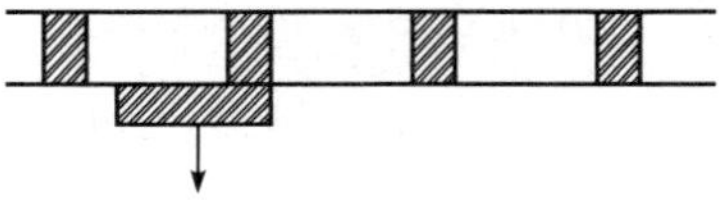

$$\text{정류시간}\quad T_c = \frac{b - \delta}{v_c}[\mathrm{sec}]\left(v_c = \frac{\pi DN}{60}[\mathrm{sec}]\right)$$

2) 정류에 따른 전류 변화

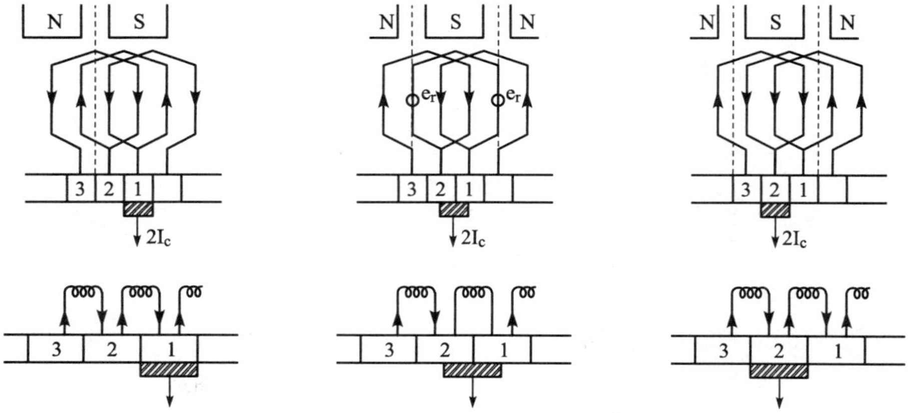

3) 정류곡선

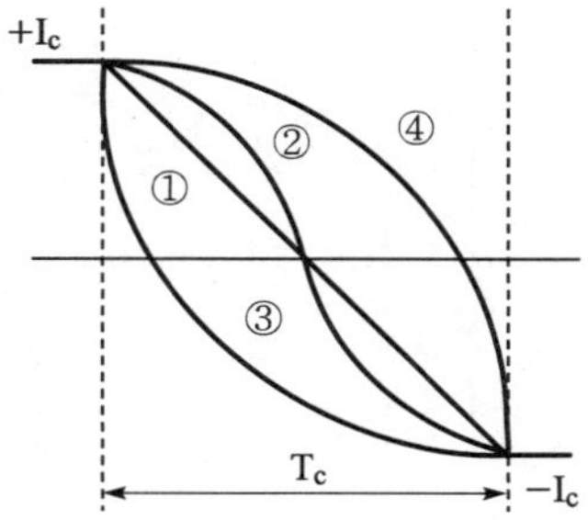

① 직선 정류 : 이상적인 정류곡선
② 정현 정류 : 양호한 정류곡선 (보극이 적당한 경우)
③ 과정류 : 정류초기에 브러쉬 전단부에서 불꽃 발생
④ 부족정류(L의 영향) : 정류말기에 브러쉬 후단부에서 불꽃 발생

- 리액턴스 전압 : $e_L = -L\dfrac{di}{dt}$[V]

  : 전기자 권선에 존재하는 자체 인덕턴스에 의해 발생되는 전압으로 정류 불량 및 불꽃 발생의 원인이 되는 전압.

- 평균리액턴스 전압 : $e_L = L\dfrac{2I_c}{T_c}$ (정류불량의 원인)

4) 양호한 정류 대책

① 평균리액턴스 전압은 작게 할 것 : 보극 설치 (전압정류)
② 인덕턴스 L를 작게 할 것 : 단절권 채용
③ 정류주기를 크게 할 것
④ 브러쉬에 접속저항을 크게 할 것 : 탄소질 브러쉬 설치 (저항 정류)

▶ 여자방식에 의한 분류

1) 타여자 발전기 : 발전기의 외부의 다른 직류 전원에서 여자전류를 공급하여 계자를 여자시키는 발전기
2) 자여자 발전기 : 발전기 자체에서 발생한 잔류기전력에 의한 계자를 여자시키는 발전기
   - 분권발전기 : 계자회로와 전기자 회로가 병렬접속
   - 직권발전기 : 계자회로와 전기자 회로가 직렬접속
   - 복권발전기 : 내분권, 외분권

4. 발전기의 특성 및 발전기의 특성곡선

1) 타여자 발전기

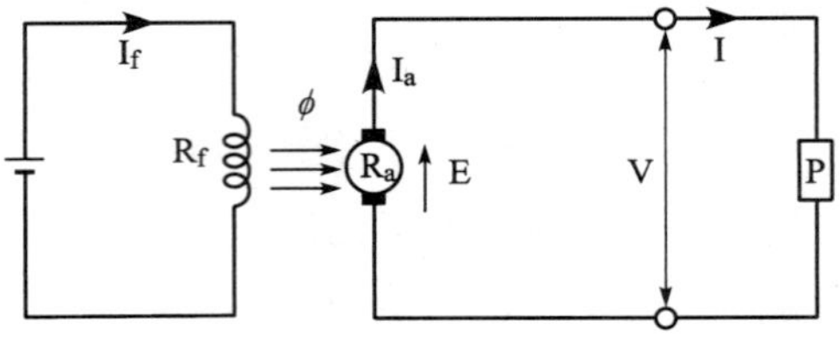

(1) 정상상태 (부하 존재)

(2) 무부하상태

$I_a = I$ $\qquad$ $I_a = I = 0$

$E = V + I_a R_a$ $\qquad$ $E = V_o$ (무부하 단지 전압)

(3) 무부하 포화곡선

: 유기기전력 결정(N일정, I = 0)

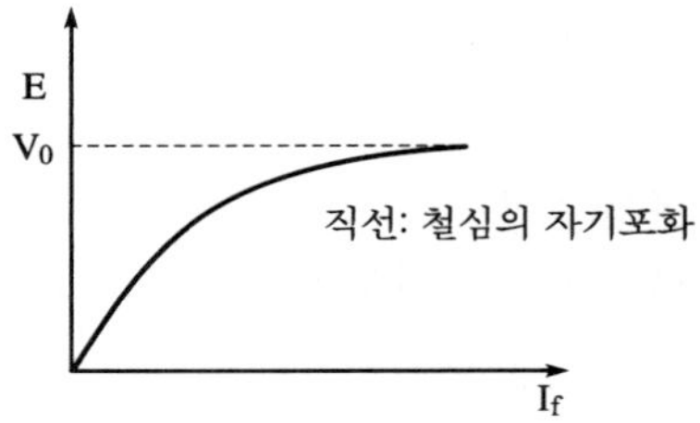

(4) 외부특성곡선(N일정, I_f 일정)

외부특성곡선(N일정, I_f 일정)

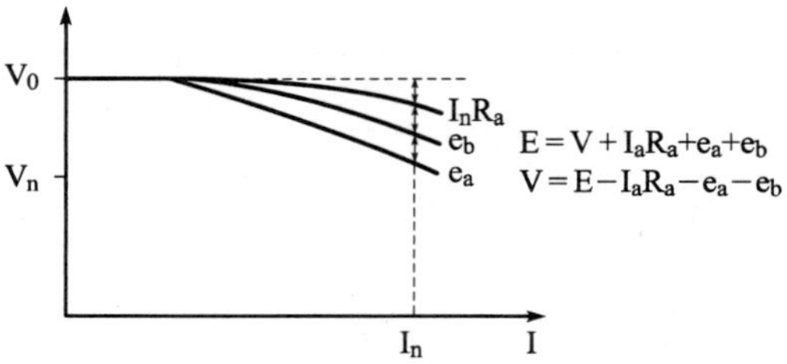

(5) 단자 전압 조정 : 계자 저항

$R_f \downarrow \rightarrow I_f \uparrow \rightarrow \phi \uparrow \rightarrow E \uparrow \rightarrow V \uparrow$ ($V = E - I_a R_a$)

(6) 용도 : 워드레오너드 방식, 일그너 방식 채용

2) 자여자 발전기

(1) 직권 발전기

① 정상상태 (부하 존재)

$I_a = I_s = I$

$E = V + I_a R_a + I_a R_a = V + I_a(R_a + R_s)$

$V = E - I_a(R_a + R_s)$

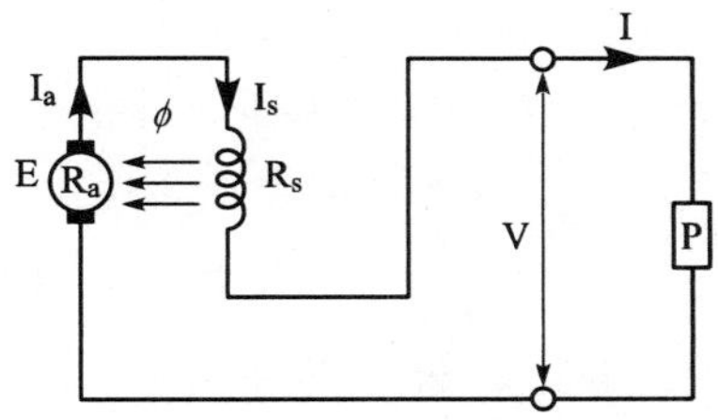

② 무부하 상태 (발전 불능)

$I = 0 \rightarrow I_s = 0 \rightarrow E = 0$

∴ 무부하 포화곡선(×)

③ 외부 특성 곡선 (타여자 발전기 운전)

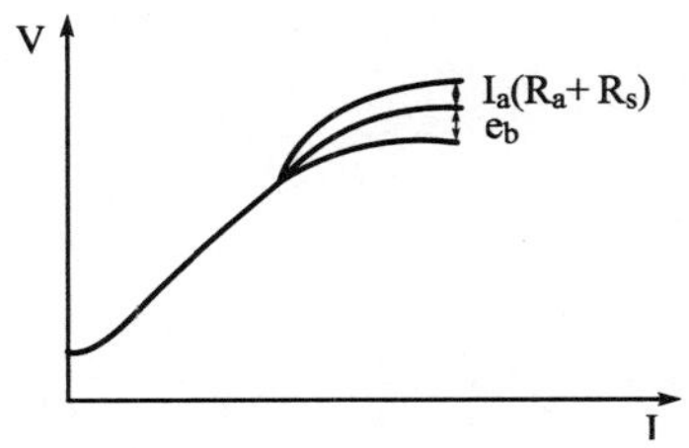

(2) 분권발전기

① 정상상태 (부하 존재)

$I_a = I + I_f$

$E = V + I_a R_a$

$V = I_f R_f$

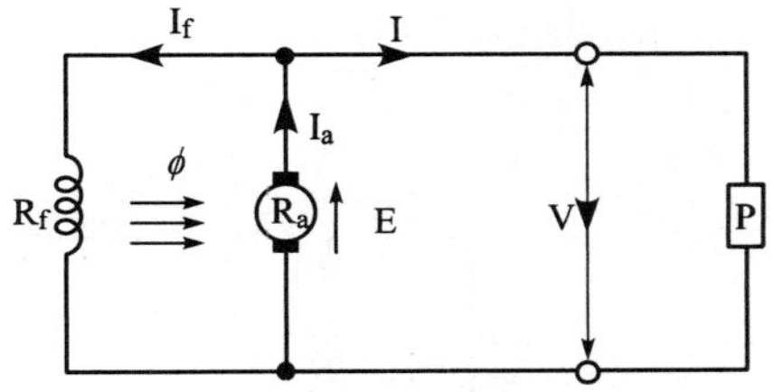

② 무부하 상태 $I = 0 \rightarrow I_a = I_f$

∴ 무부하 운전 금지 (계자 권선의 소손의 발생 우려)

③ 무부하 특성 곡선

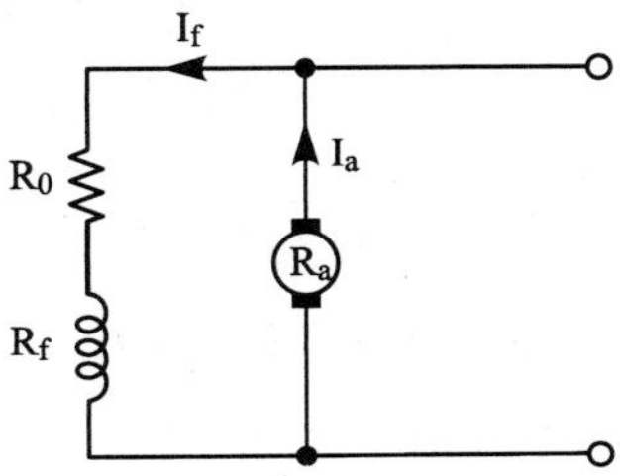

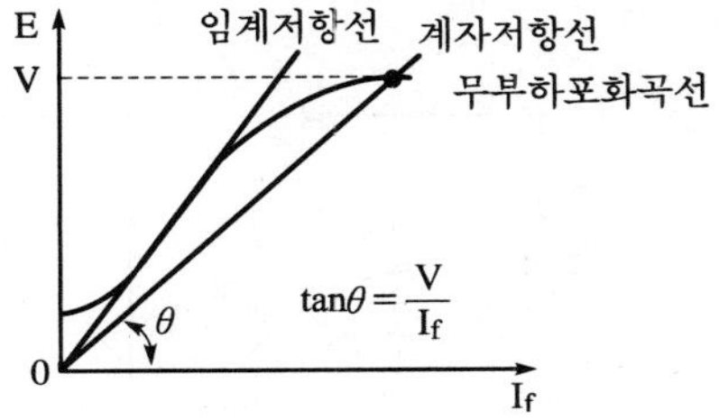

$V = I_f(R_f + R_o)$

➡ 전압확립 조건

잔류자기에 의한 계자 전류가 증가하여 단자 전압이 상승하는 현상

i) 반드시 잔류자기가 존재할 것

ii) 계자 저항이 임계저항보다 적을 것

iii) 잔류자속과 계자전류에 의한 발생 자속 방향은 반드시 같을 것
(잔류자기 소멸 방지 → 역회전 금지)

④ 외부 특성 곡선

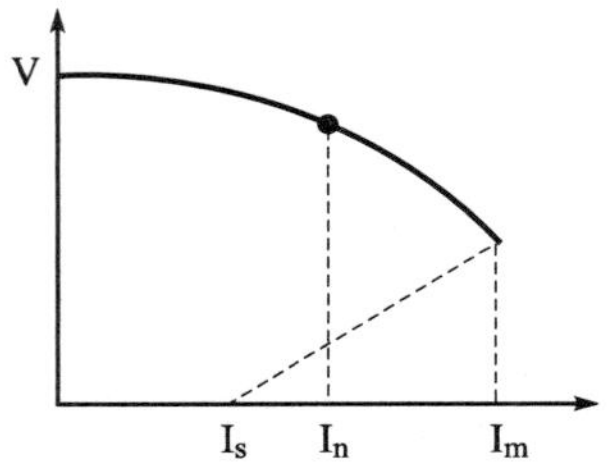

i) 부하 ↑ → I↑ → $I_{f\downarrow}$ → ϕ↓ → E↓ → V↓ → I_s↓ (소전류)

ii) 단락상태 : I_f↓ → E↓ → V↓ → I_s (소전류)

(3) 복권발전기

① 내분권

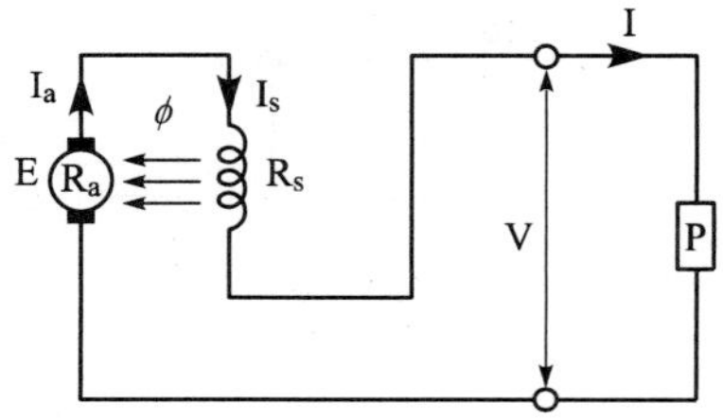

$I_a = I_f + I_s(= I)$

$E = V + I_a R_a + I_s R_s$

② 외분권

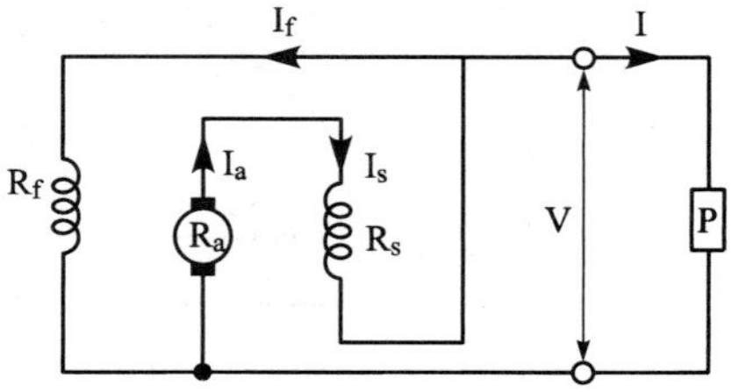

$I_a(= I_s) = I_f + I$

$E = V + I_a(R_a + R_s)$

③ 복권 발전기의 외부특성곡선

i) 가동 복권발전기

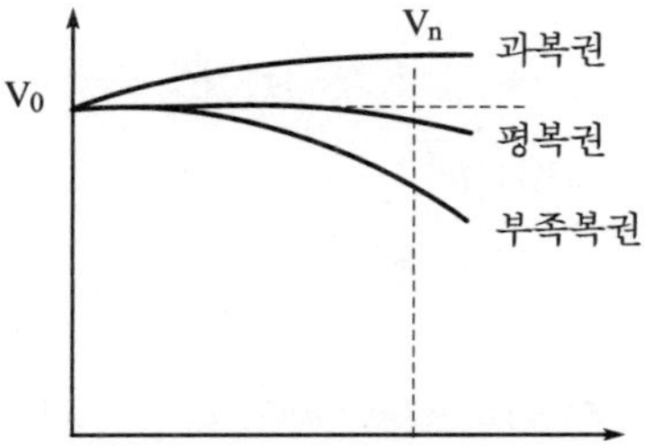

- 직권계자권선에 의한 자속과 분권 계자 권선에 자속
- 서로 합해져서 전체 유도 기전력을 증가시키는 발전기
- 과복권 : 전부하 전압 (V_n) > 무부하 전압 (V_o)
- 평복권 : 전부하 전압 (V_n) = 무부하 전압 (V_o)
- 부족 복권 : 전부하 전압 (V_n) < 무부하 전압 (V_o)

ii) 차동 복권 발전기 :분권 계자의 기자력을 직권 계자의 기자력으로 감소되게 전체 유도 기전력을 감소시킨 발전기

- 수하특성 : 부하증가시 단자접압이 현저하게 강하되면서 부하전류가 급격히 감소되어 전류가 일정해지는 정전류특성 (용접기 : 누설변압기사용)

(4) 분전압변동률

$$\epsilon = \frac{\text{무부하전압} - \text{정격전압}}{\text{정격전압}} \times 100[\%]$$

$$= \frac{V_o - V_n}{V_n} \times 100[\%]$$

① $\epsilon(+)$: 타여자, 분권, 부족복권 발전기

② $\epsilon(0)$: 평복권 발전기

5. 직류발전기의 병렬 운전조건

1) 극성이 같을 것

2) 단자 전압이 같을 것

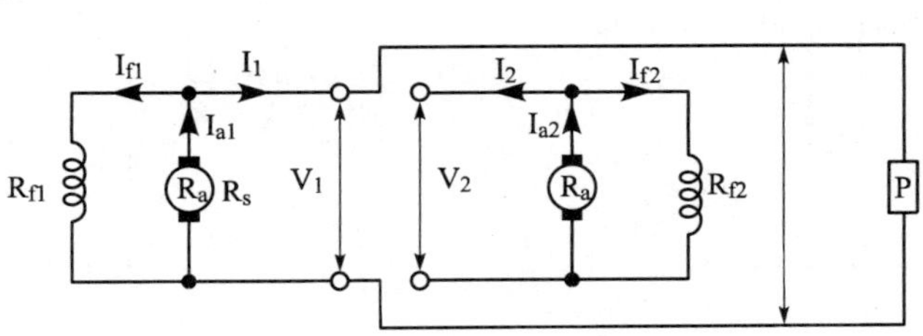

3) 용량은 임의의 값이고 %부하 전류($\%I = \frac{I}{P} \times 100\,[\%]$)가 일치할 것

➡ 부하 분담 : R_f 조정

① $R_f \uparrow \rightarrow I_f \downarrow \rightarrow \phi \downarrow \rightarrow E \downarrow \rightarrow I \downarrow$ (부하 분담 감소)

② $R_f \downarrow \rightarrow I_f \uparrow \rightarrow \phi \uparrow \rightarrow E \uparrow \rightarrow I \uparrow$ (부하 분담 증가)

4) 외부특성이 수하 특성일 것

① 분권, 복권 : 스스로 가진다.

② 직권, 과복권 : 균압 모선 연결(발전기의 안정운전)

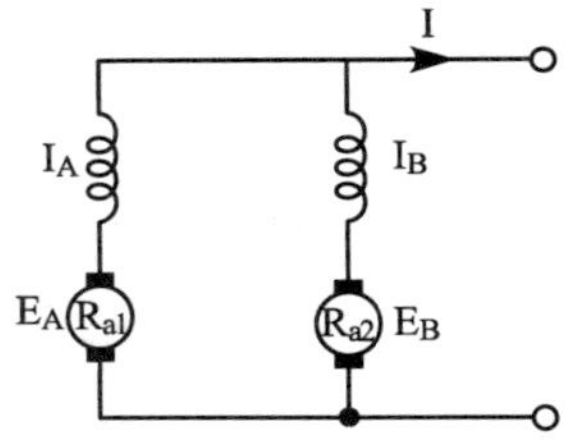

1.2 직류전동기

1. 직류전동기 종류 및 특성, 속도

* 전동기의 에너지 변환관계

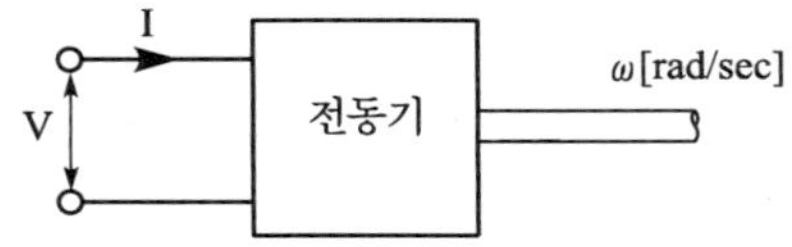

VI(전기적출력) $=\omega\tau$(기계적출력)

1) 직류전동기의 원리

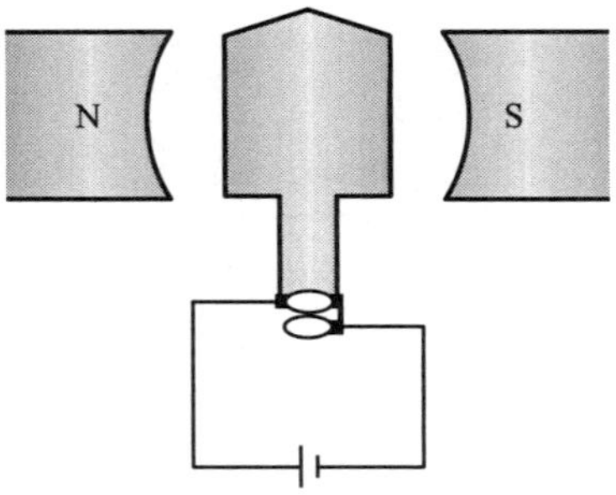

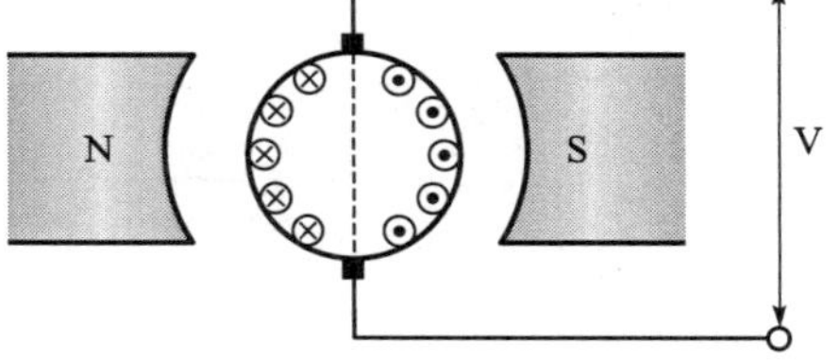

➡ 분권전동기

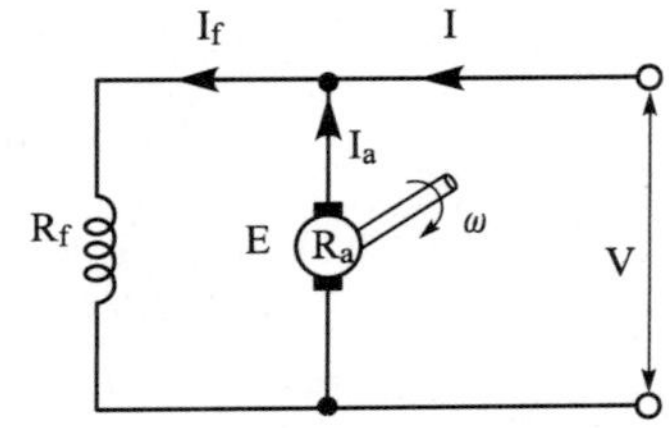

$$I_a = \frac{V-E}{R_a} = \frac{V-K\phi N}{R_a}[\mathrm{A}]$$

$$V = E + I_aR_a \rightarrow E = V - I_aR_a$$

$$EI_a = VI - I_{R_a a}^2$$

$$\therefore P = EI_a = \omega\tau$$

① $\tau = \dfrac{EI_a}{\omega} = \dfrac{\dfrac{PZ}{60a}\phi N I_a}{\dfrac{2\pi N}{60}} = \dfrac{PZ}{2\pi a}\phi I_a = K\phi I_a\ [\mathrm{N \cdot m}]$

② $\tau = \dfrac{EI_a}{\omega} = \dfrac{EI_a}{\dfrac{2\pi N}{60}} = \dfrac{60}{2\pi} \times \dfrac{EI_a}{N} = 9.55\dfrac{P_o}{N}\ [\mathrm{N \cdot m}]$

③ $\tau = 9.55\dfrac{P}{N} \times \dfrac{1}{9.8} = 0.975\dfrac{P}{N}\ [\mathrm{kg \cdot m}]$

cf. $1[\mathrm{kg \cdot m}] = 9.8[\mathrm{N \cdot m}]$

④ $P = 1.026N\tau[\mathrm{W}]$

2) 직류전동기의 속도 특성

단자전압(V)을 일정하게 유지한 상태에서 부하전류(I)와 회전수(N)와의 관계를 나타낸 것

(1) 분권전동기

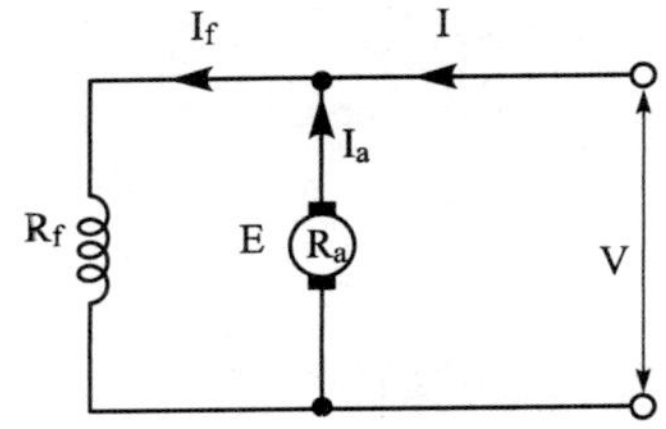

$$V = E + I_aR_a \rightarrow E = V - I_aR_a$$

$$E = K\phi N \rightarrow N = \frac{E}{K\phi} = \frac{V - I_aR_a}{K\phi} = k\frac{V - I_aR}{\phi}$$

$$\therefore\ N = k\frac{V - I_aR_a}{\phi}\ [\mathrm{rpm}]$$

① 정상 상태 (부하존재) : 부하↑ → I↑ → I_a↓ → N↓ $\therefore N \propto \dfrac{1}{I}$

② 부족여자특성 : 정격전압 인가상태에서 계자회로의 단선 등에 의한 속도 특성.
계자 회로 단선 → $\phi = 0 \rightarrow N = \infty$ (위험 상태)

(2) 직권전동기

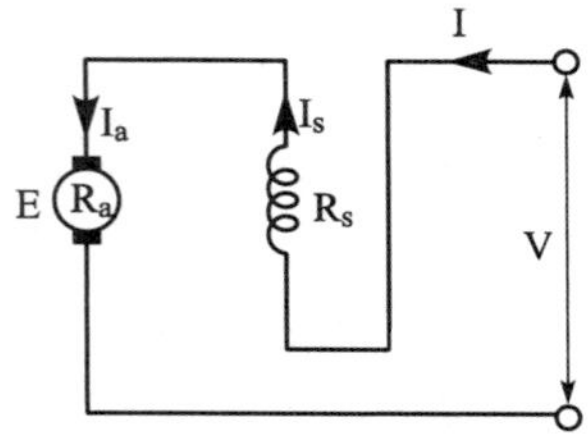

$$N = k\frac{V - I(R_a + R_s)}{\phi} \Big|_{\phi \propto I}$$

$$= k'\frac{V - I(R_a + R_s)}{I}\ [\mathrm{rpm}]$$

$$= k''\frac{V}{I}(\ V \gg I(R_a + R_s))$$

① 정상상태 (부하존재)

: 부하↑ → I↑ → N↓ $\therefore N \propto \frac{1}{I}$

② 정격전압, 무부하상태에서의 속도 특성

: $I = I_s = I_a = 0 \rightarrow N = \infty$ (위험상태) ∴ 벨트 운전 금지(톱니바퀴 운전 금지)

*** 직류전동기의 속도 특성 비교**

① 속도 변동이 가장 작은 전동기

: 타여자전동기(정속도 전동기)

② 속도 변동이 가장 큰 전동기

: 직권 전동기

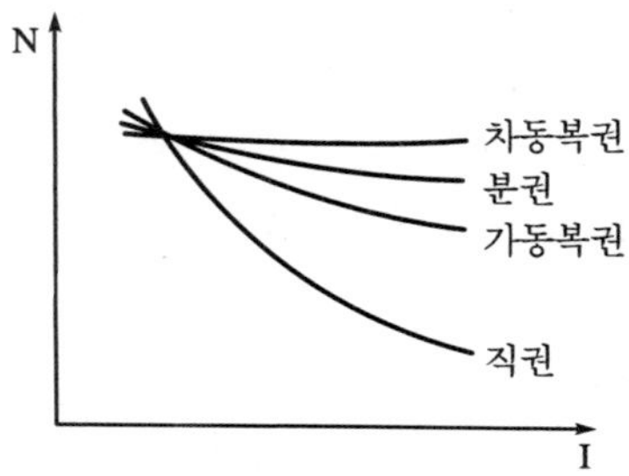

3) 직류전동기의 토크특성

단자 전압(V)을 일정하게 유지한 상태에서 부하전류(I)와 토크 (τ)와의 관계를 나타낸 것

(1) 분권전동기

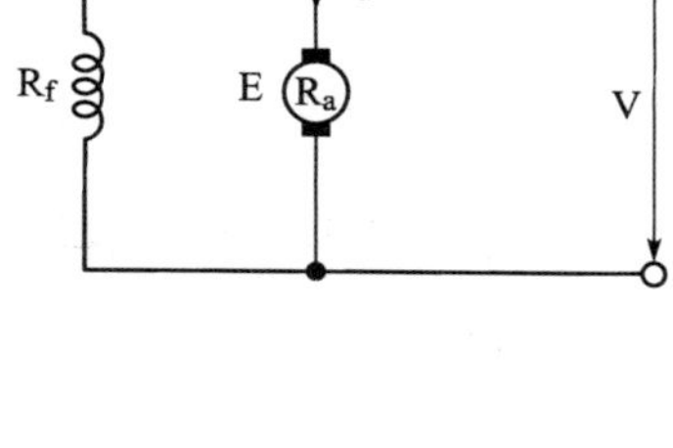

$\tau = K\phi I_a [\mathrm{N \cdot m}]$

R_f 일정 I_f 일정 ϕ 일정

$\tau \propto I_a (I_a \fallingdotseq I)$

$\therefore \tau \propto I,\ \tau \propto \frac{1}{N} (\because I \propto \frac{1}{N})$

(2) 직권전동기

$\tau = K\phi I_a [\mathrm{N \cdot m}]$

$\phi \propto I_a (I_a = I_s = I)$

$\tau \propto \phi I_a = I^2_{=\, I^2 a}$

$\therefore \tau \propto I^2, \ \tau \propto \dfrac{1}{N^2} (\because I \propto \dfrac{1}{N})$

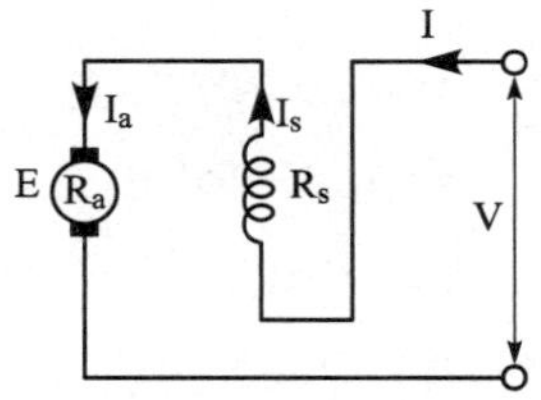

*** 직류전동기의 토크 특성 비교**

1) 직류전동기의 기동

① 기동시 기동토크를 충분히 크게 할 것

: 계자저항기를 최소 위치에 놓고 가동시킬 것.

R_o 최소 → I_f → ϕ최대 → τ최대

② 기동 전류의 크기를 정격전류의 1.5∼2배 이내로 제한할 것

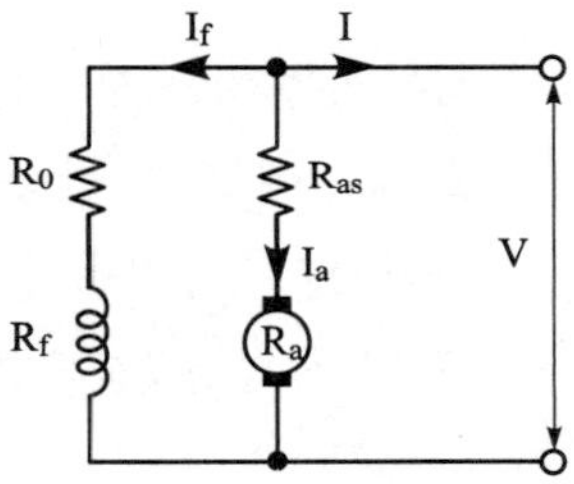

2) 직류전동기의 속도 제어

$N = k\dfrac{V - I_a R_a}{\phi} [\mathrm{rpm}]$

① 전압제어 : 단자전압 V 조정(정토크 제어)

$\tau = 9.55 \dfrac{E I_a}{N} [\mathrm{N \cdot m}]$

$= 0.975 \dfrac{E I_a}{N} [\mathrm{kg \cdot m}] (\mathrm{E} \propto \mathrm{N})$

㉠ 위드레오너드방식

: 타여자발전기(3상유도전동기)출력전압 광범위한 속도 조정(1 : 20), 효율양호

㉡ 정지레오너드 방식 : SCR 이용

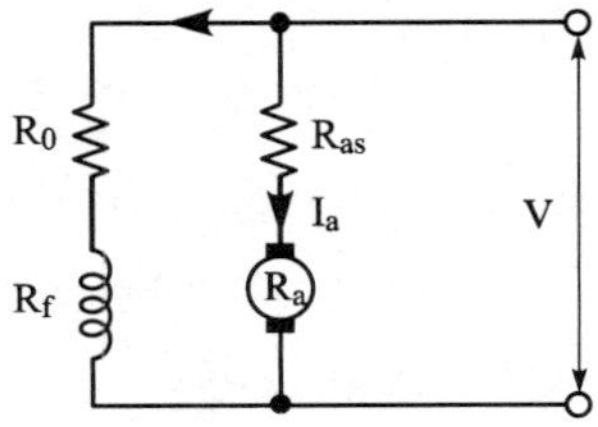

㉢ 일그너방식 : Fly Wheel 효과 이용 , 부하변동이 심한 경우(제철용 압연기)

㉣ 쵸퍼 제어 방식: 직류 쵸퍼 이용

② 계자 제어 : 자속ϕ 조정제어 범위 (1: 3)가 좁은 정출력 제어 방식

③ 저항 제어 : 가변 저항 R_{as} 조정→ 효율 불량

3) 직류전동기의 역회전

$\tau = K\phi I_a[\text{N·m}]$

$\tau = K(-\phi)(-I_a)$

$= K\phi I_a[\text{N·m}]$

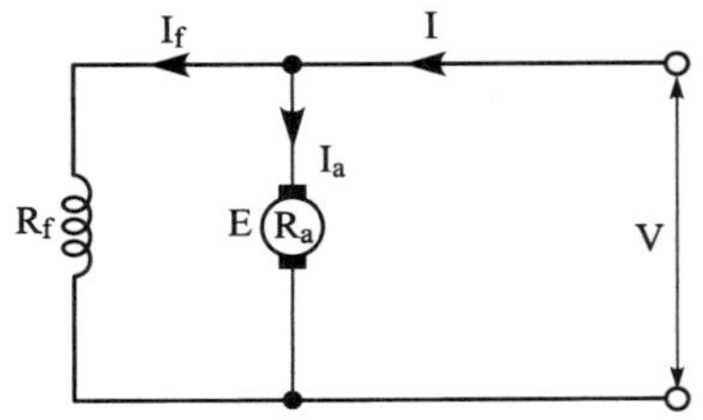

직류전동기를 역회전시키기 위해 계자권선과 전기자 권선의 극성 (전류방향)을 동시에 접속 변경하면 전동기의 회전 방향은 변하지 않는다.
따라서, 직류전동기의 역회전은 계자권선이나 전기자 권선 중 어느 한 권선에 대한 극성 (전류방향)만 반대 방향으로 접속 변경한다.

4) 직류전동기의 제동

① 역전 제동 : 전기자 회로의 극성을 반대로 접속하여 그 때 발생하는 역토크를 이용하여 전동기를 급제동시키는 방식

② 발전제동 : 전동기 전기자 회로를 전원에서 차단하는 동시에 계속 회전하고 있는 전동기를 발전기를 동작시켜 이때 발생되는 전기자의 역기전력을 전기자에 병렬 접속된 외부 저항에서 열로 소비하여 제동하는 방식.

③ 회생제동 : 전동기의 전원을 접속한 상태에서 전동기에 유기되는 역기전력을 전원전압보다 크게 하여 이때 발생하는 전력을 전원 속에 반환하여 제동하는 방식

2. 등가회로의 환산 및 강화율

1) 직류기의 손실

① 고정손(무부하손) : 부하에 관계없이 항상 일정한 손실

㉠ 철손(P_i) : 히스테리시스손 $P_h \propto f B_m^2$

와류손 $P_e \propto t^2 f^2 B_m^2$

㉡ 기계손(P_m) : 마찰손, 풍손

② 가변손(부하손) : 부하에 따라 변화하는 손실

㉠ 동손(P_c) : 전기자 동손 $P_a = I_{R_a a}^2$

계자 동손 $P_f = I_{R_f f}^2$

㉡ 표유부하손(P_s)

③ 총손실 : $P_\ell = P_i + P_c + P_m + P_s$

▸ 전동기의 토크 측정

① 보조 발전기법

② 프로니 브레이크법

③ 전기 동력계법 : 원동기의 출력측정

- 원동기 토크 : $\tau = 9.8\,WL$[N·m]
- 원동기 출력 : $P = 1.026n\,WL$[W]

▸ 온도 시험

① 실부하법

② 반환부하법 : 홉킨슨법, 블론델법, 카프법

3. 효율

(1) 실측 효율 ; $\eta = \frac{\text{출력}}{\text{입력}} \times 100\,[\%]$

(2) 규약 효율 : 전기적 에너지 기준

① 발전기 : $\eta_G = \frac{\text{출력}}{\text{출력} + \text{손실}} \times 100\,[\%]$

② 전동기 : $\eta_M = \frac{\text{입력} - \text{손실}}{\text{입력}} \times 100\,[\%]$

연습문제

01 직류기에서 3요소라 할 수 있는 것은?

㉮ 계자, 전기자, 정류자　　㉯ 계자, 전기자, 브러시
㉰ 정류자, 계자, 브러시　　㉱ 보극, 보상권선, 전기자권선

◆ 풀이 직류기 3요소 : 전기자, 계자, 정류자　　답 ㉮

02 전기기계의 브러시의 성질로서 적당하지 않은 것은?

㉮ 마찰저항이 적을 것　　㉯ 기계적으로 튼튼할 것
㉰ 접촉저항이 클 것　　㉱ 저항율이 클 것

답 ㉱

03 전기분해 등에 사용되는 저전압 대전류의 직류기에서는 어떤 질의 브러시가 적합한가?

㉮ 탄소질 브러시　　㉯ 흑연질 브러시
㉰ 금속 브러시　　㉱ 금속흑연질 브러시

◆ 풀이 금속흑연질 브러시 : 전기분해등의 저전압 대전류 기구에 많이 쓰인다.　　답 ㉱

04 전기기계에 있어서 히스테리시스손을 감소시키기 위하여 어떻게 하는 것이 좋은가?

㉮ 성층철심사용　　㉯ 규소강판사용
㉰ 보극설치　　㉱ 보상권선설치

◆ 풀이
규소강판 — 히스테리시스손 감소 ┐
　　　　　　　　　　　　　　　├ 철손감소
성층철심 — 와류손 감소 ┘

답 ㉯

05 직류기의 브러시에 탄소를 사용하는 이유는?

㉮ 접촉저항이 높기 때문　　㉯ 고유저항이 동보다 크기 때문
㉰ 저촉저항이 낮기 때문　　㉱ 고유저항이 동보다 작기 때문

◆ 풀이　저항정류에서 접촉저항이 큰 것이 고유저항이 큰 것보다 우선한다.　답 ㉮

06 다음 권선법 중에서 직류기에 주로 사용되는 것은?

㉮ 폐로권, 환상권, 2층권　　㉯ 폐로권, 고상권, 2층권
㉰ 개로권, 환상권, 단층권　　㉱ 개로권, 고상권, 2층권

답 ㉯

07 플레밍의 왼손법칙에 따르는 것은?

㉮ 전동기　　㉯ 발전기　　㉰ 정류기　　㉱ 용접기

◆ 풀이　전동기는 플레밍의 왼손법칙에 의해 토크가 발생한다.　답 ㉮

08 직류기의 다중 중권 권선법에서 전기자 병렬회로수 a와 극수 P 사이에는 어떤 관계가 있는가? (단, 다중도는 m이라 한다)

㉮ $a=2$　　㉯ $a=2m$　　㉰ $a=P$　　㉱ $a=mP$

◆ 풀이　① 단중중권 : $a=P$,　② 다중중권 : $a=mP$　답 ㉱

09 직류기의 파권 권선의 잇점은?

㉮ 효율이 좋다.　　㉯ 전압이 높아진다.
㉰ 전압이 작아진다.　　㉱ 출력이 증가한다.

◆ 풀이　중권 — 저전압 대전류, 파권 — 고전압, 소전류　답 ㉯

10 전기자도체의 굵기, 권수, 극수가 모두 동일할 때 단중 파권은 단중 중권에 비해 전류와 전압의 관계는?

㉮ 소전류 저전압 ㉯ 대전류 저전압 ㉰ 소전류 고전압 ㉱ 대전류 고전압

답 ㉰

11 직류기의 권선을 단중 파권으로 감으면?

㉮ 내부 병렬회로수가 극수만큼 생긴다.
㉯ 내부 병렬회로수가 극수에 관계없이 언제나 2이다.
㉰ 저압 대전류용 권선이다.
㉱ 균압환을 연결하여야 한다.

◆ 풀이 단중파권 : $a=2=b$ (언제나 2이다) 답 ㉯

12 4극 중권 직류발전기의 전전류가 I[A]이면, 각 전기자권선에 흐르는 전류[A]는?

㉮ $4/I$ ㉯ $2/I$ ㉰ $I/2$ ㉱ $I/4$

◆ 풀이 중권 : $a=p=b$ 이므로 $p=4$ 극이므로 병렬수 a 도 4이다.
전체전류 I를 병렬수로 나누면 각 전기자전류이므로 $\frac{I}{4}$[A] 답 ㉱

13 자속밀도 0.8[Wb/n^2]의 평등자계 내에 길이 0.5[m]의 도체를 자계에 직각으로 놓고, 이것을 30[m/s]의 속도로 운전하면 이 도체에 유기되는 기전력[V]은?

㉮ 35 ㉯ 27 ㉰ 22 ㉱ 12

◆ 풀이 $e=Blv=0.8\times0.5\times30=12$[V] 답 ㉱

14 포화하고 있지 않은 직류발전기의 회전수가 1/2로 감소되었을 때 기전력을 전과 같은 값으로 하자면 여자를 속도변화 전에 비하여 얼마로 하여야 하는가?

㉮ 1/2배 ㉯ 1배 ㉰ 2배 ㉱ 4배

◆ 풀이 $E = K\phi N[\mathrm{V}]$ 에서 $\phi \propto \dfrac{1}{N}$ 이므로 $\phi \propto \dfrac{1}{\frac{1}{2}} = 2$ 배

답 ㉰

15 직류발전기의 기전력 E, 자속 ϕ, 회전속도 N과의 관계식은?

㉮ $E \propto \phi N$ ㉯ $E \propto \dfrac{\phi}{N}$ ㉰ $N \propto \dfrac{N}{\phi}$ ㉱ $E \propto \phi N^2$

◆ 풀이 $E = \dfrac{PZ\phi N}{60a} = K\phi N$ 이므로 $E = K\phi N[\mathrm{V}]$, $\phi \propto \dfrac{1}{N}$

답 ㉮

16 직류발전기에서 자극수 6, 전기자도체수 400, 각 자극의 유효자속수 0.01 [Wb], 회전수 600 [rpm]인 경우 유기기전력[V]은? (단, 전기자권선은 파권이다.)

㉮ 80 ㉯ 100 ㉰ 120 ㉱ 140

◆ 풀이 $E = \dfrac{PZ\phi N}{60a}[\mathrm{V}]$ 에서 파권이므로 $a = 2$

$E = \dfrac{6 \times 400 \times 0.01 \times 600}{60 \times 2} 1 = 120[\mathrm{V}]$

답 ㉰

17 전기자 반작용을 방지하기 위한 보상권선의 전류방향은?

㉮ 전기자권선의 전류방향과 같다.
㉯ 전기자권선의 전류방향과 반대이다.
㉰ 계자권선의 전류방향과 같다.
㉱ 계자권선의 전류방향과 반대이다.

◆ 풀이 보상권선 : 전기자 전류와 반대방향의 전류를 보내서
전기자 전류의 기자력을 상쇄시키는 목적

답 ㉯

18 전기자 반작용의 영향으로서 옳지 않은 것은?

㉮ 중성축의 이동　　㉯ 전동기의 속도저하
㉰ 발전기는 기전력감소　　㉱ 국부적 섬락

◆ 풀이　전기자반작용 : 전기적인 중성축의 이동으로 섬락(불꽃)을 발생하여 자속이 감소하는 현상으로 전동기 속도가 증가한다.　답 ㉯

19 직류발전기의 전기자 반작용을 설명함에 있어 그 영향을 없애는 데 가장 유효한 것은?

㉮ 균압환　　㉯ 탄소 브러시　　㉰ 보상권선　　㉱ 보극

◆ 풀이　전기자 반작용 방지법　답 ㉰
① 보극, 보상권선 설치
② 보극없는 직류기 brush 이동(발전기 – 회전방향, 전동기 – 회전반대방향)

20 직류기에서 전기자 반작용이란 전기자권선에 흐르는 전류로 인하여 생긴 자속이 무엇에 영향을 주는 현상인가?

㉮ 모든 부분에 영향을 주는 현상　　㉯ 계자극에 영향을 주는 현상
㉰ 감자작용만을 하는 현상　　㉱ 편자작용만을 하는 현상

◆ 풀이　전기자반작용 : 전기자 전류가 계자극에 영향을 주는 현상　답 ㉯

21 직류기의 정류작용에서 전압정류의 역할을 하는 것은?

㉮ 탄소 브러시　　㉯ 보상권선　　㉰ 리액턴스 코일　　㉱ 보극

◆ 풀이　정류 개선법　답 ㉱
① 저항정류 – 탄소 brush, ② 전압정류 – 보극

22 보극이 없는 직류발전기는 부하의 증가에 따라서 브러시의 위치는?

㉮ 그대로 둔다.
㉯ 회전방향으로 이동한다.
㉰ 회전방향과 반대로 이동한다.
㉱ 극의 중간에 놓는다.

답 ㉯

23 직류기에 있어서 불꽃 없는 정류를 얻는 데 가장 유효한 방법은?

㉮ 탄소 브러시와 보상권선
㉯ 자기포화와 브러시의 이동
㉰ 보극과 보상권선
㉱ 보극과 탄소 브러시

◆ 풀이 전기자반작용 방지법 : 보극, 보상권선
정류 개선법 : 보극, 탄소 brush

답 ㉱

24 그림과 같은 정류곡선에서 양호한 정류를 얻을 수 있는 곡선은?

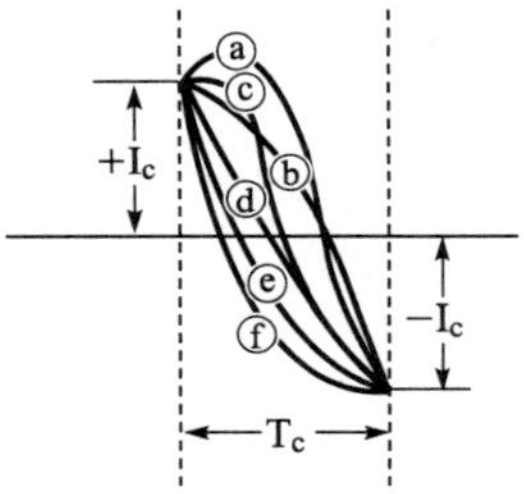

㉮ ⓐ, ⓑ
㉯ ⓐ, ⓕ
㉰ ⓒ, ⓓ
㉱ ⓑ, ⓔ

◆ 풀이 ⓒ : 정현파정류 곡선, ⓓ : 직선정류 곡선

답 ㉰

25 직류기에서 정류 코일의 자기 인덕턴스를 L이라 할 때 정류 코일의 전류가 정류기간 T_c 사이에 I_c에서 $-I_c$로 변한다면 정류 코일의 리액턴스전압(평균값)은?

㉮ $L\frac{2I_c}{T_c}$
㉯ $L\frac{I_c}{T_c}$
㉰ $L\frac{2T_c}{I_c}$
㉱ $L\frac{T_c}{I_c}$

◆ 풀이 $e = L \cdot \frac{di}{dt} = L \cdot \frac{2I_c}{T_c}$ [V]

답 ㉮

26 직류발전기에서 계자철심에 잔류자기가 없어도 발전을 할 수 있는 발전기는?

㉮ 타여자발전기 ㉯ 분권발전기 ㉰ 직권발전기 ㉱ 복권발전기

◆ 풀이 ① 자여자 — 잔류자기 존재, 종류 : ㉠ 직권, ㉡ 분권, ㉢ 복권 답 ㉮
② 타여자 — 외부로부터 전원을 공급받기 때문에 잔류자기 없어도 된다.

27 직류발전기의 무부하 포화곡선이 표시하는 관계는?

㉮ 부하전류와 계자전류 ㉯ 단자전압과 부하전류
㉰ 유기기전력과 계자전류 ㉱ 계자전류와 회전속도

◆ 풀이 무부하포화곡선 : 유기기전력과 계자전류 관계곡선 답 ㉰

28 단자전압 220 [V], 부하전류 50 [A]인 분권발전기의 유기기전력은? (단, 전기자저항은 0.2 [Ω]이고, 계자전류 및 전기자 반작용은 무시한다.)

㉮ 210 [V] ㉯ 225 [V] ㉰ 230 [V] ㉱ 250 [V]

◆ 풀이 분권발전기 $E = V + I_a R_a = 220 + (50 \times 0.2) = 230\,[\mathrm{V}]$
$I_a = I + If = 50\,[\mathrm{A}]$ 답 ㉰

29 무부하에서 119 [V]되는 분권발전기의 전압변동률이 6 [%]이다. 정격 전부하 전압 [V]은?

㉮ 11.22 ㉯ 112.3 ㉰ 12.5 ㉱ 125

◆ 풀이 $\epsilon = \dfrac{V_0 - V}{V} \times 100$, $V_0 - V = \epsilon V$, $V_0 = (\epsilon V + V)$, $V_0 = (1+\epsilon) V$ 이므로 답 ㉯

$$V = \frac{V_0}{1+\epsilon} = \frac{119}{1+0.06} = 112.3\,[\mathrm{V}]$$

30 무부하 전압 230 [V], 정격전압 210 [V]인 발전기의 전압변동률은 몇 [%]인가?

㉮ 9.5　㉯ 10.5　㉰ 11.5　㉱ 12.5

◆ 풀이 전압변동률 $\epsilon = \frac{V_0 - V}{v} \times 100 = \frac{230 - 210}{210} \times 100 = 9.5\,[\%]$ 답 ㉮

31 분권전동기의 정격 회전수가 1500 [rpm]이다. 속도 변동률이 5 [%]이면 공급전압과 계자저항의 값을 변화시키지 않고 이것을 무부하로 하였을때는 회전수 [rpm]는?

㉮ 3257　㉯ 2360　㉰ 1575　㉱ 1165

◆ 풀이 속도변동률 답 ㉰

$\epsilon = \frac{N_0 - N}{N} \times 100$, $N_0 - N = \epsilon N$, $N_0 = (\epsilon N + N)$, $N_0 = (1+\epsilon)N$ 이므로

$N_0 = (1+0.05) \times 1500 = 1575\,[\text{rpm}]$

32 직류발전기의 병렬운전에 있어 균압선을 설치하는 목적은?

㉮ 운전을 안정하게 한다.　㉯ 손실을 경감한다.
㉰ 전압의 이상상승을 방지한다.　㉱ 고조파의 발생을 방지한다.

답 ㉮

33 직류 분권발전기의 병렬운전을 하기 위한 발전기의 용량 P와 정격 전압 V와의 관계는?

㉮ P는 같고 V는 임의　㉯ P도 V도 같다.
㉰ P는 임의 V는 같다.　㉱ P도 V도 임의

◆ 풀이 발전기 병렬운전 조건 중 극성, 단자(정격)전압은 일치, 용량은 무관하다. 답 ㉰

34 직류 복권발전기의 병렬운전에 필요한 것은?

㉮ 과부하계전기　㉯ 브러시의 이동　㉰ 균압선　㉱ 안정저항

◆ 풀이 균압선 : ㉠ 목적 — 순환전류를 방지해서 안전운전, ㉡ 사용 — 직권, 복권 답 ㉰

35 용접에 쓰는 직류발전기에 필요한 조건 중에서 가장 중요한 것은?

㉮ 전압변동률이 작을 것　　㉯ 경부하일 때 효율이 좋을 것
㉰ 전류대 전압특성이 수하특성일 것　　㉱ 과부하에 견딜 것

답 ㉰

36 직류전동기의 회전수는 자속이 감소하면 어떻게 되는가?

㉮ 불변이다.　　㉯ 정지한다.　　㉰ 저하한다.　　㉱ 상승한다.

◆ 풀이 $N = K \cdot \dfrac{E}{\phi}$ 에서 ϕ 가 감소하면 속도 N은 상승한다.　답 ㉱

37 무부하로 운전하고 있는 분권전동기의 계자회로가 갑자기 끊어졌을 때의 전동기속도는?

㉮ 전동기가 갑자기 낮아진다.　　㉯ 속도가 약간 낮아진다.
㉰ 속도가 약간 빨라진다.　　㉱ 전동기가 갑자기 가속하여 고속이 된다.

◆ 풀이 분권전동기 : 계자권선단선시 무여자 상태이므로 위험속도에 도달한다.　답 ㉱

38 직류 직권 전동기에서 토오크 T와 회전수 N과의 관계는?

㉮ $T \propto N$　　㉯ $T \propto N^2$　　㉰ $T \propto \dfrac{1}{N}$　　㉱ $T \propto \dfrac{1}{N^2}$

◆ 풀이 직권전동기 : $T \propto I^2 \propto \dfrac{1}{N^2}$　답 ㉱

39 출력 3 [kW], 1500 [rpm]인 전동기 토오크 [kg·m]는?

㉮ 1　　㉯ 1.5　　㉰ 2　　㉱ 3

◆ 풀이 $T = 0.975\dfrac{p_m}{N} = 0.975 \times \dfrac{3000}{1500} = 2\,[\text{kg}\cdot\text{m}]$　답 ㉰

40 직류 복권전동기 중에서 무부하 전압과 전부하 전압이 같도록 만들어진 것은?

㉮ 평복권 ㉯ 과복권 ㉰ 부족복권 ㉱ 차동복권

답 ㉮

41 직류전동기의 여자방식에 있어서 기동 토오크의 전부하 토오크에 대한 비율이 큰 순으로 놓은 것은? (단, 분권을 A, 직권을 B, 가동복권을 C, 차동복권을 D라 한다.)

㉮ ABCD ㉯ CABD ㉰ BACD ㉱ BCAD

풀이 순서 : 직 → 가 → 분 → 차

답 ㉱

42 부하변화에 대하여 속도변동이 가장 작은 전동기는?

㉮ 직권전동기 ㉯ 분권전동기 ㉰ 가동분권 전동기 ㉱ 차동복권 전동기

답 ㉱

43 직류 직권전동기가 전차용에 사용되는 이유는?

㉮ 속도가 클 때 토오크가 크다.
㉯ 토오크가 클 때 속도가 작다.
㉰ 기동 토오크가 크고, 속도는 불변이다.
㉱ 토오크는 I^2, 출력은 I에 비례한다.

풀이 직권전동기 : $T \propto I^2 \propto \dfrac{1}{N^2}$

: 기동토오크 클 때 속도가 작기 때문에 전차용전동기에 사용

답 ㉯

44 직류 직권전동기의 전원극성을 반대로 하면?

㉮ 회전방향이 변하지 않는다.
㉯ 회전방향이 변한다.
㉰ 속도가 증가된다.
㉱ 발전기로 된다.

풀이 자여자 전동기 특성은 전원의 극성을 반대로 해도 회전방향이 변하지 않는다.

답 ㉮

45 직류 직권전동기에서 벨트를 걸고 운전하면 안되는 이유는?

㉮ 손실이 많아진다. ㉯ 직결하지 않으면 속도제어가 곤란하다.
㉰ 벨트가 벗겨지면 위험속도에 도달한다. ㉱ 벨트가 마모하여 보수가 곤란하다.

답 ㉰

46 직류 분권전동기에서 운전 중 계자권선의 저항을 증가하면 회전속도의 값은?

㉮ 감소한다. ㉯ 증가한다. ㉰ 일정하다. ㉱ 관계없다.

◆ 풀이 계자저항을 증가하면 계자전류가 감소하므로 회전속도가 증가한다. 답 ㉯

47 직류 분권전동기에서 위험한 상태에 놓인 것은?

㉮ 정격전압 무여자 ㉯ 저전압 과여자
㉰ 전기자에 고저항 접속 ㉱ 계자에 저저항 접속

◆ 풀이 전동기 위험속도 답 ㉮
① 직권전동기 : 무부하하지마라(벨트운전불가능 – 벨트가 벗겨지면 위험속도에 도달)
② 분권전동기 : 무여자하지마라(계자권선단선시 위험속도에 도달)

48 직권전동기에서 위험속도가 되는 경우는?

㉮ 저전압, 과여자 ㉯ 정격전압, 무부하
㉰ 정격전압, 과부하 ㉱ 전기자에 저저항 접속

답 ㉯

49 분권전동기를 기동할 경우 계자저항기의 저항값을 어떻게 놓는가?

㉮ 0으로 놓는다. ㉯ 최대로 놓는다. ㉰ 중위로 놓는다. ㉱ 떼어 놓는다.

◆ 풀이 기동시 기동전류를 작게 하기 위해 기동저항기 값을 최대로 하므로 계자전류가 최대 계자저항기 최소로 된다. 답 ㉮

50 직류전동기의 속도제어법 중에서 정출력제어에 속하는 것은?

㉮ 계자제어법　　㉯ 전기자 저항제어법
㉰ 전압제어법　　㉱ 워어드 레오너드 제어법

◆ 풀이　속도제어　　**답** ㉮
① 전압제어 : 가장 광범위한 속도제어(워어드 레오너드방식과 일그너방식 차이점 : 플라이 휠)
② 계자제어 : 정출력 제어

51 분권 직류전동기에서 부하의 변동이 심할 때 광범위하게 또한 안정되게 속도를 제어하는 가장 적당한 방식은?

㉮ 계자제어방식　　㉯ 직렬저항 제어방식
㉰ 워어드 레오너드 방식　　㉱ 일그너 방식

◆ 풀이　전압제어　　**답** ㉱
① 일그너방식 : 변부하 특성
② 워어드 레오너드 방식 : 정부하 특성

52 워어드 레오너드 방식의 목적은 직류기의?

㉮ 정류개선　　㉯ 계자자속조정　　㉰ 속도제어　　㉱ 병렬운전

답 ㉰

53 직류기의 손실 중 기계손에 해당하는 것은?

㉮ 풍손　　㉯ 와류손　　㉰ 표유부하손　　㉱ 브러시 전기손

◆ 풀이　손실 ─ ① 고정손 : 철손, 기계손(베어링손, 마찰손, 풍손)　　**답** ㉮
② 부하손 : 동손, 표유부하손

54 직류전동기의 속도제어방법 중 광범위한 속도제어가 가능하며, 운전효율이 좋은 방법은?

㉮ 계자제어　　㉯ 직렬저항제어　　㉰ 병렬저항제어　　㉱ 전압제어

답 ㉱

55 직류전동기의 규약효율은 어떤 식으로 표시된 식에 의하여 구하여진 값인가?

㉮ $\eta = \dfrac{출력}{입력} \times 100\,[\%]$　　㉯ $\eta = \dfrac{출력}{출력+손실} \times 100\,[\%]$

㉰ $\eta = \dfrac{입력-손실}{입력} \times 100\,[\%]$　　㉱ $\eta = \dfrac{입력}{출력+손실} \times 100\,[\%]$

◆ 풀이　효율 ─ $\eta_{발} = \dfrac{출력}{입력} \times 100 = \dfrac{출력}{출력+손실} \times 100\,[\%]$

$\eta_{전} = \dfrac{출력}{입력} \times 100 = \dfrac{입력-손실}{입력} \times 100\,[\%]$

답 ㉰

56 일정전압으로 운전하고 있는 직류발전기의 손실이 $\alpha + \beta I^2$으로 표시될 때, 효율이 최대가 되는 전류는? (단, α, β는 정수이다.)

㉮ $\dfrac{\alpha}{\beta}$　　㉯ $\dfrac{\beta}{\alpha}$　　㉰ $\sqrt{\dfrac{\alpha}{\beta}}$　　㉱ $\sqrt{\dfrac{\beta}{\alpha}}$

◆ 풀이　전손실 $= \alpha + \beta I^2$ 에서 $\alpha = \beta I^2$ 이므로

$I = \sqrt{\dfrac{\alpha}{\beta}}\,[\mathrm{A}]$

답 ㉰

57 직류기의 효율이 최대로 되는 경우는?

㉮ 기계손 = 전기자동손　　㉯ 와류손 = 히스테리시스손

㉰ 전부하동손 = 철손　　㉱ 부하손 = 고정손

◆ 풀이　최대효율조건 : 고정손 = 부하손

답 ㉱

58 E종 절연물의 최고허용온도 [℃]는 ?

㉮ 105 ㉯ 130 ㉰ 120 ㉱ 90

◆ 풀이 절연물 허용온도 : E종 — 120 [℃], B종 — 130 [℃], H종 — 180 [℃]

답 ㉰

59 대형 직류전동기의 토오크를 측정하는 데 가장 적당한 방법은 ?

㉮ 와전류제동기 ㉯ 전기동력계
㉰ 프로니 브레이크법 ㉱ 반환부하법

답 ㉯

60 직류기의 온도시험에는 실부하법과 반환부하법이 있다. 이 중에서 반환부하법에 해당되지 않는 것은 ?

㉮ 홉킨슨법 ㉯ 프로니 브레이크법
㉰ 블론델법 ㉱ 카프법

◆ 풀이 온도시험 — ① 실부하법
② 반환부하법 : ㉠ 홉킨슨법, ㉡ 카프법, ㉢ 블론델법

답 ㉯

61 전동기의 토크 및 효율의 측정에서 실측 효율을 측정하는데 관계가 없는 것은?

㉮ 프로니 브레이크를 사용하는 방법
㉯ 전기 동력계를 사용하는 방법
㉰ 보조 발전기를 사용하는 방법
㉱ 무부하의 측정 방법

◆ 풀이 실측 효율 $= \eta = \dfrac{\text{출력}}{\text{입력}} \times 100$ [%]로 ㉮, ㉯, ㉰를 사용 측정할 수 있다.

답 ㉱

CHAPTER

02 동기기

CHAPTER

02 동기기

2.1 동기발전기

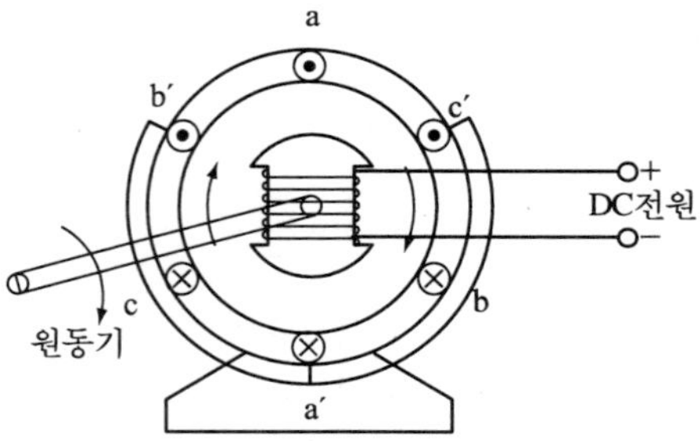

1) 동기기의 원리 및 구조

회전자 도체에 직류 전류를 흘려 자속을 발생시킨 후 회전자를 일정속도로 회전시키면 고정자 권선에는 각각 위상차가 120°만큼의 3상 교류기전력이 발생한다.

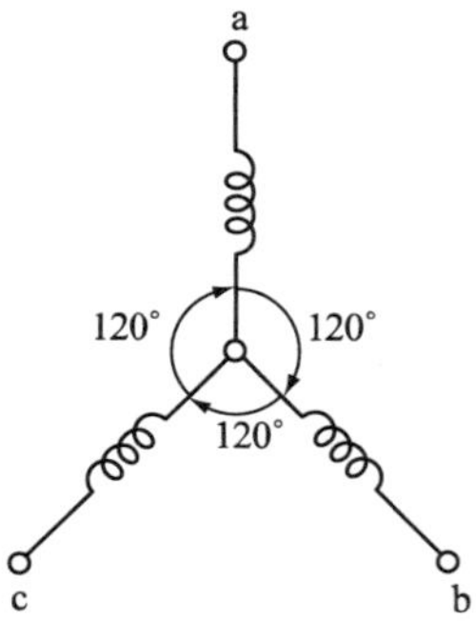

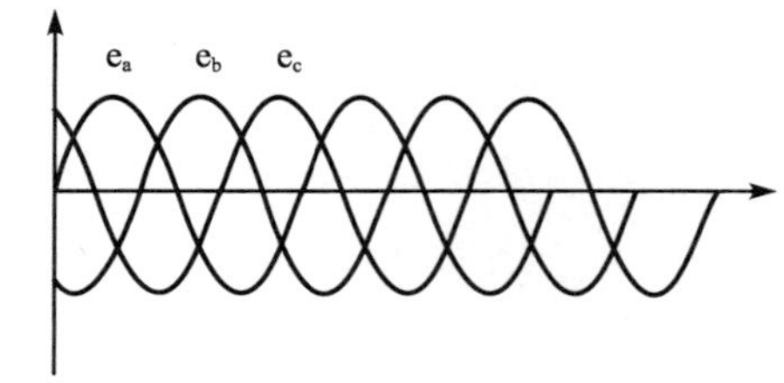

➡ 전기자를 Y결선으로 하는 이유

① 선간 전압에 비해 상전압이 낮으므로 코로나에 의한 권선의 열화를 감소시킨다.

② 제 3고조파 등에 의한 순환전류가 흐르지 않는다.

③ 중성점을 접지할 수 있으므로 이상전압에 대한 방지대책이 용이하다.

2) 동기속도

$$f = \frac{p}{2}n \rightarrow n = \frac{2f}{p}[\text{rps}] \qquad \therefore N_s = \frac{120f}{p}[\text{rpm}]$$

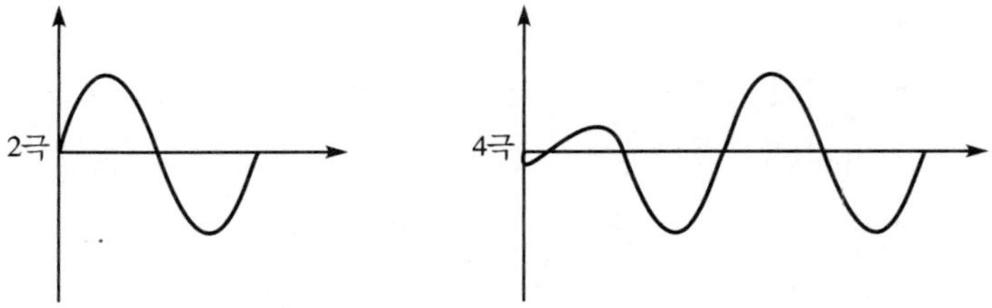

3) 동기기의 구조

(1) 고정자 (전기자) : 회전계자형 동기발전기의 고정자(전기자)를 나타내며 고정자 전체구조 구조, 고정자 단면의 일부분이 있고 전기자 권선이 고정자 철심에 감는다.

(2) 회전자 (계자) : 회전자로 활용되고 있는 자극은 발전기의 종류에 따라 철극형자극과 비철극형 또는 원통형이 있는데, 철극형은 주로 수차 발전기나 엔진발전기와 같은 중속 및 저속기에 사용되고, 원통형은 터빈발전기 같은 고속기에 쓰인다.

➡ 회전자 형태에 의한 분류

① 돌극형 (철극형)
- 공극이 불균일하다.
- 극수가 많다
- 저속기 (수차 발전기)

② 비돌극형 (원통형)
- 공극이 균일하다.
- 극수가 적다
- 고속기 (터빈 발전기)

➡ 회전계자형을 사용하는 이유

① 기계적인 측면
- 계자의 철분포가 전기자에 비하여 크므로 회전시 계자가 더 튼튼하다.
- 원동기 측에서 구조가 간단한 계자를 회전시키는 것이 더 유리하다.

② 전기적인 측면
- 교류고압인 전기자보다 직류 저압인 계자를 회전시키는 것이 위험성이 작다.
- 교류고압인 전기자가 고정되어 있으므로 절연이 용이하다.

(3) 여자기 : DC 100~250[V]의 직류전압 인가

(4) 베어링 : 축받이

(5) 냉각 장치 : 수소 냉각방식 (공냉식)

① 장점
- 비중이 공기의 약 7[%]이므로 풍손이 약 $\frac{1}{10}$ 정도로 감소한다.
- 비열이 공기의 약 14배이므로 열전도율이 약 7배가 되어 냉각효과가 커진다.
- 냉각효과에 의한 발전기 출력이 약 25[%]정도 증가한다.
- 폐쇄형이므로 수명이 길고 소음이 작다.

② 단점
- 방폭 설비를 갖추어야 한다.
- 설비비가 고가이다.

1. 동기발전기 이론

1) 전기자 권선법

고상권, 폐로권, 이층권, 중권, 단절권, 분포권 채용

(1) 단절권

- 전절권 : 코일 간격과 극간격을 같게 하는 권선법
- 단절권 : 코일 간격을 극간격보다 작게 하는 권선법

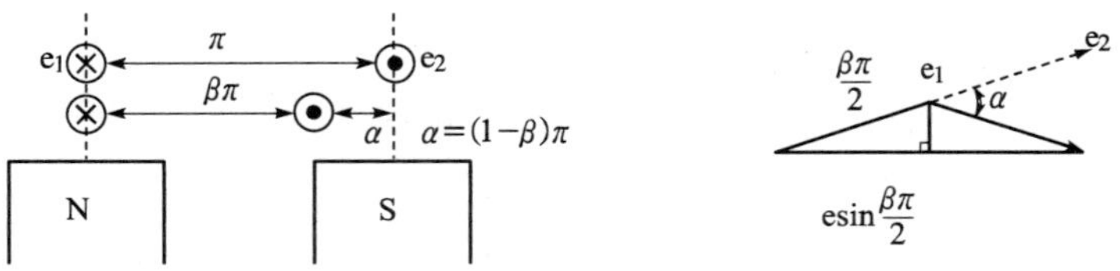

① 전절권의 합성기전력 : $|e_1| = |e_2| = e$ 이므로 $2e$

② 단절권의 합성기전력 : $2e\sin\frac{\beta\pi}{2}$

ⓐ 단절비율 : $\beta = \frac{\text{코일의간격}}{\text{극간격}} = \frac{\text{코일간격}}{\text{전슬롯수/극수}}$

ⓑ 단절계수 : $K_P = \frac{\text{단절권의 합성기전력}}{\text{전절권의 합성기전력}} = \frac{2e\sin\frac{\beta\pi}{2}}{2e} = \sin\frac{\beta\pi}{2}$

➡ 제 n 고조파 : $K_P = \sin\frac{n\beta\pi}{2}$

③ 특징
- 고조파 제거에 의한 파형의 개선
- 동량의 감소에 의한 기계적인 크기 감소
- 가격이 싸다.
- 전절권에 비해 유기기전력이 KP배로 감소

(2) 분포권

- 집중권 : 매극 매상의 도체를 한 슬롯에 집중시켜 감아 주는 권선법
- 분포권 : 매극 매상의 도체를 각각의 슬롯에 분포시켜 감아 주는 권선법

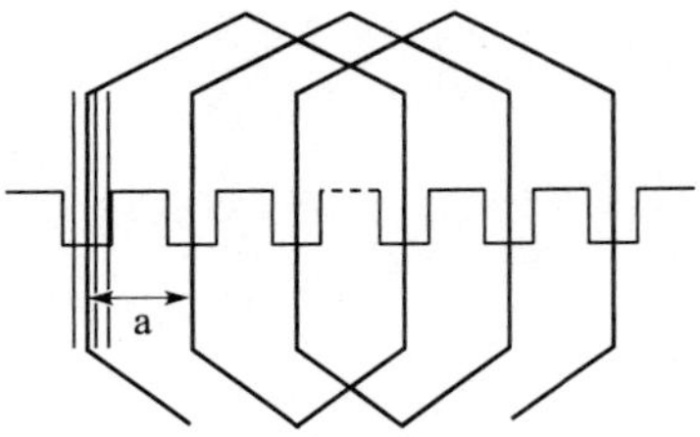

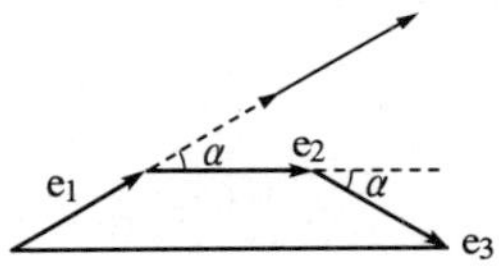

- 매극 매상의 슬롯수 (매극 매상의 슬롯수) : $q = \frac{총슬롯수}{상수 \times 극수}$
- 매극 매상의 한 슬롯 간격 : $\alpha = \frac{\pi}{상수 \times 매극\ 매상의\ 슬롯수}$

$e = 2 \cdot r\sin\frac{\alpha}{2}$

$e = 2e'_r = 2 \cdot r\sin\frac{q\alpha}{2}$

$\alpha = \frac{\pi}{mp}$

① 집중권의 합성기전력 : $q_e = q 2r\sin\frac{\alpha}{2}$

② 분포권의 합성기전력 : $e_r = 2r\sin\frac{q\alpha}{2}$

- 분포계수

$$K_d = \frac{\text{분포권의 합성기전력}}{\text{집중권의 합성기전력}} = \frac{2r\sin\frac{\pi}{2m}}{q2r\sin\frac{\pi}{2mq}} = \frac{\sin\frac{\pi}{2m}}{q\sin\frac{\pi}{2mq}}$$

➡ 제 n고조파 ; $K_d = \dfrac{\sin\frac{n\pi}{2m}}{q\sin\frac{n\pi}{2mq}}$

③ 특징
- 고조파 제거에 의한 파형의 개선
- 누설 리액턴스가 작다 $(L \propto N_2)$
- 코일에서의 열발산이 고르게 분포되므로 권선의 과열을 방지할 수 있다.
- 집중권에 비해 유기기전력이 K_d배로 감소한다.

(3) 권선 계수 : $K_w = K_p \times K_d$

2) 동기발전기의 유기기전력

한 상의 유기기전력 : $E = 4.44 f N\pi K_\omega [\text{V}]$

(1) $f\,[\text{Hz}] \leftarrow N_s = \dfrac{120f}{P}[\text{rpm}]$

(2) $N[\text{T}]$: 한상의 직렬권수

$$N = \frac{\text{총슬롯수} \times \text{한슬롯당도체수}}{\text{상수} \times 2} = \frac{\text{총슬롯수} \times \text{코일권수}}{3\text{상}}$$

(3) $\phi[\text{Wb}]$: 매극당 자속

(4) K_ω : 권선 계수 cf. 정격전압, 단자전압 : 선간전압

① Y 결선 : $V = \sqrt{3} \times 4.44 f N\phi K_\omega [\text{V}]$

② △결선 : $V = 4.44 f N\phi K_\omega [\text{V}]$

증명 $e = vB\ell\,(B = B_m \sin\omega t)$

$v = \dfrac{\pi D N_s}{60} = \pi D n_s = \dfrac{\pi D 2f}{p}$, $B_{av} = \dfrac{P\phi}{\pi D\ell}$

평균값 $E_{av} = 2f\phi[\text{V}]$

실효값 $E = 1.11E_{av} = 1.11 \times 2f\,\phi = 4.44 f\,N\phi[\text{V}]$

$\therefore E = 4.44 f\,N\phi K_\omega [\text{V}]$

3) 동기기의 전기자 반작용

(1) 동기발전기의 전기자 반작용

3상 부하전류(전기자전류)에 의한 회전 자속이 계자 자속에 영향을 미치는 현상

① 교차 자화작용(횡축 반작용) : R 부하인 경우

전기자 전류 I_a와 기전력 E가 동상인 경우

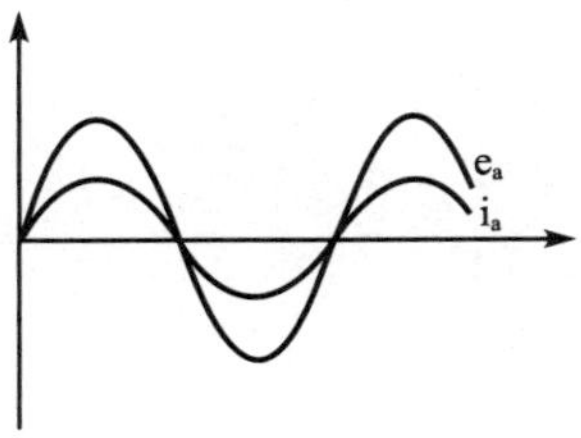

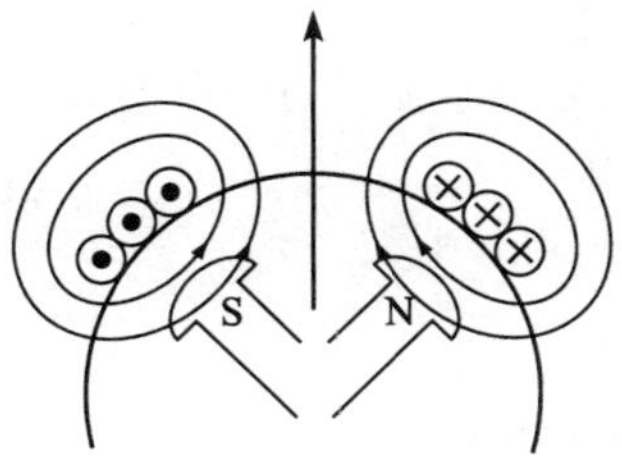

② 감자작용 (직축반작용) : L부하인 경우

전기자 전류 I_a가 기전력 E보다 위상이 90° 늦은 경우

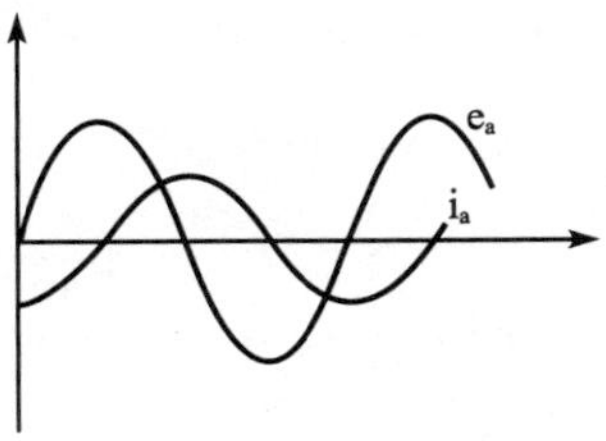

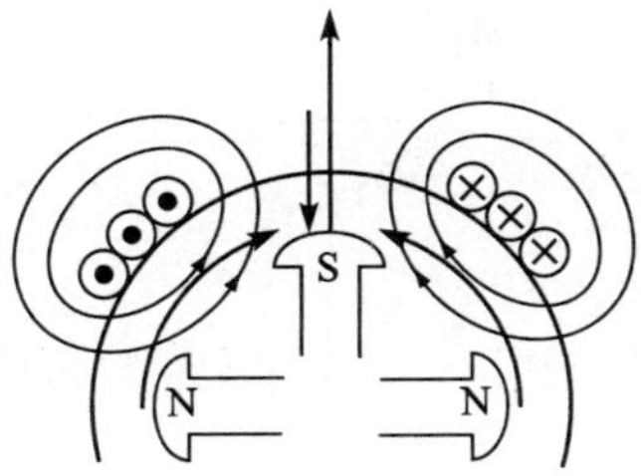

③ 증자작용 (직축반작용) : C 부하인 경우

전기자 전류 I_a가 기전력 E보다 위상이 90° 앞선 경우

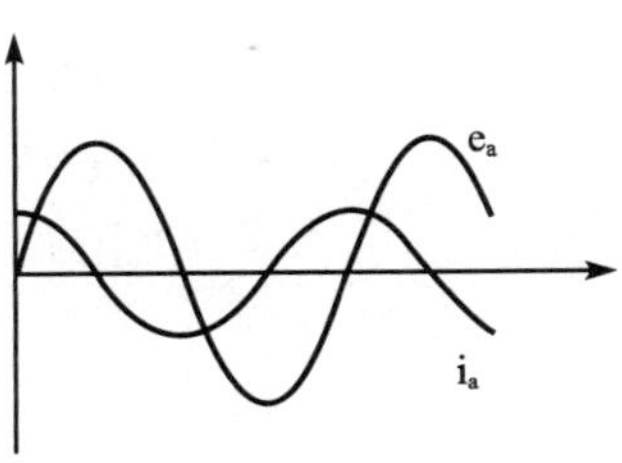

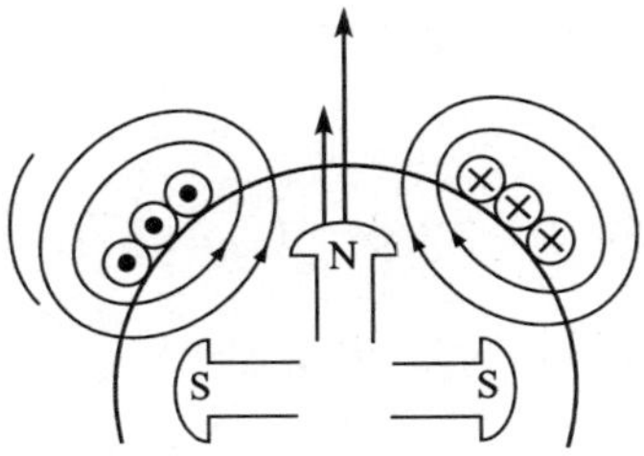

(2) 외부특성곡선과 전압변동율

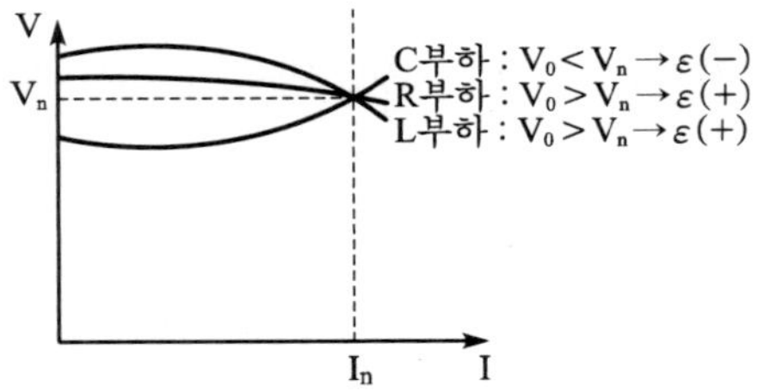

① 외부특성곡선 : 단자 전압 V가 부하전류 I와 역률 $\cos\theta$에 따라 변화한다.

② 전압변동율 : $\epsilon = \dfrac{\text{무부하단자전압}(V_0) - \text{정격단자전압}(V_n)}{\text{정격단자전압}(V_n)} \times 100[\%]$

4) 동기발전기의 출력

(1) 동기발전기의 등가회로

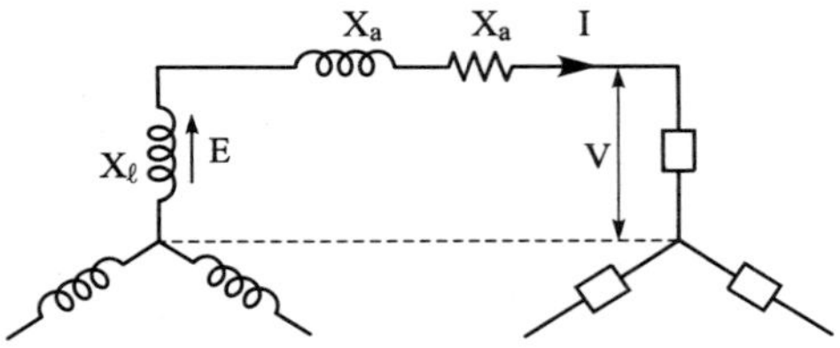

r_a : 전기자 저항

x_ℓ : 전기자 누설리액턴스

x_a : 전기자반작용 리액턴스

① 전기자 누설리액턴스(x_ℓ) : 전기자 전류에 의한 자속중 전기자 권선에만 쇄교하는 자속에 의해 발생하는 리액턴스

② 전기자 반작용 리액턴스(x_a) : 부하 존재시 발생하는 전기자 반작용 자속에 의해 발생하는 리액턴스

③ 동기리액턴스 : $x_s = x_\ell + x_a$

④ 동기 임피던스 : $\dot{Z}_s = r_a + jx_s \fallingdotseq jx_s$

(운전 중 : $x_a \uparrow \rightarrow x_s \uparrow$)

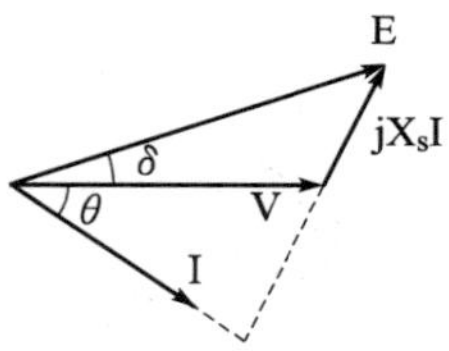

⑤ 전압 강하 : $\dot{V}_{Z_s} = jx_s\dot{I}$

⑥ 유기기전력 : $\dot{E} = \dot{V} + \dot{I}\dot{Z}_s = \dot{V} + jx_s\dot{I}$

(2) 동기발전기의 출력

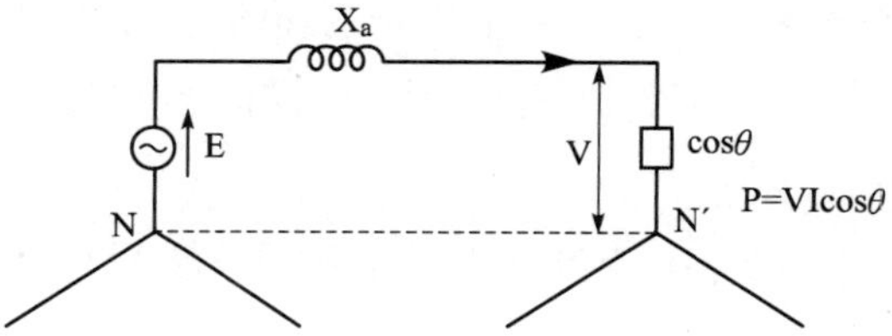

① 비돌극형 : $P=\dfrac{EV}{x_s}sin\delta[\mathrm{W}]$

$\overline{bc}=x_sI\cos\theta=E\sin\delta$

$I\cos\theta=\dfrac{E\sin\delta}{x_s}$

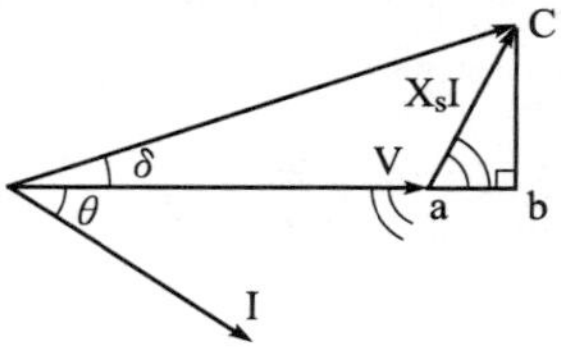

$P=VI\cos\theta=\dfrac{EV}{x_s}sin\delta$

∴ 비돌극형 발전기는 부하각 $\delta=90°$ 에서 최대 출력을 발생한다.

② 돌극형 : $P=\dfrac{EV}{x_s}sin\delta+\dfrac{V^2(x_d-x_q)}{2x_s\,x_q}sin2\delta[\mathrm{W}]$

∴돌극형 발전기는 부하각 $\delta=60°$ 에서 최대 출력을 발생한다.

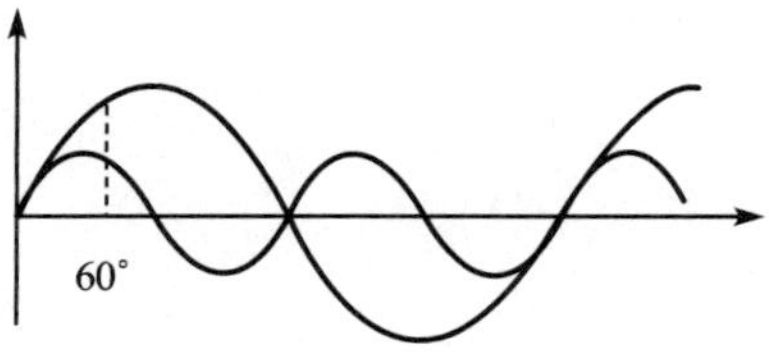

*** 동기발전기의 특성**

1) 무부하 포화곡선과 단락곡선

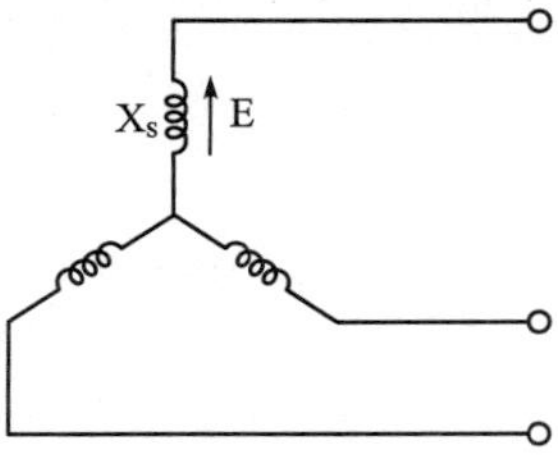

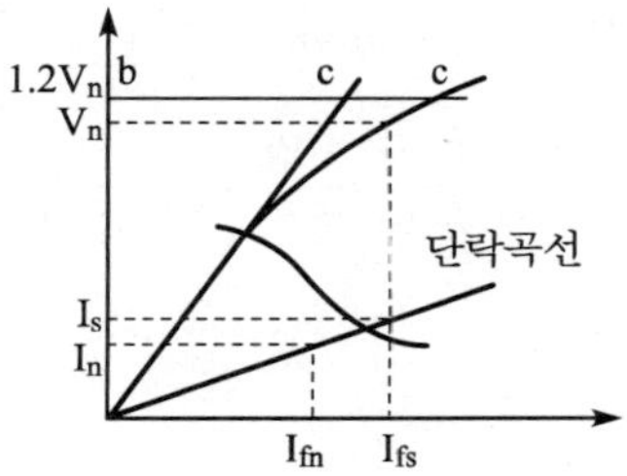

(1) 무부하 포화곡선 : 발전기를 무부하 상태에서 정격속도로 회전시킬 때 무부하 유도기전력이 정격전압이 될 때까지 계자 전류와의 관계를 나타낸 전압특성곡선

① $I_f \uparrow \rightarrow \phi \uparrow \rightarrow E \uparrow \rightarrow$ 정격전압(전류계 지시값 : I_{fs})

② 포화율 : $\sigma = \dfrac{c'c}{bc'}$

(2) 단락곡선 : 발전기를 3상 단락시키고 정격속도로 회전시킬 때 발전기에 정격전류가 흐를 때까지의 계자 전류와 단락 전류와의 관계를 나타낸 전류특성곡선

➡ 단락 전류 : $I_s = \dfrac{E}{x_s}$

2) 단락전류의 특성

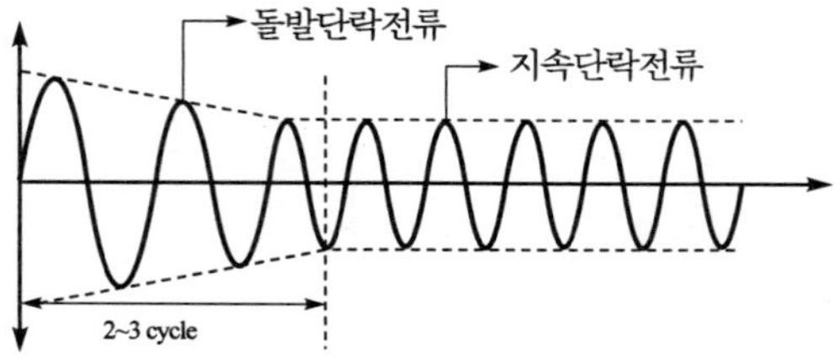

(1) 돌발단락 전류 : $I_s = \dfrac{E}{x_\ell}[A]$

(2) 지속 (영구) 단락 전류 : $I_s = \dfrac{E}{x_a + x_\ell} = \dfrac{E}{x_s} \fallingdotseq \dfrac{E}{Z_s}$

3) 단락비

$$K_s = \frac{\text{무부하시 정격전압 } V_n \text{을 유기시키는데 필요한 계자전류 } (I_{fs})}{\text{3상단락시 정격전류와 같은 단락전류를 흘리는데 필요한 계자전류} (I_{fn})}$$

$$= \frac{I_s}{I_n} = \frac{100}{\%Z_s} = \frac{1}{\%Z_s[\text{p.u}]}$$

4) 동기임피던스와 단락비

(1) 동기임피던스

$$Z_s = \sqrt{{r_a}^2 + {x_s}^2} = \frac{E_n}{I_s} \rightarrow \frac{1}{I_s} = \frac{Z_s}{E_n}$$

(2) $\%Z_s = \frac{Z_s I_m}{E_m} \times 100[\%]$ $\qquad$ $\%Z_s = \frac{Z_s I_n}{\frac{V_n}{\sqrt{3}}} \times 100[\%]$

$= \frac{Z_s I_n}{10E_n} \times 100[\%](E_n[\text{kV}])$ $\qquad$ $= \frac{\sqrt{3}\, Z_s I_n}{10\, V_n} \times 100[\%](V_n([\text{kV}])$

$= \frac{Z_s P}{10{E_n}^2}(P = E_n I_n)$ $\qquad$ $= \frac{Z_s P}{10\,{V_n}^2}(P = \sqrt{3}\, V_n I_n)$

$$\%Z_s = \frac{Z_s I_n}{E_n} \times 100 = \frac{Z_s I_n}{10E_n} = \frac{Z_s P}{10{E_n}^2} = \frac{Z_s P}{10\,{V_n}^2}[\%]$$

$$\%Z_s = \frac{Z_s}{E_n} \times 100 = \frac{I_n}{I_s} \times 100[\%]$$

$$\therefore K_s = \frac{I_s}{I_n} = \frac{100}{\%Z_s} = \frac{1}{\%Z_s}[\text{p.u}]$$

(3) 단락비가 크다. (철기계)

① 공극이 크다.
② 계자 기자력이 크다.
③ 중량이 무겁고 가격이 비싸다.
④ 동기 임피던스가 작다.
⑤ 전기자 반작용이 작다.
⑥ 전압변동율이 작다.
⑦ 안정도가 좋다.
⑧ 선로의 충전용량이 크다.
⑨ 효율이 나쁘다. (철손증가)

(4) 단락비가 작다. (동기계) : 철기계의 반대 특성을 가진다.

cf. 수차발전기 : k_s =0.9~1.2

터빈발전기 : k_s =0.6~1.0

(5) p.u 법

동기임피던스에 의한 전압강하 $x_s I_n = x[\text{p.u}] < 1$

① 전압변동률

$$\epsilon = \frac{E-V}{V} \times 100 \Big|_{V=1} = (E-1) \times 100$$

$$E = \sqrt{\cos^2\theta + (\sin^2\theta + x[\text{p.u}])^2}$$

$$\therefore \ \epsilon = (\sqrt{\cos^2\theta + (\sin^2\theta + x[\text{p.u}])^2} - 1) \times 100[\%]$$

② 최대전력

발전기 한상의 최대 출력 : $P = \frac{EV}{x} sin\delta = \frac{EV}{x}$

$V = 1$로 보면 $x = x[\text{p.u}]$이므로

$$\therefore \ P_m = \frac{E}{x[\text{p.u}]} \times P_n$$

5) 동기발전기의 병렬 운전조건

(1) 기전력의 크기가 같을 것

① 不일치($E_A \neq E_B$: 여자 전류의 변화)

: 무효 순환 전류 (무효 횡류) 발생

② 방지 대책

여자 전류 조정 (계자 저항 조정)

$E = 4.44 f N \phi K_\omega [\text{V}]$

$R_{fA} \uparrow \rightarrow I_{fA} \downarrow \rightarrow \phi_A \downarrow \rightarrow E_A \downarrow \rightarrow I_c \downarrow$

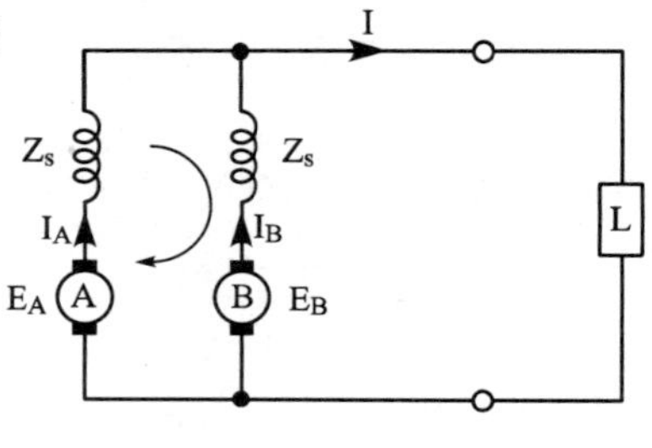

(2) 기전력의 위상이 같을 것

① 不일치 ($\theta_A \neq \theta_B$: 원동기 출력의 변화)

: 유효 순환 전류 (유효 횡류) 발생

$$I_s = \frac{\dot{E}_A - \dot{E}_B}{2Z_s} = \frac{2E_A}{2Z_s} sin\frac{\delta}{2}$$

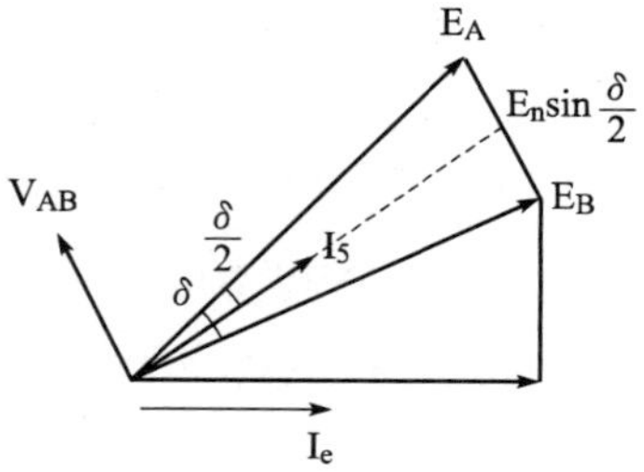

② 수수 전력 : 동기화 전류에 의해 서로 주고받는 전력

A기의 부하분담 : $P_A = E_A I_s \cos\frac{\delta}{2}$ (+부하)

B기의 부하분담 : $P_B = - E_B I_s \cos\frac{\delta}{2}$ (−부하)

$$P_s = E_A I_s \cos\frac{\delta}{2} = E_A \frac{2E_A}{2Z_s} sin\frac{\delta}{2} cos\frac{\delta}{2}$$

$$= \frac{{E_A}^2}{Z_s} sin\frac{\delta}{2} cos\frac{\delta}{2} = \frac{{E_A}^2}{2Z_s} sin\delta$$

∴ 수수전력 : $P_s = \frac{{E_A}^2}{2Z_s} sin\delta[\mathrm{W}]$

③ 동기화력 : $\dot{P}_s = \frac{dP_s}{d\delta} = \frac{E_A^2}{2Z_s} cos\theta[\mathrm{W}]$

(3) 주파수가 일치할 것 ➡ 不일치 : 단자 전압 진동

(4) 기전력의 파형이 일치할 것 ➡ 不일치 : 고조파 무효 순환 전류

(5) 기전력의 상회전 방향이 같을 것 (3상)

참고 원동기의 병렬 운전 조건
i) 균일한 각속도를 가질 것
ii) 적당한 속도 변동율을 가질 것

6) 동기발전기의 자기 여자 및 안정도

(1) 자기 여자 현상

무부하로 운전하는 동기발전기를 장거리 송전선로 등에 접속한 경우 선로의 충전용량 (진상 전류)에 의한 전기자 반작용(증자작용)이나 무부하 동기발전기의 잔류자기로 인한 미소 전압 발생시 송전선로의 정전 용량 때문에 흐르는 진상전류에 의해 발전기가 스스로 여자되어 전압이 상승하는 현상

① 발생원인 : 정전용량에 의한 진상전류

② 방지대책 : 동기조상기, 분로리액터, 발전기 및 변압기의 병렬 운전, 단락비를 크게 할 것

(2) 난조현상

발전기의 부하가 급변하는 경우 회전속도가 동기속도를 중심으로 진동하는 현상

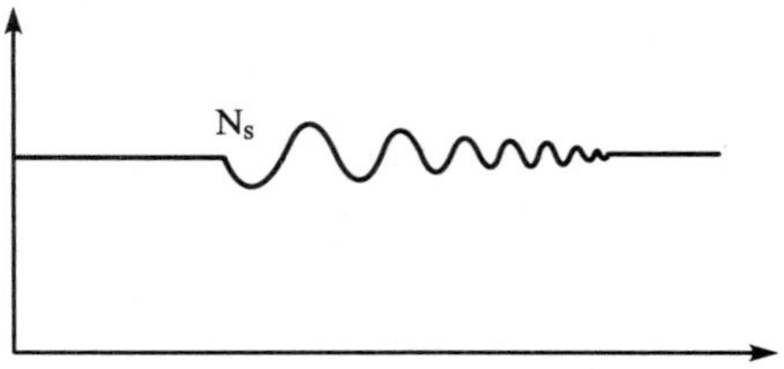

① 발생 원인
- 부하 변동이 심한 경우
- 관성모멘트가 작은 경우
- 조속기가 너무 예민한 경우
- 계자에 고조파가 유기된 경우

2.2 동기전동기

1) 동기전동기의 원리

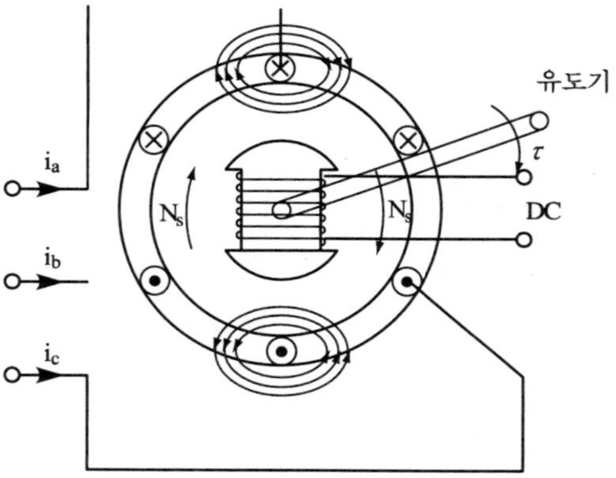

고정자 3상 권선에 3상 교류전류를 흘려주면 고정자에는 시계방향으로 회전하는 회전자기장을 발생하여 회전자기장 속도가 동기속도에 도달할 때 회전자에 시계방향으로 회전하는 기동토크를 가하면 회전자는 동기속도로 운전하는 전동기로 운전한다.

2) 동기전동기의 기동법

(1) 자기 기동법

유도전동기의 2차 권선 역할을 하는 제동 권선에 의해 기동 토크를 발생시켜 기동하는 방식

(2) 유도 전동기법

기동전동기로서 유도 전동기를 사용하여 기동시키는 방식으로서 극수가 2극 적은 전동기를 채용한다.

3) 동기전동기의 특성

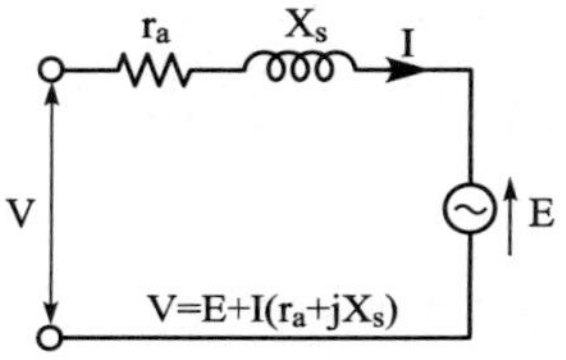

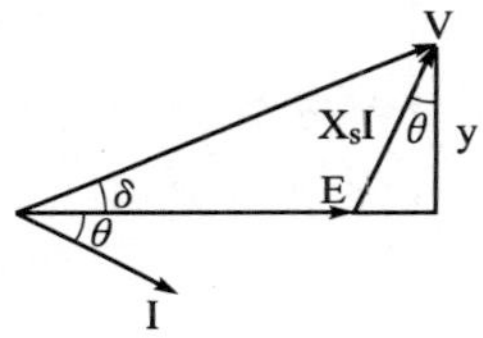

(1) 출력

$P_o = EI\cos\theta$

$\cos\theta = \dfrac{y}{x_s I} \rightarrow y = x_s I\cos\theta$

$\sin\delta = \dfrac{y}{V} \rightarrow y = V\sin\delta$

$x_s I\cos\theta = V\sin\theta \rightarrow I\cos\theta = \dfrac{V}{x_s} sin\delta$

(2) V 곡선

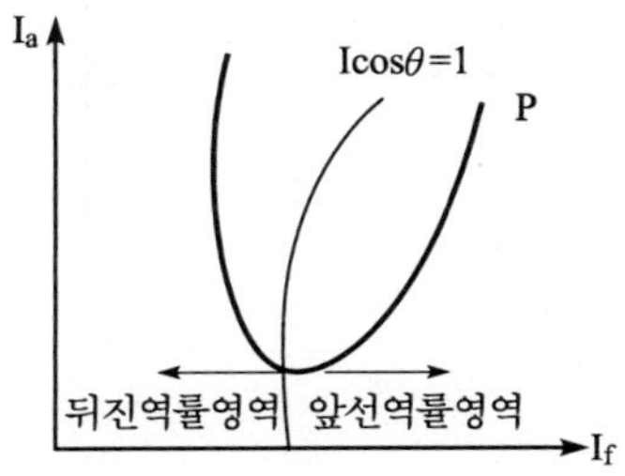

(3) 토크 특성

$$P_o = \omega\tau = \frac{2\pi N_s}{60}\tau\,[\mathrm{W}]$$

$$\tau = \frac{60}{2\pi N_s} \times \frac{EV}{x_s} sin\delta\,[\mathrm{N \cdot m}]$$

$$\therefore \tau = 9.55\frac{P_o}{N_s}[\mathrm{N \cdot m}] = 0.975\frac{P_o}{N_s}[\mathrm{kg \cdot m}]$$

$$P_o = 1.026 N_s\,\tau\,[\mathrm{W}]$$

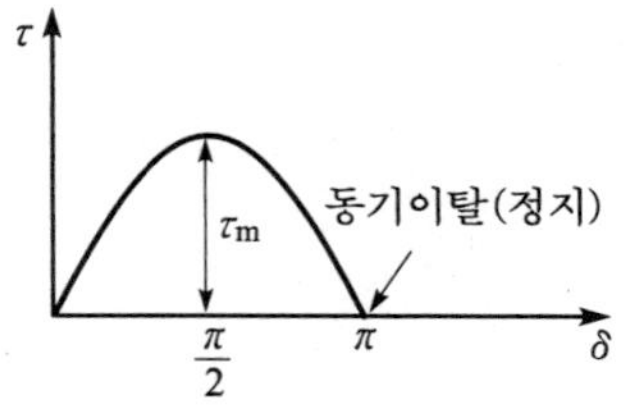

(4) 동기전동기의 특성

① 장점
- 속도가 일정하다. (동기속도N_s로 운전)
- 역률을 조정할 수 있다. (역률$\cos\theta = 1$로 운전 가능)
- 효율이 좋다.
- 공극이 크고 기계적으로 튼튼하다.

② 단점
- 기동토크가 작다.(기동 토크 $\tau_s = 0$)
- 속도 제어가 어렵다.
- 직류 여자가 필요하다
- 난조가 일어나기 쉽다.

4) 동기 전동기의 난조 현상

부하의 급변에 따른 부하각의 진동현상

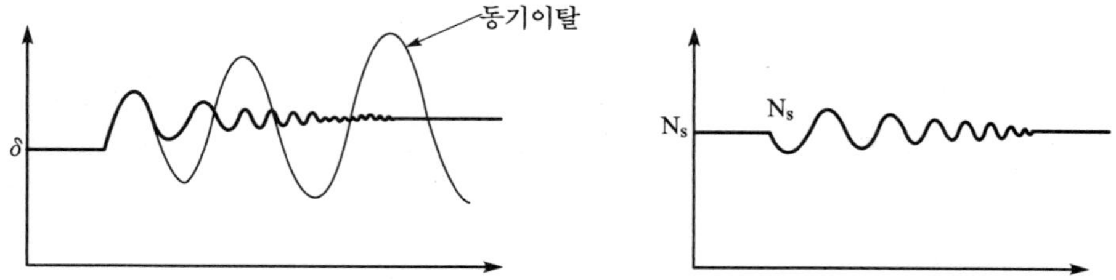

연습문제

01 동기발전기에 회전계자형을 사용하는 경우가 많다. 그 이유에 적합하지 않은 것은?

㉮ 전기자보다 계자극을 회전자로 하는 것이 기계적으로는 튼튼하다.
㉯ 기전력의 파형을 개선한다.
㉰ 전기자권선은 고전압으로 결선이 복잡하다.
㉱ 계자회로는 직류 저전압으로 소요전력이 적다.

◆ 풀이 기전력의 파형을 개선하는 것은 권선법 중 분포권 · 단절권 답 ㉯

02 50 [Hz] 12극, 회전자의 바깥지름 2 [m]인 동기발전기에 있어서 자극면의 주변속도 [m/s]는?

㉮ 10 ㉯ 20 ㉰ 30 ㉱ 50

◆ 풀이 속도 $v = \pi D \frac{Ns}{60}$ [m/s]이므로 답 ㉱

$Ns = \frac{120}{p} f$ 에서 $\frac{120}{12} \times 50 = 500$ [rpm]이다.

03 주파수 60 [Hz], 회전수 1800 [rpm]의 동기기의 극수는?

㉮ 2 ㉯ 4 ㉰ 6 ㉱ 8

◆ 풀이 동기속도 $Ns = \frac{120}{p} f$ [rpm]에서 $p = \frac{120}{Ns} f = \frac{120}{1800} \times 60 = 4$(극) 답 ㉯

$v = 3.14 \times 2 \times \frac{500}{60} = 52$ [m/s]

04 동기전동기의 공급전압과 부하가 일정할 때 여자전류를 변화시켜도 변하지 않는 것은? [92. 전기기기]

㉮ 전기자 전류 ㉯ 역률 ㉰ 전동기 속도 ㉱ 역기전력

답 ㉰

05 동기발전기에서 극수 4, 1극의 자속수 0.062 [Wb], 1분간의 회전속도를 1800, 코일의 권수를 100이라고 하고, 이 때 코일의 유기기전력의 실효값 [V]을 구하면? (단, 권선계수는 1.0이다.)

㉮ 526 [V] ㉯ 1488 [V] ㉰ 1652 [V] ㉱ 2336 [V]

◆ 풀이 기전력 $E = 4.44 f\phi k\omega \cdot \omega$[V]이므로 $f = \frac{Ns \cdot p}{120} = \frac{1800 \times 4}{120} = 60$[Hz] 답 ㉮

$E = 4.44 \times 60 \times 0.062 \times 1 \times 100 = 1652$[V]

06 보통 회전계자형으로 하는 전기기기는?

㉮ 직류발전기 ㉯ 동기발전기 ㉰ 유도발전기 ㉱ 회전변류기

◆ 풀이 직류발전기 — 회전전기자형, 동기발전기 — 회전계자형 답 ㉯

07 동기발전기의 전기자권선을 분포권으로 하면?

㉮ 집중권에 비하여 합성 유기기전력이 높아진다.
㉯ 권선의 리액턴스가 커진다.
㉰ 파형이 좋아진다.
㉱ 난조를 방지한다.

◆ 풀이 기전력 파형개선 답 ㉰

① 분포권 — 누설리액턴스 감소
② 단절권 — 동량감소로 기구의 축소

08 동기발전기의 전기자권선의 분포권계수를 나타내는 식은? (단, 상수는 m, 1극 1상의 슬롯수는 q이다.)

㉮ $\dfrac{q\sin\dfrac{\pi}{2mq}}{\sin\dfrac{\pi}{2m}}$　　㉯ $\dfrac{\sin\dfrac{\pi}{2m}}{q\sin\dfrac{\pi}{2mq}}$　　㉰ $q\sin\dfrac{\pi}{2mq}$　　㉱ $\sin\dfrac{\pi}{2mq}$

답 ㉯

09 교류기에서 집중권이란 매극, 매상의 슬롯수가 몇 개인 것을 말하는가?

㉮ $\frac{1}{2}$개　　㉯ 1개　　㉰ 2개　　㉱ 5개

답 ㉯

10 동기기의 전기자권선법이 아닌 것은?

㉮ 분포권　　㉯ 전절권　　㉰ 2층권　　㉱ 중 권

답 ㉯

11 동기발전기에서 제 5 고조파를 제거하기 위해서는 β=코일 피치/극피치가 얼마되어야 단절권이 되는가?

㉮ 0.9　　㉯ 0.8　　㉰ 0.7　　㉱ 0.6

답 ㉯

12 동기발전기의 전기자권선을 단절권으로 감는 이유는?

㉮ 절연이 잘 된다.　　㉯ 고조파를 제거한다.
㉰ 역률이 좋아진다.　　㉱ 유효자속이 증가한다.

◆ 풀이　고조파를 제거, 감소하면 기전력의 파형을 개선

답 ㉯

13 코일 피치와 극간격의 비를 β라 하면 기본파 기전력에 대한 단절권 계수는?

㉮ $\sin\beta\pi$ ㉯ $\cos\beta\pi$ ㉰ $\sin\frac{\beta\pi}{2}$ ㉱ $\cos\frac{\beta\pi}{2}$

답 ㉰

14 교류발전기에서 권선을 절약할 뿐 아니라 특정 고조파분이 없는 권선은?

㉮ 전절권 ㉯ 집중권 ㉰ 단절권 ㉱ 분포권

답 ㉰

15 3상 동기발전기의 전기자권선을 Y결선으로 하는 이유로서 적당하지 않은 것은?

㉮ 고조파 순환전류가 흐르지 않는다. ㉯ 이상 전압방지의 대책이 용이하다.
㉰ 전기자 반작용이 감소한다. ㉱ 코일의 코로나, 열화 등이 감소한다.

답 ㉰

16 3상 동기발전기에 무부하전압보다 90°늦은 전기자전류가 흐를 때 전기자 반작용은?

㉮ 교차자화작용을 한다. ㉯ 자축과 일치하는 증자작용을 한다.
㉰ 자축과 일치하는 감자작용을 한다. ㉱ 자기여자작용을 한다.

◆ 풀이 ① 진상전류 ─ ㉠ 발전기 : 증자, ㉡ 전동기 : 감자
② 지상전류 ─ ㉠ 발전기 : 감자, ㉡ 전동기 : 증자

답 ㉰

17 동기발전기에서 전기자전류를 I, 유기기전력과 전기자전류와의 위상각이 θ라 하면 횡축 반작용을 하는 성분은?

㉮ $I\cot\theta$ ㉯ $I\tan\theta$ ㉰ $I\sin\theta$ ㉱ $I\cos\theta$

◆ 풀이 횡축반작용 : $I\cos\theta$, 직축반작용 : $I\sin\theta$

답 ㉱

18 3상 교류발전기의 단락비를 계산하는 데 필요한 시험은?

㉮ 돌발단락시험과 부하시험
㉯ 단상 단락시험과 3상 단락시험
㉰ 정상, 영상, 역상 임피던스의 측정시험
㉱ 무부하 포화시험과 3상 단락시험

답 ㉱

19 무부하 포화곡선과 공극선을 써서 산출할 수 있는 것은?

㉮ 동기 임피던스 ㉯ 단락비 ㉰ 전기자 반작용 ㉱ 포화율

◆ 풀이 ① 포화율 : 무부하포화곡선과 공극선으로부터 구할 수 있다.
② 단락비 : 무부하포화곡선과 3상 단락 곡선으로부터 구할 수 있다.

답 ㉱

20 3상 교류 동기발전기를 정격속도로 운전하고, 무부하 정격전압을 유기하는 계자전류를 i_1, 3상 단락에 의하여 정격전류 I를 흘리는데 필요한 계자전류를 i_2라 할 때 단락비는?

㉮ $\frac{I}{i_1}$ ㉯ $\frac{i_2}{i_1}$ ㉰ $\frac{I}{i_2}$ ㉱ $\frac{i_1}{i_2}$

◆ 풀이 단락비 $Ks = \frac{i_1}{i_2}$

답 ㉱

21 동기발전기에서 앞선 전류가 흐를 때 어느 것이 옳은가?

㉮ 감자작용을 받는다. ㉯ 증자작용을 받는다.
㉰ 속도가 상승한다. ㉱ 효율이 좋아진다.

답 ㉯

22 동기기에 있어서 동기 임피던스와 단락비와의 관계는?

㉮ 동기 임피던스 $[\Omega]= \dfrac{1}{(\text{단락비})^2}$

㉯ 단락비$= \dfrac{\text{동기임피던스}[\Omega]}{\text{동기각속도}}$

㉰ 단락비$= \dfrac{1}{\text{동기 임피던스}[PU]}$

㉱ 동기 임피던스 [PU] = 단락비

◆ 풀이 퍼센트 동기임피던스 $\%Zs = \dfrac{1}{Ks}$ 이므로 단락비 $Ks = \dfrac{1}{\%Zs\,[PU]}$ 답 ㉰

23 동기발전기의 단락시험, 무부하시험으로부터 구할 수 없는 것은?

㉮ 철 손 ㉯ 단락비 ㉰ 전기자 반작용 ㉱ 동기 임피던스

답 ㉯

24 동기기에서 동기 임피던스 값과 실용상 같은 것은? (단, 전기자저항은 무시한다.)

㉮ 전기자누설 리액턴스 ㉯ 동기 리액턴스
㉰ 유도 리액턴스 ㉱ 등가 리액턴스

◆ 풀이 동기임피던스 $Zs = r_a + jx_s$ 에서 저항 r_a 값은 무시할 정도로 작으므로 실용상 $Zs = x_s$ 답 ㉯

25 어떤 3상 동기발전기의 여자전류 5 [A]에 대한 1상의 유기전기전력이 600 [V]이고, 그 3상 단락전류는 30 [A]이다. 이 발전기의 동기 임피이던스 [Ω]는?

㉮ 20 ㉯ 30 ㉰ 2 ㉱ 3

◆ 풀이 $Zs = \dfrac{E}{Is}\,[\Omega]$이므로 $Zs = \dfrac{E}{Is} = \dfrac{600}{30} = 20\,[\Omega]$ 답 ㉮

26 전압변동률이 작은 동기발전기는?

㉮ 동기 리액턴스가 크다. ㉯ 전기자 반작용이 크다.
㉰ 단락비가 크다. ㉱ 값이 싸진다.

답 ㉰

27 단락비가 큰 동기기는?

㉮ 선로 충전용량이 적은 것에 적당하다. ㉯ 전압변동률이 크다.
㉰ 안정도가 좋다. ㉱ 기계가 소형으로 된다.

◆ 풀이 단락비가 크다.
철기계 : ① 안정도가 높다, ② 전압변동이 작다,
③ 효율이 나쁘다, ④ 송전선 충전용량 크다.

답 ㉰

28 돌극형 동기발전기의 특성이 아닌 것은?

㉮ 리액션 토오크가 존재한다.
㉯ 최대출력의 출력각이 90°이다.
㉰ 내부 유기기전력과 관계없는 토오크가 존재한다.
㉱ 직축 리액턴스 및 횡축 리액턴스의 값이 다르다.

답 ㉯

29 동기기의 구성재료 중 동(Cu)이 비교적 적고 철(Fe)이 비교적 많은 기계는?

㉮ 단락비가 적다. ㉯ 단락비가 크다.
㉰ 단락비와 무관하다. ㉱ 전압변동률이 크다.

답 ㉯

30 동기기의 전압변동률은 용량부하이면 어떻게 되는가?
(단, 무부하로 하였을 때의 전압은 V_0, 정격 단자전압은 V이다.)

㉮ $-(V_0 < V)$ ㉯ $+(V_0 > V)$
㉰ $-(V_0 > V)$ ㉱ $+(V_0 < V)$

◆ 풀이 유도부하 : $\epsilon \oplus (V_0 > V)$, 용량부하 : $\epsilon \ominus (V_0 < V)$ 답 ㉮

31 원통형 회전자를 가진 동기발전기는 부하각 δ가 몇 도일 때 최대출력을 낼 수 있는가?

㉮ 0° ㉯ 30° ㉰ 60° ㉱ 90°

◆ 풀이 ① 원통형(비돌극형) — 최대일 때 δ는 90° 답 ㉱
② 돌극형 — 최대일 때 θ는 60°

32 발전기의 단자부근에서 단락이 일어났다고 하면 단락전류는?

㉮ 계속 증가한다. ㉯ 처음은 큰 전류이나 점차로 감소한다.
㉰ 일정한 큰 전류가 흐른다. ㉱ 발전기가 즉시 정지한다.

답 ㉯

33 1상의 유기전압 E[V], 1상의 누설 리액턴스 X[Ω], 1상의 동기 리액턴스 X_s[Ω]의 동기발전기의 지속단락전류는?

㉮ $\dfrac{E}{X}$ ㉯ $\dfrac{E}{X_s}$ ㉰ $\dfrac{E}{X+X_s}$ ㉱ $\dfrac{E}{X-X_s}$

◆ 풀이 지속단락전류를 제한하는 것이 동기 리액턴스 이므로 답 ㉯
지속 단락전류는 동리 리액턴스분에 기전력 $Is = \dfrac{E}{x_s}$ [A]

34 3상 동기발전기를 병렬운전하는 경우 고려하지 않아도 되는 조건은?

㉮ 발생전압이 같을 것 ㉯ 전압파형이 같을 것
㉰ 회전수가 같을 것 ㉱ 상회전이 같을 것

◆ 풀이 동기발전기의 병렬운전조건 답 ㉰
① 기전력의 크기가 같을 것 : 기전력의 크기가 다르면 무효순환 전류발생
② 기전력의 위상이 같을 것 : 기전력의 위상이 다르면 동기화 전류발생
③ 기전력의 주파수가 같을 것 : 기전력의 주파수가 다르면 난조발생
④ 기전력의 파형이 같을 것 : 고조파 무효순환전류 때문

35 동기발전기의 돌발단락전류를 주로 제한하는 것은?

㉮ 동기 리액턴스 ㉯ 누설 리액턴스 ㉰ 권선저항 ㉱ 역상 리액턴스

◆ 풀이 ① 동기 리액턴스 : 지속단락전류 제한 답 ㉯
② 누설 리액턴스 : 순간(돌발) 단락전류 제한

36 동기전동기의 난조방지에 가장 유효한 방법은?

㉮ 회전자의 관성을 크게 한다.
㉯ 자극면에 제동권선을 설치한다.
㉰ 동기 리액턴스를 작게 하고, 동기화력을 크게 한다.
㉱ 자극수를 적게 한다.

◆ 풀이 난조방지법 — 제동권선 답 ㉯

37 동기발전기의 병렬운전에서 일치하지 않아도 되는 것은?

㉮ 전 압 ㉯ 위 상 ㉰ 주파수 ㉱ 부하전류

답 ㉱

38 두 대의 동기발전기를 병렬운전할 때 무효순환전류가 흘러 발전기가 가열되는 경우는?

㉮ 두 발전기의 기전력의 크기에 차가 있을 때
㉯ 두 발전기의 기전력에 위상차가 있을 때
㉰ 두 발전기의 기전력의 주파수의 차가 있을 때
㉱ 두 발전기의 기전력의 파형이 다를 때

답 ㉮

39 병렬운전하는 두 동기발전기에서 스위치를 투입할 때 다음과 같은 경우 동기화전류가 흐르는 것은 두 발전기의 기전력의?

㉮ 파형이 다를 때　　㉯ 크기가 다를 때
㉰ 위상에 차가 있을 때　　㉱ 주파수가 같을 때

답 ㉰

40 3상 동기기의 제동권선의 효용은?

㉮ 출력증가　　㉯ 효율증가　　㉰ 역률개선　　㉱ 난조방지

답 ㉱

41 동기전동기는 유도전동기에 비하여 어떤 장점이 있는가?

㉮ 기동특성이 양호하다.
㉯ 전부하효율이 양호하다.
㉰ 속도를 자유롭게 제어할 수 있다.
㉱ 구조가 간단하다.

◆ 풀이　동기전동기　　답 ㉯

① 속도가 일정하기 때문에 전부하 효율이 양호하며, 역률을 1까지 개선할 수 있다.
② 기동특성이 나쁘다.

42 동기전동기의 진상전류는 어떤 전기자 반작용을 하는가?

㉮ 증자작용 ㉯ 감자작용 ㉰ 교차자화작용 ㉱ 아무 작용없음

◆ 풀이 ① 진상전류 — ㉠ 발전기 : 증자, ㉡ 전동기 : 감자
② 지상전류 — ㉠ 발전기 : 감자, ㉡ 전동기 : 증자

답 ㉯

43 동기전동기에 관한 설명 중 옳지 않은 것은?

㉮ 기동 토오크가 적다. ㉯ 난조가 일어나기 쉽다.
㉰ 여자기가 필요하다. ㉱ 역률을 조정할 수 없다.

답 ㉱

44 동기전동기의 공급전압, 주파수 및 부하가 일정할 때 여자전류를 변화시키면 어떤 현상이 생기는가?

㉮ 속도가 변한다. ㉯ 회전력이 변한다.
㉰ 역률만 변한다. ㉱ 전기자전류와 역률이 변한다.

답 ㉱

45 병렬운전 중의 3상 동기발전기에 무효순환전류가 흐르는 경우는?

㉮ 여자전류의 변화 ㉯ 부하의 감소
㉰ 부하의 증가 ㉱ 원동기의 출력변화

◆ 풀이 동기 발전이 병렬운전 중 한쪽발전기에 여자전류를 증가시키면 무효순환전류가 발생되며 이때 여자를 증가시킨 발전기의 역률은 낮아지고 전류도 지상 전류가 발생한다.

답 ㉮

46 동기전동기의 위상특성은?
P를 출력, I_f를 계자전류, I를 전기자 전류, $\cos\varphi$를 역률이라 하면?

㉮ $I_f - I$곡선, $\cos\varphi$는 일정 ㉯ $P - I$곡선, I_f는 일정
㉰ $P - I_f$곡선, I는 일정 ㉱ $I_f - I$곡선, P는 일정

◆ 풀이 위상특성곡선 : 여자전류의 변화로 전류와 역률이 앞서는 특성 답 ㉱

47 동기전동기의 공급전압, 주파수 및 부하를 일정하게 유지하고 여자전류만을 변화시키면?

㉮ 부하각이 변화한다. ㉯ 토오크가 변화한다.
㉰ 각속도가 변화한다. ㉱ 출력이 변화한다.

◆ 풀이 출력 $p = \dfrac{EV}{x_S}\sin\delta$에서 V, P, x_s가 일정할 때 답 ㉮
여자전류가 증가하여 E가 커지면 부하각 δ가 감소한다.

48 60 [Hz], 600 [rpm]의 동기전동기에 직결된 기동용 유도전동기의 극수는?

㉮ 8 ㉯ 10 ㉰ 12 ㉱ 14

◆ 풀이 기동용 유도전동기 극수는 동기 전동기 극수보다 2극을 적게해야 하므로 답 ㉯
$P = \dfrac{120}{Ns}f = \dfrac{120}{600} \times 60 = 12$(극), 유도기 극수는 12(극) − 2(극) = 10(극)

49 발전기권선의 층간단락보호에 가장 적합한 계전기는?

㉮ 과부하계전기 ㉯ 온도계전기
㉰ 접지계전기 ㉱ 차동계전기

◆ 풀이 차동계전기 — 발전기 또는 변압기 층간단락 등 내부고장 검출에 사용 답 ㉱

50 동기기의 안정도 향상에 유효하지 못한 것은?

㉮ 단락비를 크게 할 것
㉯ 속응여자방식으로 할 것
㉰ 동기 임피던스를 크게 할 것
㉱ 관성 모멘트를 크게 할 것

답 ㉰

51 3상 교류발전기의 손실은 단자전압 및 역률이 일정하면 $P = P_0 + \alpha I + \beta I^2$으로 된다. 부하전류 I가 어떤 값일 때 발전기 효율이 최대가 되는가? (단, P_0는 무부하손이며, α, β는 계수이다.)

㉮ $I = \sqrt{\frac{P_0}{\beta}}$
㉯ $I = \frac{\alpha}{\beta}$
㉰ $I = \frac{P_0}{2\beta}$
㉱ $I = \frac{P_0}{2\beta}$

◆ 풀이 P_0가 무부하손이므로 $P_0 = \beta I^2$이 최대효율 조건이 된다.

$$I = \sqrt{\frac{P_0}{\beta}}$$

답 ㉮

CHAPTER

03 변압기

CHAPTER 03 변압기

3.1 변압기의 원리 및 등가 회로

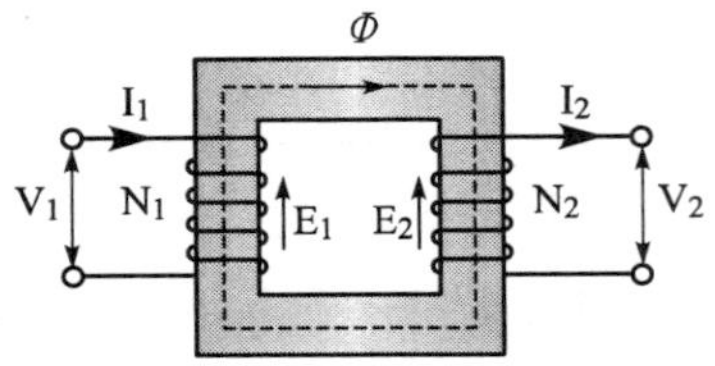

$$i_0 = I_m \sin\omega t [A] \rightarrow \phi = \phi_m \sin\omega t [Wb]$$

$$e = -N\frac{d\phi}{dt} [V]$$

➡ 이상 변압기 : 손실 및 누설자속, 자기포화가 없는 변압기

부하가 존재하는 경우 $F_1 = F_2$

$$e_1 = -N_1\frac{d\phi}{dt} = -N_1\frac{d}{dt}\phi_m \sin\omega t$$
$$= -N_1\phi_m\omega\cos\omega t$$
$$= N_1\phi_m\omega\sin(\omega t - 90^\circ)$$
$$E_m = N_1\phi_m\omega$$
$$E_1 = \frac{E_m}{\sqrt{2}} = \frac{\omega N_1\phi_m}{\sqrt{2}} = \frac{2\pi}{\sqrt{2}}f_1N_1\phi_m$$
$$E_1 = 4.44f_1N_1\phi_m$$

$$e_2 = -N_2\frac{d\phi}{dt} = -N_2\frac{d}{dt}\phi_m \sin\omega t$$
$$= -N_2\phi_m\omega\cos\omega t$$
$$= N_2\phi_m\omega\sin(\omega t - 90^\circ)$$
$$E_m = N_2\phi_m\omega$$
$$E_1 = \frac{E_m}{\sqrt{2}} = \frac{\omega N_2\phi_m}{\sqrt{2}} = \frac{2\pi}{\sqrt{2}}f_2N_2\phi_m$$
$$E_1 = 4.44f_2N_2\phi_m$$

$$\therefore\ E_1 = 4.44fN_1\phi_m [V]$$
$$E_2 = 4.44fN_2\phi_m [V]$$

$$F_1 = F_2 \rightarrow N_1I_1 = N_2I_2 \rightarrow \frac{N_1}{N_2} = \frac{I_2}{I_1}$$

$$\therefore\ a = \frac{N_1}{N_2} = \frac{E_1}{E_2} = \frac{I_2}{I_1}$$

- 정격전압 $V_1 = E_1 + I_1 r_1 + jI_1 x_1 \quad \rightarrow \quad E_1 = V_1 - I_1 r_1 - jI_1 x_1$
- 정격전압 $V_2 = E_2 - I_2 r_2 - jI_2 x_2 \quad \rightarrow \quad V_2 = E_2$ (무부하 전압)

∴ 무부하, 경부하인 경우

$$a = \frac{N_1}{N_2} = \frac{E_1}{E_2} = \frac{V_1}{V_2} = \frac{I_2}{I_1} = \sqrt{\frac{Z_1}{Z_2}} = \sqrt{\frac{R_1}{R_2}} = \sqrt{\frac{L_1}{L_2}}$$

3.2 등가회로 환산 및 강화율

1. 무부하 시험 (2차측 개방) : 무부하 전류 (여자 전류)

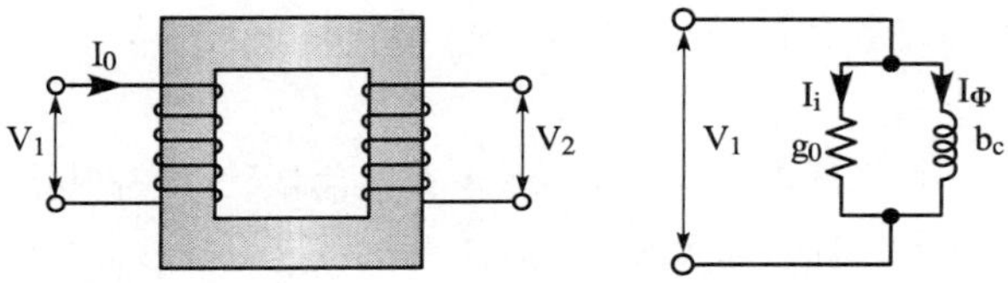

2) 변압기 등가회로

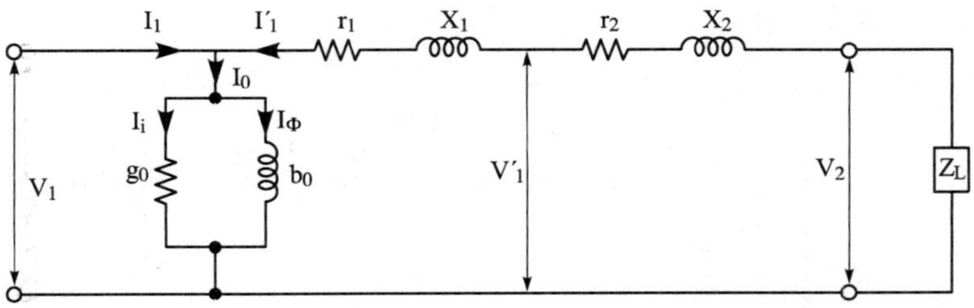

① 전전류 : $I_1 = \dot{I_0} + \dot{I_1}'$ ($\dot{I_1}'$: 부하전류)

$I_i = g_0 V_1 [\mathrm{A}] \rightarrow P_i = V_1 I_i = g_0 V_1^{\ 2} [\mathrm{W}]$

$I_\phi = b_0 V_1 [\mathrm{A}] \rightarrow P_\phi = V_1 I_\phi = b_0 V_1^{\ 2} [\mathrm{Var}]$

② 여자 어드미턴스 : $\dot{Y_0} = g_0 - jb$

$$g_0 = \frac{I_i}{V_1} = \frac{V_1 I_i}{V_1^{\ 2}} = \frac{P_i}{V_1^{\ 2}} [\mho]$$

$$b_0 = \frac{I_\phi}{V_1} = \frac{V_1 I_\phi}{V_1^{\ 2}} = \frac{P_\phi}{V_1^{\ 2}} [\mho]$$

3) 주파수와 철손과의 관계

$$P_i = P_h + P_e$$

$$P_h \propto f{B_m}^2 = \frac{f^2{B_m}^2}{f}$$

$$P_e \propto t^2 f^2 {B_m}^2 = t^2 (fB_m)^2$$

$$E = 4.44fN\phi_m = 4.44fNB_mA\left(B_m = \frac{\phi_m}{A}\right)$$

$$E \propto f\,B_m \quad f \propto \frac{1}{B_m}$$

$$\therefore\ P_h \propto \frac{E^2}{f} \quad P_e \propto E^2 \ \text{(와류손은 주파수와 무관하다.)}$$

① 주파수 증가 → 히스테리시스손 감소 → 철손감소 → 여자전류 감소, 리액턴스 증가

② 주파수 감소 → 히스테리시스손 증가 → 철손감소 → 여자전류 증가, 리액턴스 감소

*** 변압기의 임피던스 환산**

1) 2차를 1차로 환산하는 경우

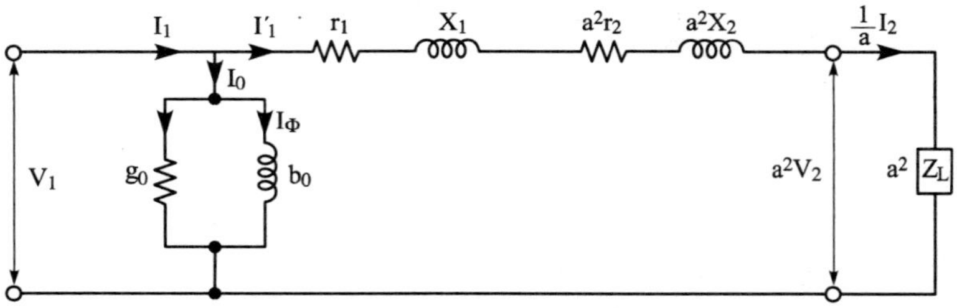

$$a = \frac{V_1}{V_2} \rightarrow V_1 = a\,V_2,\ V_2 = \frac{1}{a}V_1$$

$$a = \frac{I_2}{I_1} \rightarrow I_1 = \frac{1}{a}I_2,\ I_2 = a\,I_1$$

$$I_2 = \frac{V_2}{Z_2} \rightarrow a\,I_1 \frac{V_1/a}{Z_2} \rightarrow I_1 = \frac{V_1}{a^2 Z_2} \qquad \therefore\ Z_1 = a^2 Z_2$$

$$a = \frac{N_1}{N_2} = \frac{E_1}{E_2} = \frac{V_1}{V_2} = \frac{I_2}{I_1} = \sqrt{\frac{Z_1}{Z_2}} = \sqrt{\frac{r_1}{r_2}} = \sqrt{\frac{x_1}{x_2}}$$

∴ 1차측의 전압 및 전류 임피던스, 어드미턴스는 그대로 두고 2차측의 전압을 α배, 전류를 $\frac{1}{a}$배, 임피던스를 a^2배로 한다.

2) 1차를 2차로 환산하는 경우

2차측의 전압 전류, 임피던스를 그대로 두고 1차측의 전압은 $\frac{1}{a}$배, 전류는 a배, 임피던스는 $\frac{1}{a^2}$배 한다.

3.3 전압변동률 및 최대역율이 되기 위한 조건

$$a = \frac{I_2}{I_1} \rightarrow I_1 = \frac{1}{a} I_2,\ I_2 = a\, I_1$$

$$I_2 = \frac{V_2}{Z_2} \rightarrow a\, I_1 \frac{V_1/a}{Z_2} \rightarrow I_1 = \frac{V_1}{a^2 Z_2} \qquad \therefore\ Z_1 = a^2 Z_2$$

$$a = \frac{N_1}{N_2} = \frac{E_1}{E_2} = \frac{V_1}{V_2} = \frac{I_2}{I_1} = \sqrt{\frac{Z_1}{Z_2}} = \sqrt{\frac{r_1}{r_2}} = \sqrt{\frac{x_1}{x_2}}$$

∴ 1차측의 전압 및 전류 임피던스, 어드미턴스는 그대로 두고 2차측의 전압을 α배, 전류를 $\frac{1}{a}$배, 임피던스를 a^2배로 한다.

1) 1차를 2차로 환산하는 경우

2차측의 전압 전류, 임피던스를 그대로 두고 1차측의 전압은 $\frac{1}{a}$배, 전류는 a배, 임피던스는 $\frac{1}{a^2}$배 한다.

$ab = r_2 I_{2n} \cos\theta$

$bc = x_2 I_{2n} \sin\theta$

$V_{2o} = V_{2n} + I_{2n} r_2 \cos\theta + I_{2n} x_2 \sin\theta$

$V_{2o} - V_{2n} = I_{2n} r_2 \cos\theta + I_{2n} x_2 \sin\theta$

$$\epsilon = \frac{V_{2o} - V_{2n}}{V_{2n}} \times 100 = \frac{I_{2n} r_2 \cos\theta - I_{2n} x_2 \sin\theta}{V_{2n}} \times 100$$

$$= \left(\frac{I_{2n} r_2}{V_{2n}} cos\theta + \frac{I_{2n} r_2}{V_{2n}} sin\theta \right) \times 100$$

$$= p\cos\theta + q\sin\theta$$

① % 저항강하

$$p = \frac{I_{2n} r_2}{V_{2n}} \times 100 = \frac{I_{1n} r_{12}}{V_{1n}} \times 100 = \frac{I_{1n} r_{12} \times I_{1n}}{V_{1n} \times I_{1n}} \times 100 = \frac{P_s}{P_n} \times 100 [\%]$$

② %리액턴스

$$q = \frac{I_{2n} x_2}{V_{2n}} \times 100 = \frac{I_{1n} x_{12}}{V_{1n}} \times 100 \ [\%]$$

③ %임피던스강하

$$Z = \frac{I_{2n} Z_{21}}{V_{2n}} \times 100 = \frac{I_{1n} Z_{12}}{V_{1n}} \times 100$$

$$= \frac{V_s}{V_{1n}} \times 100 = \sqrt{p^2 + q^2} \ [\%]$$

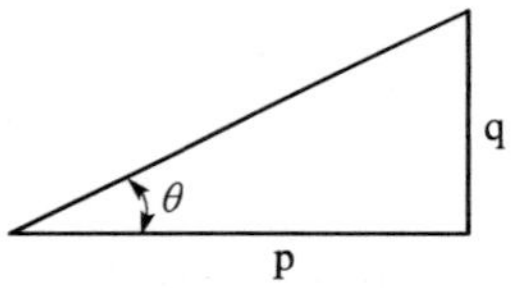

2) 최대전압변동률

$\epsilon = p\cos\theta + q\sin\theta$

① $\cos\theta = 1 : \epsilon = p$

② $\cos\theta \neq 1$

$$\cos\theta = \frac{p}{\sqrt{p^2 + q^2}} \quad \cos\theta' = \frac{q}{\sqrt{p^2 + q^2}}$$

$$\sin\theta = \frac{q}{\sqrt{p^2 + q^2}} \quad \sin\theta' = \frac{p}{\sqrt{p^2 + q^2}}$$

$$\begin{aligned}\epsilon &= p\cos\theta + q\sin\theta \\ &= \sqrt{p^2+q^2}\left(\frac{p}{\sqrt{p^2+q^2}}cos\theta + \frac{q}{\sqrt{p^2+q^2}}sin\theta\right) \\ &= \sqrt{p^2+q^2}\ (\sin\theta'\cos\theta + \cos\theta'\sin\theta) \\ &= \sqrt{p^2+q^2}\ (\sin\theta' + \theta)\end{aligned}$$

$$\therefore\ \epsilon_{\max} = \sqrt{p^2+q^2}\ ,\cos\theta = \frac{p}{\sqrt{p^2+q^2}}$$

3.4 단락전류 및 용량

1) 단락 전류(I_S)

(1) $I_n = \dfrac{V}{Z-Z_L}[A]$: 정격전류

(2) $I_s = \dfrac{V}{Z}[A]$: 단락전류

(3) $I_s = \dfrac{V}{Z}[A]$ $\qquad Z = \dfrac{V}{I_s}$

$$\%Z = \frac{I_n Z}{V}\times 100 = \frac{I_n \cdot \frac{V}{I}}{V}\times 100 = \frac{I_n}{I_s}\times 100\%$$

$$I_s = \frac{100}{\%Z} I_n\,[A]$$

2) 용량

(1) 단상변압기 1대

$1[EA]: P = V_P I_P = K[KVA]$: 변압기 용량

(2) 단상변압기 2대 V결선

$V-V$ 결선: $P_V = \sqrt{3}\,V_P I_P = \sqrt{3}\,K[KVA]$

$$\text{이용률} = \frac{\sqrt{3}\,V_P I_P}{3\,V_P I_P}\times 100 = 86.6\ [\%]$$

$$출력비= \frac{\sqrt{3}\ V_P I_P}{3\,V_P I_P} \times 100 = 57.7\ [\%]$$

즉, $V-V$ 결선방법은 $\Delta-\Delta$ 결선으로 3상 변입을 하던 중 변압기 1대가 고장이 나면 남은 2대의 변압기로 3상 변압을 하는 것이다.

3) 단상변압기 3대

3대: $P_\Delta = 3\ V_P I_P = 3K[KVA]$

4) 단상변압기 4대

4대 : $P_{VV} = 2P_V = 2\sqrt{3}\ V_P I_P = 2\sqrt{3}\,K[KVA]$

3.5 변압기의 병렬운전 및 부하분담 전류

1) 변압기의 결선

(1) Y 결선

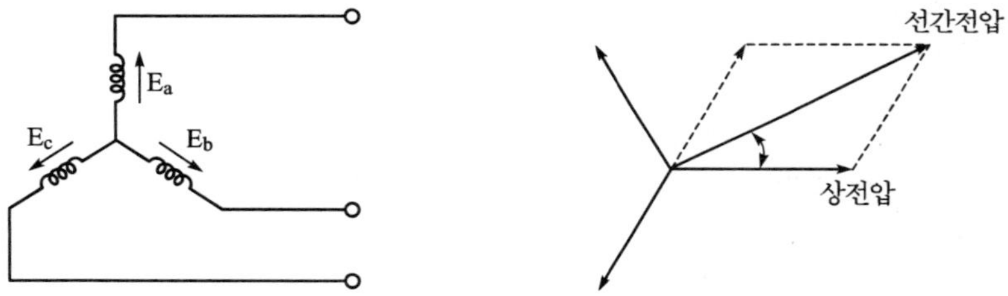

(2) Δ 결선

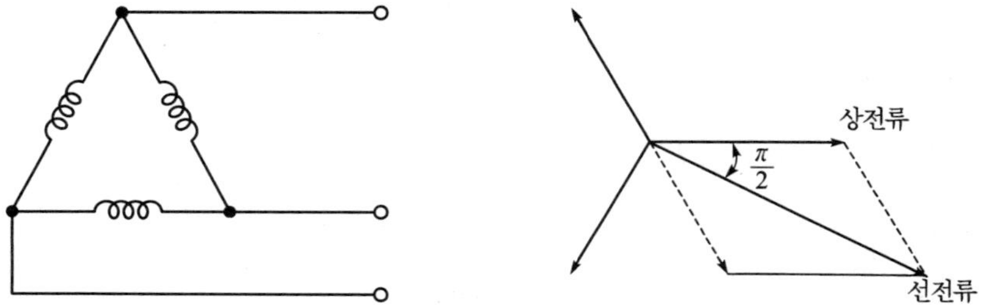

(3) Y-Y 결선

① 1,2차 전압에 위상차가 없다.

② 중성점을 접지 할 수 있으므로 이상 전압으로부터 변압기를 보호할수 있다.

③ 상전압이 선간전압의$\frac{1}{\sqrt{3}}$배이므로 절연이 용이하여 고전압에 유리하다

④ 중성점이 접지되어 있지 않으면 제3고조파 통로가 없으므로 기전력은 제3고조파를 포함한 왜형파가 된다.

⑤ 중성점 접지시 접지선을 통해 제 3고조파가 흐르므로 통신선에 유도 장해가 발생한다.

⑥ 역V결선 운전이 가능하다

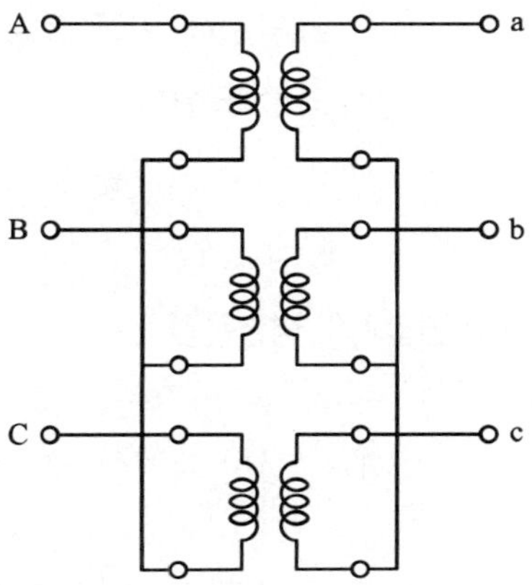

(4) $\Delta-\Delta$ 결선

① 1,2차 전압에 위상차가 없고, 상전류는 선전류의 $\frac{1}{\sqrt{3}}$배이다.

② 제3고조파 여자전류가 통로를 가지게 되므로 기전력은 사인파 전압을 유기한다.

③ 변압기 외부에 제 3고조파가 발생하지 않으므로 통신장애가 발생하지 않는다.

④ 변압기 1대 고장시 V결선에 의한 3상 전력공급이 가능하다.

⑤ 비접지방식이므로 이상전압 및 지락사고에 대한 보호가 어렵다.

⑥ 선간전압과 상전압이 같으므로 고압인 경우 절연이 어렵다.

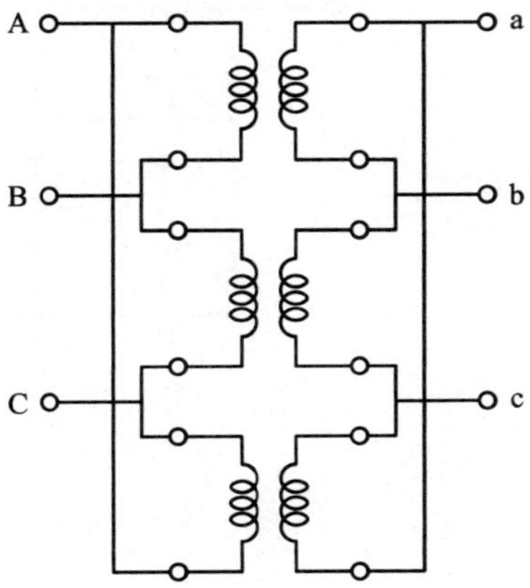

(5) Δ-Y 결선

① Y결선 측의 중성점을 접지할 수 있으므로 이상전압으로부터 변압기를 보호할 수 있다.

② Δ 결선에 의한 여자전류의 제 3고조파 통로가 형성되므로 기전력의 파형이 사인파가 된다.

③ 1, 2차 전압 및 전류 간에는 $\frac{\pi}{6}$[rad] 만큼의 위상차가 발생하다.

2) 변압기의 병렬운전

(1) 변압기의 병렬운전 조건

① 극성이 일치할 것 → 不일치 : 순환전류 (2차권선의 소손 발생)

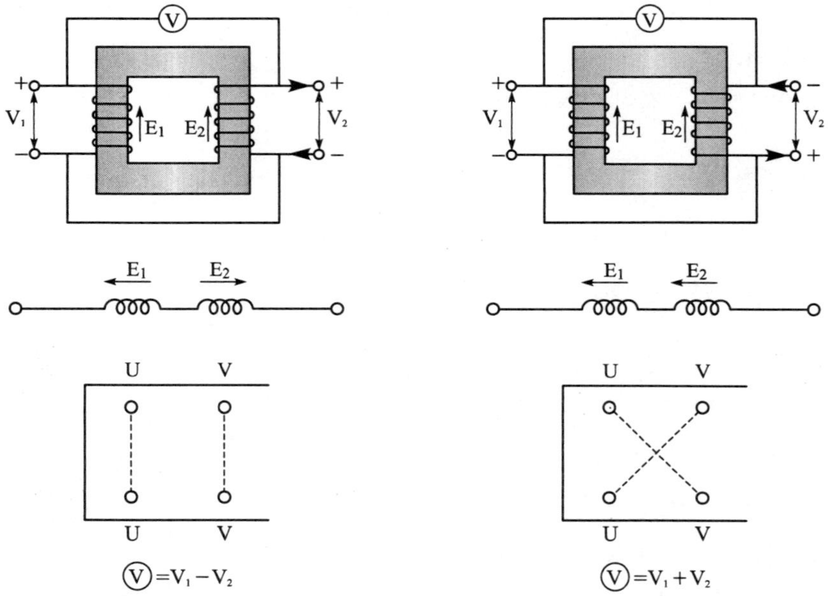

② 권수비 및 1, 2차 정격전압이 같을 것

➡ 不일치 : 순환전류(2차권선의 소손 발생)

$$I_c = \frac{E_{a2} - E_{b2}}{Z_a + Z_b}[A]$$

③ 각 변압기의 저항과 리액턴스비가 같을 것.

④ 부하 분담시 용량이 비례하고 퍼센트 임피던스 강하에는 반비례할 것.

$$V_z = I_a Z_a = I_b Z_b \ (I_a,\ I_b\text{가 동상}) \rightarrow \frac{I_a}{I_b} = \frac{Z_b}{Z_a}$$

$$I_a = \frac{Z_b}{Z_a + Z_b} I_1\ ,\ I_b = \frac{Z_a}{Z_a + Z_b} I_1$$

$$\%Z_a = \frac{Z_a I_{an}}{V_n} \times 100 \quad \rightarrow \quad Z_a = \frac{\%Z_a V_n}{100} I_{an}$$

$$\%Z_b = \frac{Z_b I_{bn}}{V_n} \times 100 \quad \rightarrow \quad Z_b = \frac{\%Z_b V_n}{100} I_{bn}$$

$$\frac{I_a}{I_b} = \frac{Z_b}{Z_a} = \frac{\%Z_b V_n}{100 I_{bn}} \times \frac{100 I_{an}}{\%Z_a V_n} = \frac{P_a}{P_b} \times \frac{\%Z_b}{\%Z_a}$$

∴ 부하 분담은 용량에 비례하고 내부 임피던스에 반비례하여 분배된다.

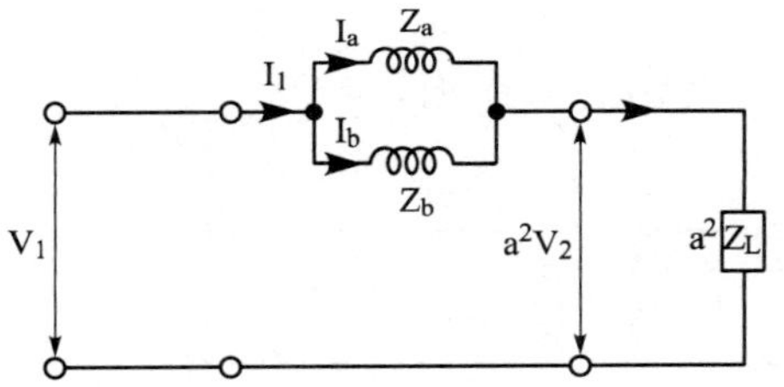

보기 3150/210[V]인 변압기 용량이 각각 250[kVA], 200[kVA]이고, %Z강하가 각각 2.5[%]와 3[%]일 때 그 병렬 합성 용량 [kVA]은?

해설 200[KVA], $\%Z = 3[\%]$ 변압기를 250[kVA] 기준으로 환산

$200\ :\ 3 = 250\ :\ \%Z \rightarrow \%Z = 3.75[\%]$

$P_a = 250[\text{kVA}],\quad \%Z_a = 2.5[\%]$

$P_b = 250[\text{kVA}],\quad \%Z_a = 3.75[\%]$

부하분담용량은%Z가 작은 것을 기준으로 한다.

- A 변압기 용량 : $P_a = 250[\text{W}]$
- B 변압기 용량 : $\%Z_a : \%Z_b = P_b : 250$

$$\rightarrow P_b = \frac{\%Z_a}{\%Z_b} \times 250 = \frac{2.5}{3.75} \times 250 = 166.67[\text{kVA}]$$

∴ 합성 용량$= 250 + 166.67 = 416.67[\text{kVA}]$

⑤ 각 변위가 같을 것

⑥ 상회전 방향이 같을 것

(2) 3상 변압기군의 병렬 운전 조합

병렬운전 가능	병렬 운전 불가능
Δ-Δ 와 Δ-Δ	Δ-Δ 와 Δ-Y
Y-Y 와 Y-Y	Y-Y 와 Δ-Y
Y-Δ 와 Y-Δ	
Δ-Y 와 Δ-Y	
Δ-Δ 와 Y-Y	
V-V 와 V-V	

3) 상수 변환

(1) 3상을 2상으로 변환하는 결선법

① 스코트 결선 (T 결선) : 전기 철도

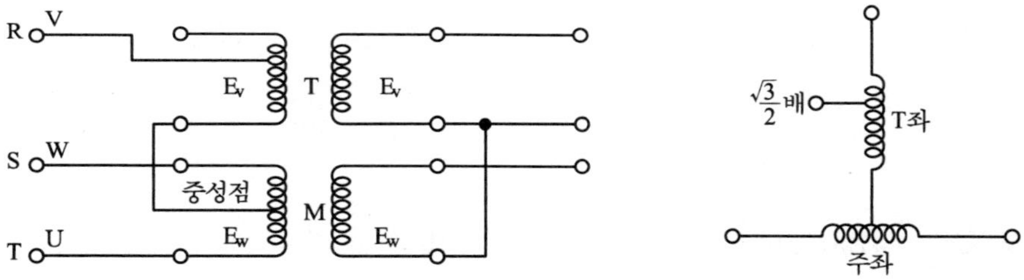

② 메이어 결선

③ 우드브릿지 결선

(2) 3상을 6상으로 변환하는 결선법

① 2차 2종 Y 결선

② 2차 2종 Δ 결선

③ 대각결선

④ Fork 결선(6상측 부하가 수은정류기 부하일 경우)

3.6 부하분담 전력 및 극성시험

A기 분담 전류: $I_a = \frac{Z_b}{Z_a + Z_b} \cdot I$

B기 분담 전류: $I_b = \frac{Z_a}{Z_a + Z_b} \cdot I$

부하 전류: $I = I_a + I_b$

$V = I_a Z_a = I_b Z_b$

$\therefore \frac{I_b}{I_a} = \frac{Z_a}{Z_b}$ (부하분담전류는 내부임피던스와 반비례)

1) 부하 분담 전력(병렬 운전시)

$$\therefore \frac{I_b}{I_a} = \frac{\frac{I_A Z_a}{V} \cdot \frac{V}{I_A}}{\frac{I_B Z_b}{V} \cdot \frac{V}{I_B}} = \frac{\% Z_a}{\% Z_b} \cdot \frac{VI_B}{VI_A}$$ (자기 용량에 비례)

여기서, I_a I_b : 분담 전류

I_A, I_B : 정격 전류

V : 정격 전압

VI_a : 분담 전력(A변압기)

VI_b : 분잠 전력(B변압기)

VI_A, VI_B (변압기 정격용량)

$[KVA]a$, $[KVA]b$: (분담 전력)

$[KVA]A$, $[KVA]B$: (변압기의 정격용량)

$$\therefore \frac{[KVA]b}{[KVA]a} = \frac{\% Z_a}{\% Z_b} \cdot \frac{[KVA]B}{[KVA]A}$$

* 극성 시험

1) 감극성(조건 $V_1 > V_2$) 전압

$V = V_1 - V_2$

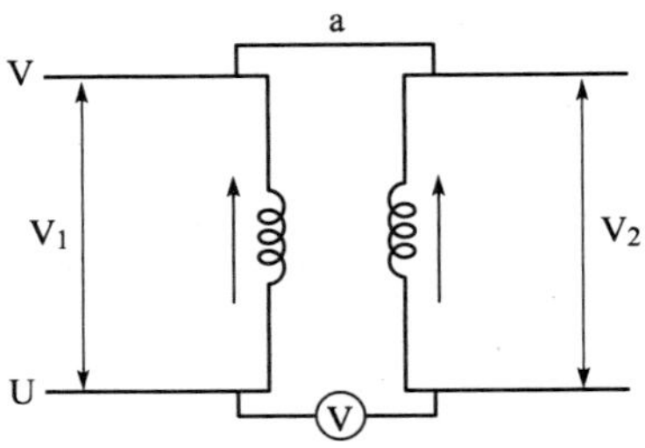

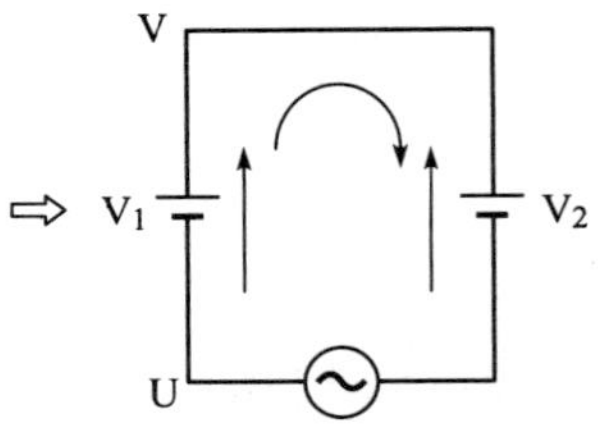

① 문자로 표시

㉠ 고압측(대문자) : U, V

㉡ 저압측(소문자) : u, v

② 규정: 항상 고압측에서 볼 때 오른쪽이 u, 왼쪽이 v이다.

2) 가극성 전압($V = V_1 + V_2$)

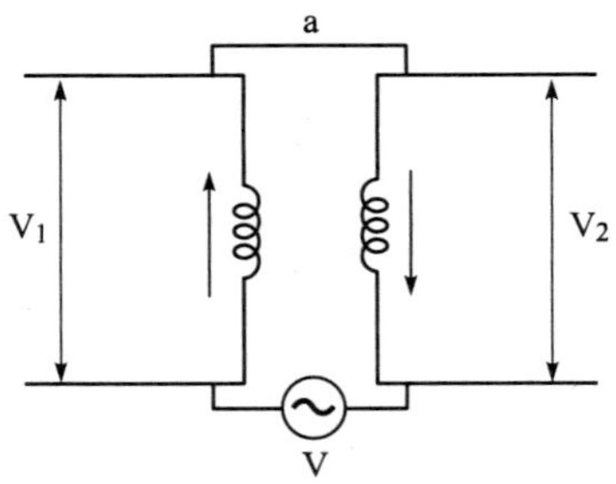

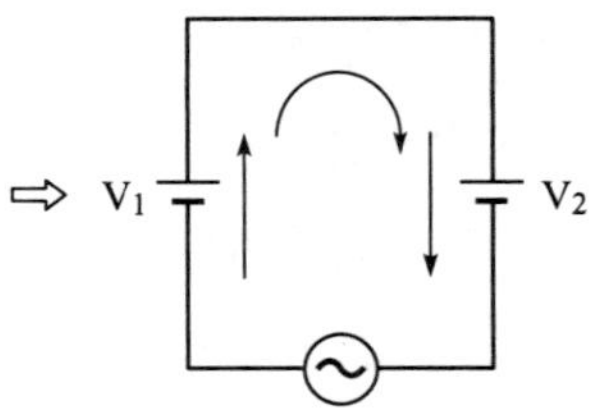

① 문자로 표시

㉠ 고압측(대문자) : U, V

㉡ 저압측(소문자) : u, v

② 규정: 항상 고압측에서 볼 때 오른쪽 v, 왼쪽 u이다.

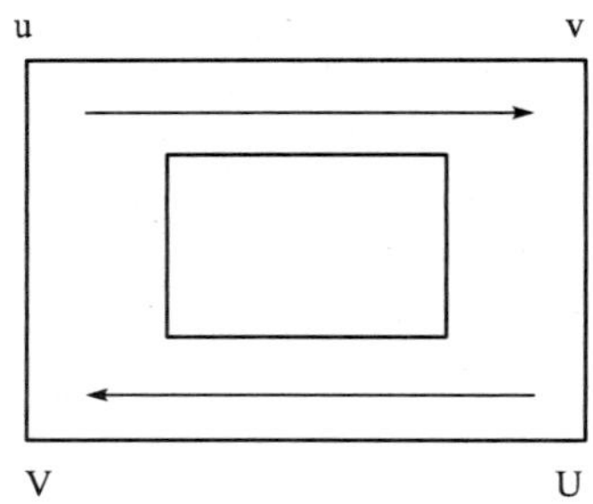

3.7 변압기 결선 및 특수변압기

1) 단권변압기 (Tap 전환 변압기)

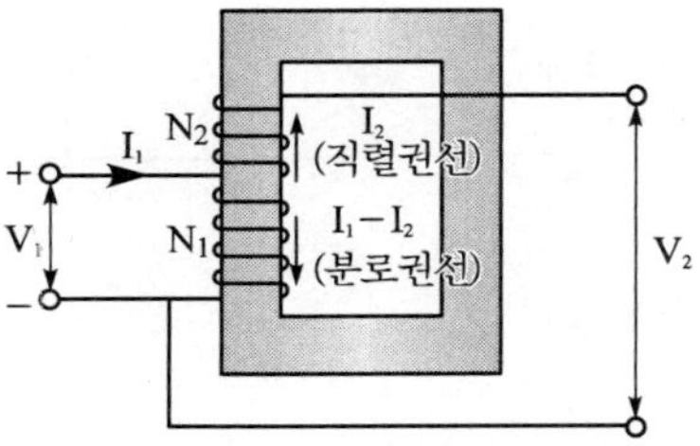

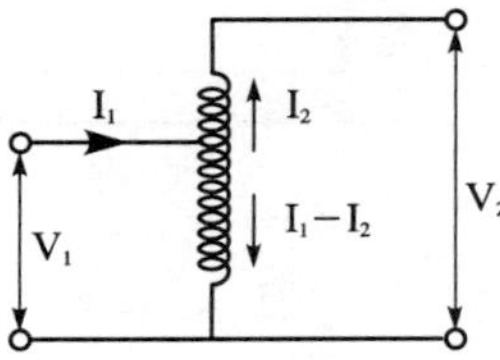

$$a = \frac{V_1}{V_2} = \frac{N_1}{N_1 + N_2}$$

단권변압기 용량 (자기용량)$= (V_2 - V_1)I_2$

부하용량 (2차 출력) = $V_2 I_2$

$$\therefore \frac{\text{자기용량}}{\text{부하용량}} = \frac{(V_2 - V_1)I_2}{V_2 I_2} = \frac{V_h - V_\ell}{V_h}$$

(1) 단권변압기 1대 : $\frac{\text{자기용량}}{\text{부하용량}} = \frac{V_h - V_\ell}{V_h}$

(2) 단권변압기 2대 (V 결선) : $\frac{\text{자기용량}}{\text{부하용량}} = \frac{2}{\sqrt{3}}\left(\frac{V_h - V_\ell}{V_h}\right)$

(3) 단권변압기 3대 (Y 결선) : $\frac{\text{자기용량}}{\text{부하용량}} = \frac{V_h - V_\ell}{V_h}$

(4) 단권 변압기 4대 (Δ 결선) : $\frac{\text{자기용량}}{\text{부하용량}} = \frac{{V_h}^2 - {V_\ell}^2}{\sqrt{3}\, V_h V_\ell}$

2) 누설 변압기

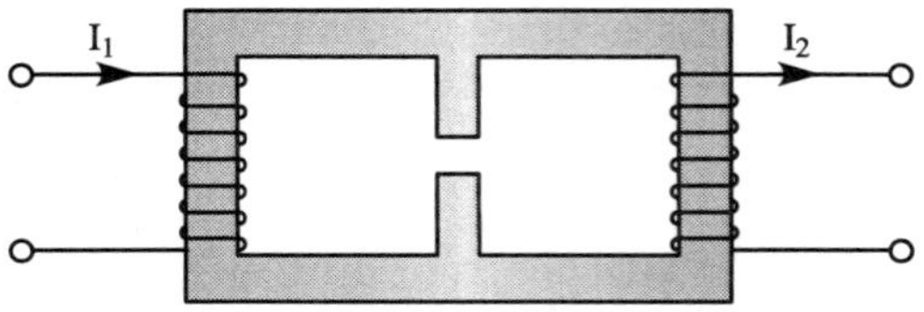

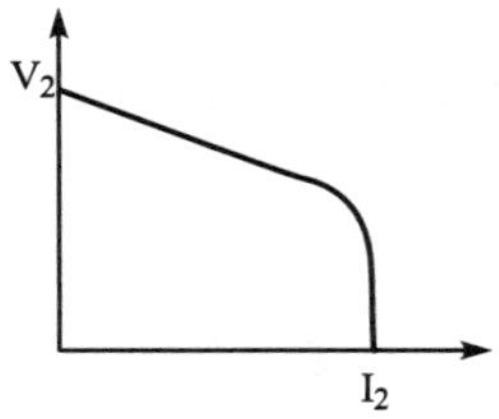

(1) 수하특성 : 정전류 특성

부하전류 I_2증가→ 누설자속 ϕ_2증가 → 누설리액턴스 x_ℓ증가 → 단자전압 V_2감소 → 부하전류 I_2감소→ 일정한 소전류발생

(2)용도: 용접용 변압기

3) 3상 변압기

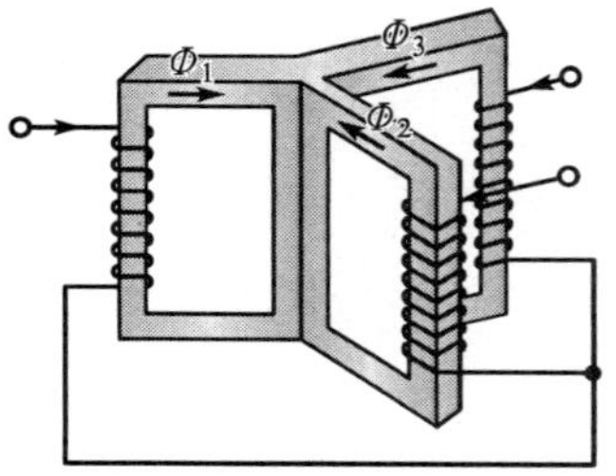

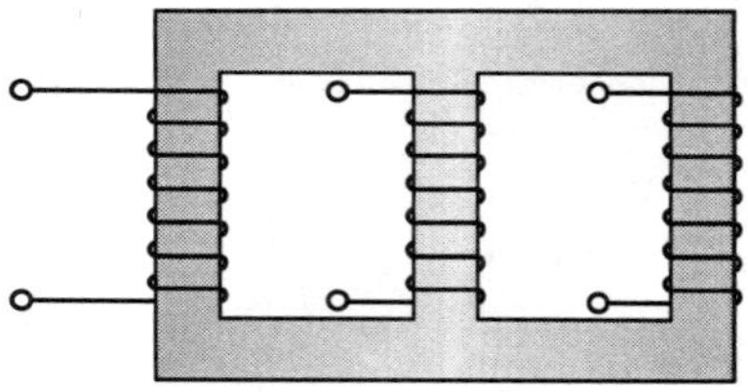

철심의 중앙 부분에서 합성 자속은 위상차120°차가 발생하므로 $\phi_A + \phi_B + \phi_C = 0$이 되어 중앙 부분의 철심을 제거할 수 있다.

(1) 사용 철심양이 감소하여 철손이 감소하므로 효율이 좋다.
(2) 값이 싸고 설치 면적이 감소된다.
(3) Y, Δ 결선을 변압기 외함 내에서 하므로 부싱이 절약된다.
(4) 단상 변압기로의 사용이 불가능하다.(각 권선마다 독립된 자기 회로가 없기 때문)
(5) 1상만 고장이 발생하여도 사용할 수 없고 보수가 어렵다.

4) 3권선 변압기

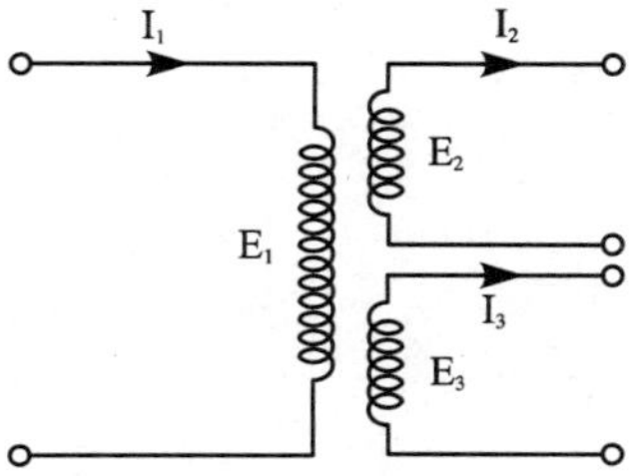

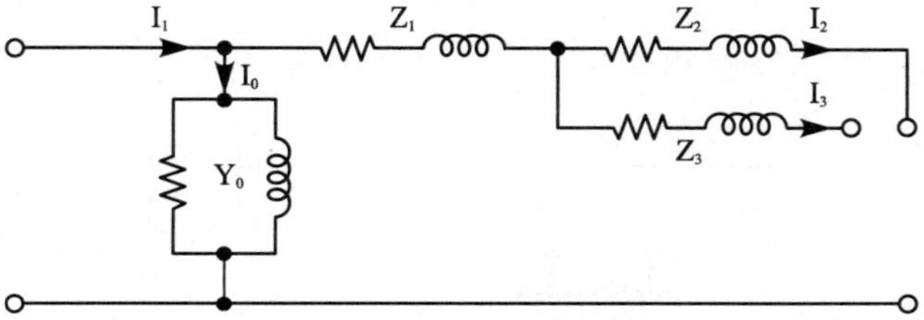

(1) 권수비 : $E_2 = \dfrac{N_2}{N_1}E_1,\ E_3 = \dfrac{N_3}{N_1}E_1$

$$I_1 = \frac{N_2}{N_1}I_2 + \frac{N_3}{N_1}I_1 + I_o(\text{여자 전류})$$

(2) 3차 권선의 용도

① $Y-Y-\Delta$ 결선을 하여 제 3고조파를 제거할 수 있다.

② 조상기를 접속하여 송전선의 전압과 열률을 조정할 수 있다.

③ 발전소에서 소내용 전력 공급이 가능하다.

5) 계기용 변압기

고전압을 저전압으로 변성하여 계전기(OVR, UVR)나 측정용 계기(전압계)에 공급하기 위한 계기용 변성기

(1) PT의 권수비(상전압비) : $a = \dfrac{N_1}{N_2} = \dfrac{E_1}{E_2}$

(2) 2차측 정격전압 : 110[V]

(3) PT의 접속

① 3상 3선식 : V 결선(2대)

② 3상 4선식 : Y 결선(3대)

6) 계기용 변류기

대전류를 소전류로 변성하여 계전기(OCR,UCR)나 측정 계기(전류계)에 공급하기 위한 계기용 변성기

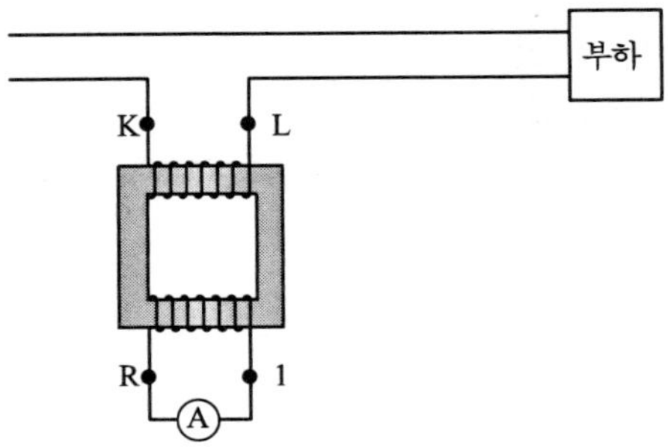

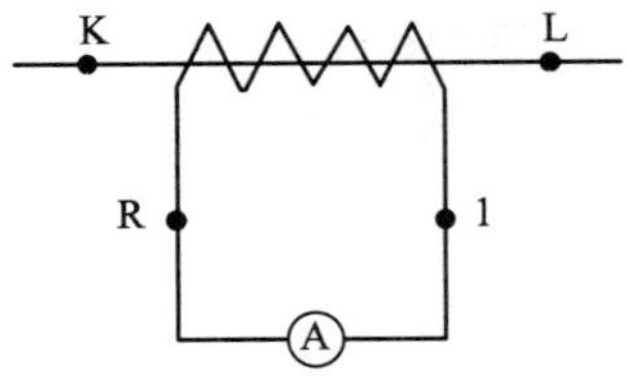

(1) CT의 2차 정격 전류 : 5[A]

(2) CT의 선정

I_1 (CT의 1차전류, 최대부하전류) × 1.25 ~ 1.5

= ○ ~ ○ ➡ 선정(CT의 정격 1차 전류)

I_2(CT의 2차 전류) : I_1 ÷ 변류비

(3) CT 점검시 주의 사항 :반드시 먼저 2차 측을 단락시킨 후 분리한다.

CT 2차 측을 개방하면 CT 1차 측에 흐르는 부하 전류가 모두 여자전류가 되어 CT 2차 측에 고전압이 유기되어 CT 권선의 소손 및 절연파괴 우려가 있다.

(4) CT의 결선

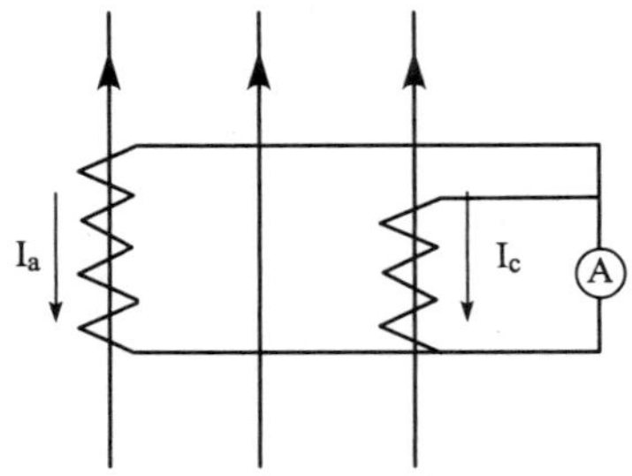

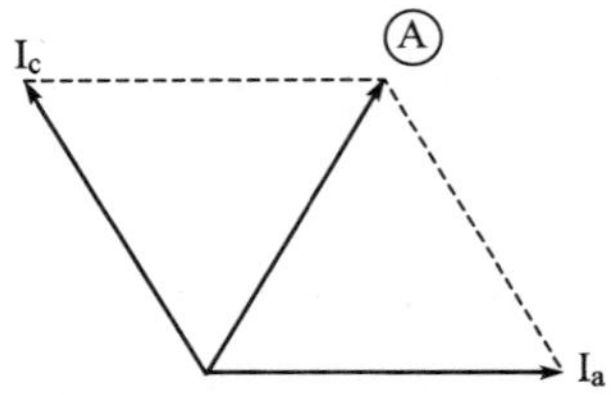

① V 결선 $\text{Ⓐ} = I_a + I_c = \frac{1}{k}(I_A + I_C) = \frac{1}{k}(-I_B)$

$\text{Ⓐ} = I_a + I_c = \frac{1}{k}(I_A + I_C)$

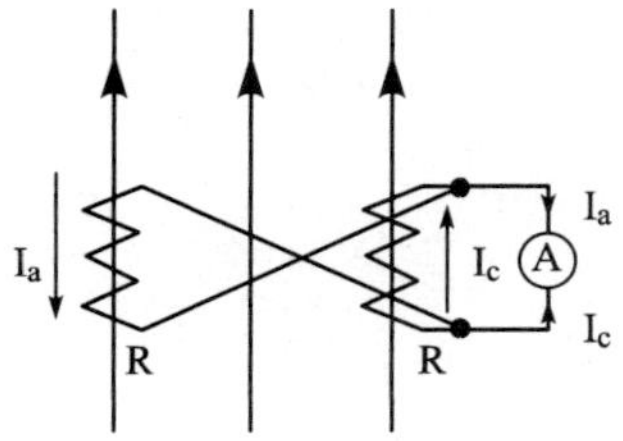

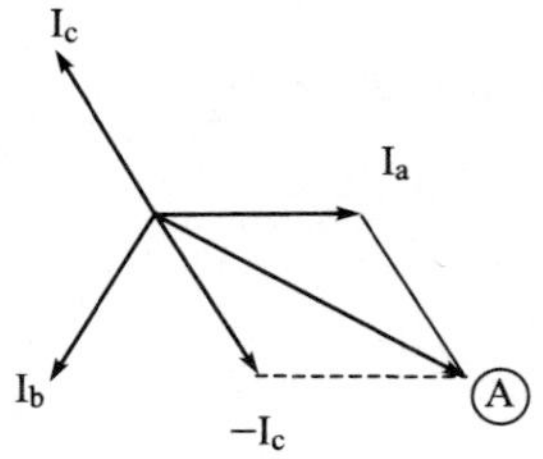

7) 보호계전기

(1) 차동계전기 : 내부 고장 발생시 고저압측에 설치한 CT 2차전류의 차에 의하여 계전기를 동작시키는 방식

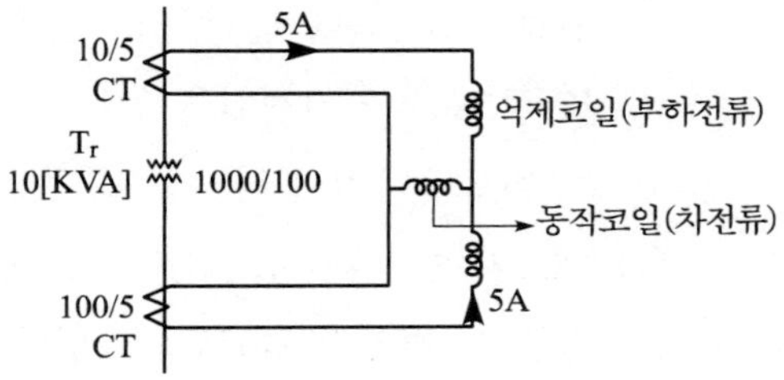

3.8 효율 및 시험

1) 실측효율

실제의 부하상태에서 실측하여 구한 효율

$\mu = \dfrac{\text{출력}}{\text{입력}} \times 100[\%]$ · 입력=출력=손실 · 출력=입력−손실

2) 규약효율

① $\eta = \dfrac{\text{입력} - \text{손실}}{\text{입력}} \times 100[\%]$ ➡ 전동기에 적용

㉠ 손실= 고정손+가변손

㉡ 최대효율 조건 ➡ 고변손=가변손

② $\eta = \dfrac{\text{출력}}{\text{출력} + \text{손실}} \times 100[\%]$ ➡ 발전기, 변압기에 적용

③ 최대효율

$\eta = \dfrac{P}{P + P_i + P_C} \times 100[\%]$에서 최대효율 조건

➡ P_i(철손)$=P_C$(동손) 즉 동선과 철손이 같은 부하일 때 효율이 최대가 된다.

즉, η=(최대효율)= $\sqrt{\dfrac{P_i}{P_C}}$ ($P_i = n^2 P_C$, n은 부하량)

*** 시험**

(1) 단락시험 (부하시험) : 동손, 변압기, 내부임피던스, 단락전류 등을 측정한다. 변압기 2차측을 단락하고 전압을 서서히 증가시킬 때 1차 정격전류가 흐르면 그 때의 인가전압을 임피던스 전압(V_s)이라 하고, 이 때의 입력을 임피던스 와트(P_s)라 한다.

(2) 개방시험 (무부하시험) : 여자임피던스, 무부하전류(여자전류), 철손 등을 측정한다. 변압기 2차측을 개방하여 1차측에 정격전압을 인가한다.

연습문제

01 변압기 철심용 강판의 규소함유량 [%]은 약 얼마인가?

㉮ 2　　㉯ 3　　㉰ 4　　㉱ 7

◆ 풀이　변압기에 사용되는 규소함유량은 4～4.5 [%]　　답 ㉰

02 변압기의 원리에 해당하는 것은?

㉮ 전자유도작용　　㉯ 정전유도작용
㉰ 철심의 자화작용　　㉱ 정류작용

답 ㉮

03 변압기의 손실 중 전압이 상승하면 손실이 증가하는 것은 다음 중 어떤 것인가?

㉮ 철손　　㉯ 구리손　　㉰ 표유부하손　　㉱ 유전체손

◆ 풀이　변압기의 전압이 높으면 절연물의 유전체로 인한 손실이 생기는데 이를 유 전체손이라 한다.　　답 ㉱

04 변압기철심에 자속을 만들어 주는 전류는?

㉮ 철손전류　　㉯ 여자전류　　㉰ 부하전류　　㉱ 자화전류

답 ㉱

05 변압기의 1차 및 2차의 권수, 전압, 전류를 각각 N_1, V_1, I_1 및 N_2, V_2, I_2라 하면 성립하는 것은?

㉮ $\dfrac{N_1}{N_2} = \dfrac{V_2}{V_1} = \dfrac{I_1}{I_2}$　　㉯ $\dfrac{N_2}{N_1} = \dfrac{V_1}{V_2} = \dfrac{I_2}{I_1}$

㉰ $\dfrac{N_1}{N_2} = \dfrac{V_1}{V_2} = \dfrac{I_2}{I_1}$　　㉱ $\dfrac{N_1}{N_2} = \dfrac{V_1}{V_2} = \dfrac{I_1}{I_2}$

◆ 풀이　전압비 $a = \dfrac{V_1}{V_2} = \dfrac{N_1}{N_2} = \dfrac{I_2}{I_1}$

답 ㉰

06 권수가 N인 변압기의 누설 리액턴스는?

㉮ N에 무관하다.　　㉯ N에 비례한다.

㉰ N에 반비례한다.　　㉱ N^2에 비례한다.

◆ 풀이　$L \propto N^2$(권선의 분할조립 : 누설리액턴스감소)

답 ㉱

07 변압기의 여자전류에 많이 포함된 고조파는?

㉮ 제 2 조파　　㉯ 제 3 조파　　㉰ 제 4 조파　　㉱ 제 5 조파

답 ㉯

08 변압기유 중 아아크 방전에 의하여 생기는 가스 중 가장 많이 발생하는 것은?

㉮ CO2가스　　㉯ 수소　　㉰ 산소　　㉱ 아세틸렌

답 ㉯

09 변압기유의 요구되는 특성이 아닌 것은?

㉮ 절연내력이 클 것　　㉯ 인화점이 높고 응고점이 낮을 것
㉰ 화학작용이 생기지 않을 것　　㉱ 점도가 크고 냉각효과가 클 것

◆ 풀이 변압기유 구비조건　　답 ㉱
① 절연내력이 클 것　　② 점도가 낮고 냉각효과 우수할 것
③ 인화점이 높고 응고점이 낮을 것　　④ 고온에서 석출물이 생기지 말 것

10 변압기유의 최고허용온도 [℃]는?

㉮ 50　㉯ 75　㉰ 80　㉱ 90

◆ 풀이 주위온도 40℃, 온도상승한도 50℃ 따라서 최고허용온도는 90℃이다.　　답 ㉱

11 변압기의 층간절연에 가장 좋은 절연재료는?

㉮ 면포　㉯ 에나멜　㉰ 그래프트(craft) 종이　㉱ 운모

답 ㉰

12 변압기유 중 아아크 방전에 의하여 생기는 가스 중 가장 많이 발생하는 것은?

㉮ CO2가스　㉯ 수소　㉰ 산소　㉱ 아세틸렌

답 ㉯

13 변압기에 콘서베이터를 설치하는 목적은?

㉮ 변압기유의 열화방지　　㉯ 코로나 방지
㉰ 통풍장치　　㉱ 강제순환

답 ㉮

14 주상변압기의 냉각방식은?

㉮ 유입자냉식　　㉯ 유입수냉식　　㉰ 기냉식　　㉱ 유입풍냉식

답 ㉮

15 1차 전압 2200 [V], 무부하전류 0.088 [V]인 변압기의 철손이 110 [V]이었다. 자화전류 [A]는?

㉮ 0.05　　㉯ 0.038　　㉰ 0.072　　㉱ 0.088

◆ 풀이 자화전류 $I_\phi = \sqrt{I_0^2 - \left(\frac{\Pi}{Vi}\right)^2}$ [A] 이므로　　답 ㉰

$$= \sqrt{(0.088)^2 - \left(\frac{110}{2200}\right)^2} = 0.072\,[\mathrm{A}]$$

16 변압기의 임피던스 전압이란?

㉮ 정격전류가 흐를 때의 변압기 내의 전압강하
㉯ 여자전류가 흐를 때의 2차측의 단자전압
㉰ 정격전류가 흐를 때의 2차측의 단자전압
㉱ 2 차 단락전류가 흐를 때의 변압기 내의 전압강하

답 ㉮

17 어떤 단상변압기의 2차 무부하전압이 240 [V]이고, 정격부하시의 2차 단자전압이 230 [V]이다. 전압변동률은?

㉮ 2.35 [%]　　㉯ 3.35 [%]　　㉰ 4.35 [%]　　㉱ 5.35 [%]

◆ 풀이 전압변동률 $\epsilon = \frac{V_{20} - V_{2n}}{V_{2n}} \times 100 = \frac{240-230}{230} \times 100 = 4.35\,[\%]$　　답 ㉰

18 임피던스 전압강하 5 [%]의 변압기가 운전 중 단락되었을 때, 그 단락전류는 정격전류에 대한 배수는?

㉮ 15배 ㉯ 20배 ㉰ 25배 ㉱ 30배

◆ 풀이 단락전류 $I_s = \dfrac{100}{\%Z} I_n$ 답 ㉯

5 [%]이면 $20 I_n$

4 [%]이면 $25 I_n$

19 임피던스 전압을 걸 때의 입력은?

㉮ 정격 용량 ㉯ 철손

㉰ 임피이던스 와트 ㉱ 전부하시의 전손실

답 ㉰

20 6000/200 [V], 150 [kVA], 단상변압기의 1차측 단락전류 [A]는? (단, %임피던스는 4이다.)

㉮ 100 [A] ㉯ 250 [A] ㉰ 500 [A] ㉱ 625 [A]

◆ 풀이 $I_{1s} = \dfrac{100}{\%Z} I_{1n} = \dfrac{100}{\%Z} \times \dfrac{P_n}{V_{1n}} = \dfrac{100}{4} \times \dfrac{150 \times 10^3}{6000} = 625\,[\mathrm{A}]$ 답 ㉱

21 어떤 변압기 내부저항과 누설 리액턴스의 %강하가 각각 2 [%]와 3 [%]이다. 부하의 역률이 80 [%](뒤짐)일 때, 이 변압기의 전압변동률은?

㉮ 1.6 [%] ㉯ 1.8 [%] ㉰ 3.4 [%] ㉱ 3.6 [%]

◆ 풀이 전압변동률 $\epsilon = p\cos\theta + q\sin\theta$ 이므로 답 ㉱

$= (2 \times 0.8) + (3 \times 0.6) = 3.4\,[\%]$

22 변압기의 규약효율이란?

㉮ $\eta = \dfrac{\text{출력}}{\text{입력}+\text{손실}}$ ㉯ $\eta = \dfrac{\text{입력}-\text{손실}}{\text{출력}}$

㉰ $\eta = \dfrac{\text{출력}}{\text{출력}+\text{손실}}$ ㉱ $\eta = \dfrac{\text{입력}+\text{손실}}{\text{입력}}$

◆ 풀이 변압기효율 $\eta = \dfrac{\text{출력}}{\text{입력}} \times 100 = \dfrac{\text{출력}}{\text{출력}+\text{손실}} \times 100$ 답 ㉰

23 공급전압을 일정하게 하였을 때 변압기의 와전류손은?

㉮ 주파수의 제곱에 비례 ㉯ 주파수에 비례

㉰ 주파수에 반비례 ㉱ 주파수에 무관계

◆ 풀이 와류손 $P_e \propto V^2$, f 무관 답 ㉱

24 주상변압기의 부하동손과 철손과의 비는 보통?

㉮ 1 : 1 ㉯ 1 : 2 ㉰ 1 : 3 ㉱ 2 : 1

◆ 풀이 차동계전기 — 발전기 또는 변압기 층간단락 등 내부고장 검출에 사용 답 ㉱

25 변압기의 부하전류 및 전압은 일정하고 주파수만 낮아지면?

㉮ 철손이 증가한다. ㉯ 철손이 감소한다.

㉰ 동손이 증가한다. ㉱ 동손이 감소한다.

◆ 풀이 주파수가 낮아지면 자속밀도, 철손여자전류가 증가 $\%Z$는 감소한다. 답 ㉮

26 50 [Hz]용 변압기에 60 [Hz]의 동일전압을 인가하면 자속밀도 (B), 손실 (A)은 어떻게 변하는가?

㉮ A — 감소, B — 증가 ㉯ A — 감소, B — 감소
㉰ A — 증가, B — 증가 ㉱ A — 감소, B — 일정

◆ 풀이 주파수가 증가하면 자속밀도, 철손여자전류가 감소, $\%Z$는 증가한다.

답 ㉯

27 변압기의 와전류손은 철심 두께의 몇 승에 관계되는가?

㉮ 2승에 반비례 ㉯ 2승에 비례
㉰ 1/2승에 비례 ㉱ 1.6~2승에 비례

답 ㉯

28 3/4 부하에서 효율이 최대인 주상변압기는 전부하시에 있어서의 철손과 동손의 비는?

㉮ 3 : 4 ㉯ 4 : 3 ㉰ 9 : 16 ㉱ 16 : 9

◆ 풀이 $\frac{P_i}{P_c} = \left(\frac{1}{m}\right)^2$ 이므로 $\left(\frac{3}{4}\right)^2 = \frac{9}{16}$

답 ㉰

29 변압기의 철손과 전부하동손을 같게 설계하면 최대효율이 생기는 것은?

㉮ 전부하일 때 ㉯ $\frac{2}{3}$ 부하일 때 ㉰ $\frac{1}{2}$ 부하일 때 ㉱ $\frac{2}{3}$ 부하일 때

답 ㉮

30 어떤 변압기의 전부하동손이 270 [W], 철손이 120 [W]일 때 이 변압기를 최고효율로 운전하는 출력은 정격출력의 몇 [%]가 되는가?

㉮ 22.5 ㉯ 33.3 ㉰ 44.4 ㉱ 66.7

◆ 풀이 $\frac{1}{m} = \sqrt{\frac{P_i}{P_c}} \times 100$ 에서 $\sqrt{\frac{120}{270}} \times 100 = 66.7\,[\%]$

답 ㉱

31 변압기의 철손이 P_i [kW], 전부하동손이 P_c [kW]일 때 정격출력의 $\frac{1}{m}$ 의 부하를 걸었을 때 전손실 [kW]은?

㉮ $(P_i + P_c)\left(\frac{1}{m}\right)^2$ ㉯ $P_i\left(\frac{1}{m}\right)^2 + P_c$ ㉰ $P_i + P_c\left(\frac{1}{m}\right)^2$ ㉱ $P_i + P_c\left(\frac{1}{m}\right)$

답 ㉰

32 사용시간이 짧은 변압기의 전일효율을 좋게 하기 위해서는 철손 P_i 와 동손 P_c 와의 관계는?

㉮ $P_i > P_c$ ㉯ $P_i < P_c$ ㉰ $P_i = P_c$ ㉱ 무관계

◆ 풀이 전일효율 최대조건 : $P_c > P_i$, 과부하 : $P_i > P_c$

답 ㉯

33 단상변압기가 감극성일 때의 단자부호는?

㉮

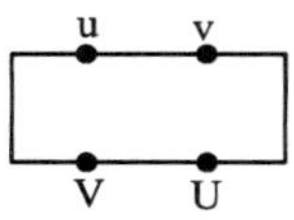

㉯

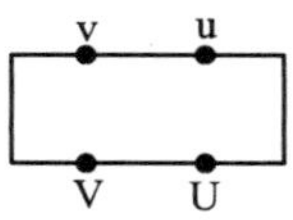

㉰

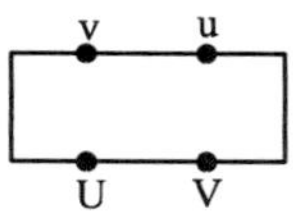

㉱

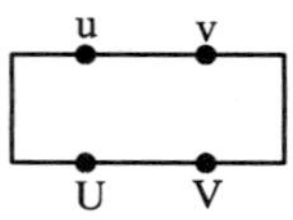

답 ㉯

34 2대의 변압기로 V 결선하여 3상 변압하는 경우 변압기 이용률 [%]은?

㉮ 57.8　　㉯ 66.6　　㉰ 86.6　　㉱ 100

◆ 풀이 이용률 : 86.6 [%], 출력비 : 57.7 [%]

답 ㉰

35 Δ 결선 변압기의 한 대가 고장으로 제거되어 V 결선으로 공급할 때 공급할 수 있는 전력은 고장 전전력에 대하여 몇 [%]인가?

㉮ 86.6　　㉯ 75.0　　㉰ 66.7　　㉱ 57.7

답 ㉱

36 변압기를 V 결선했을 때의 전용량은 변압기 1대의 용량의 약 몇 배인가?

㉮ 2 배　　㉯ $\sqrt{3}$ 배　　㉰ $\frac{2}{\sqrt{3}}$ 배　　㉱ $\frac{\sqrt{3}}{2}$ 배

답 ㉯

37 3 상 배전선에 접속된 V 결선의 변압기가 있다. 전부하시의 출력을 P[kVA]라 하면 같은 변압기 1 대를 증설하여 △ 결선하였을 때의 정격출력 [kVA]은?

㉮ $\frac{3}{2}P$　　㉯ $\frac{2}{\sqrt{3}}P$　　㉰ $\sqrt{3}P$　　㉱ $2P$

◆ 풀이 $P_{\triangle} = \sqrt{3}P_v$

답 ㉰

38 용량 P[kVA]인 동일정격의 단상변압기 4 대로 낼 수 있는 3 상 최대출력용량 [kVA]은?

㉮ $2\sqrt{3}P$　　㉯ $\sqrt{3}P$　　㉰ $4P$　　㉱ $3P$

◆ 풀이 단상변압기 4 대 결선은 P_{V-V} 결선 따라서 $2\sqrt{3}P$[kVA]

답 ㉮

39 변압기의 결선방법에서 제 3 고조파를 발생하는 것은?

㉮ $\Delta-\Delta$ 결선　㉯ $Y-Y$ 결선　㉰ $\Delta-Y$ 결선　㉱ $Y-\Delta$ 결선

답 ㉯

40 변압기를 Δ-Y로 결선했을 때의 1차와 2차의 전압위상차는?

㉮ 0°　㉯ 30°　㉰ 60°　㉱ 90°

답 ㉯

41 상 전원에서 2 상 전압을 얻고자 할 때 결선 중 틀린 것은?

㉮ Scott 결선　㉯ Mayer 결선　㉰ Fork 결선　㉱ Wood Bridge 결선

◆ 풀이　① 3 상 전원에서 2 상 전압 : scott 결선(= T 결선)　답 ㉰
② 3 상 전원에서 6 상 전압 : Fork 결선

42 단상변압기의 병렬운전에서 부하전류의 분담은 어떻게 되는가?

㉮ 누설 임피던스에 비례　㉯ 누설 임피던스에 반비례
㉰ 누설 리액턴스에 비례　㉱ 누설 임피던스의 2승에 비례

답 ㉯

43 변압기의 병렬운전 조건에 필요하지 않은 것은?

㉮ 극성이 같을 것　㉯ 용량이 같을 것
㉰ 권수비가 같을 것　㉱ 저항과 리액턴스의 비가 같을 것

◆ 풀이　변압기 병렬운전조건　답 ㉯
① 극성, 권수비, 단자전압일치, ② %Z강하일치, ③ 상회전방향과 각변위일치

44 변압기의 병렬운전이 불가능한 3 상 결선은?

㉮ $\Delta-\Delta$와 $\Delta-\Delta$　　㉯ $\Delta-\Delta$와 $Y-Y$
㉰ $\Delta-\Delta$와 $\Delta-Y$　　㉱ $\Delta-Y$와 $\Delta-Y$

◆ 풀이　병렬운전 불가능한 결선법 — ① $\Delta-\Delta$와 $\Delta-Y$, ② $\Delta-Y$와 $Y-Y$　　답 ㉰

45 변류기개방시 2차측을 단락하는 이유는?

㉮ 2차측 절연보호　　㉯ 2차측 과전류보호
㉰ 측정오차방지　　㉱ 1차측 과전류방지

답 ㉮

46 1차 및 2차 정격전압이 같은 2대의 변압기가 있다. 그 용량 및 임피던스 강하가 A는 5 [kVA], 3 [%], B는 20 [kVA], 2 [%]일 때 이것을 병렬운전하는 경우 부하를 분담하는 비는?

㉮ 1 : 4　　㉯ 2 : 3　　㉰ 3 : 2　　㉱ 1 : 6

◆ 풀이　$\frac{P_a}{P_b} = \frac{P_A}{P_B} \times \frac{\%Z_b}{\%Z_a} = \frac{5}{20} \times \frac{2}{3} = \frac{1}{6}$　　답 ㉱

47 단권변압기에서 고압측 전압을 V_h, 저압측 전압을 V_l, 2차측 출력을 P_2, 단권변압기의 용량을 P_1이라 하면 P_1/P_2는?

㉮ $\frac{V_1}{V_h}$　　㉯ $\frac{V_h - V_l}{V_l}$　　㉰ $\frac{V_h}{V_l}$　　㉱ $\frac{V_h - V_l}{V_h}$

답 ㉱

48 1차 전압 100 [V], 2차 전압 200 [V], 선로출력 50 [kVA]의 단권 변압기에서 자기용량 [kVA]은 ?

㉮ 25 ㉯ 50 ㉰ 250 ㉱ 500

◆ 풀이

$$\frac{\omega}{W} = \frac{Vh - Vl}{Vh}$$

$$\frac{\omega}{50} = \frac{200 - 100}{200}$$

$$\omega = \frac{5000}{200} = 25\,[\text{kVA}]$$

답 ㉮

49 단권변압기의 장점에 해당되지 않는 것은 ?

㉮ 동량의 경감 ㉯ 1차와 2차의 절연이 양호
㉰ 용량이 적어 경계적이다. ㉱ 전압변동률이 적다.

◆ 풀이 단권변압기
① 장점 : 효율이 좋고 전압변동이 작다.
② 단점 : 1차와 2차의 절연이 어렵고, 단락전류가 크다.

답 ㉯

50 계기용 변압기(PT)의 정격 2차 전압 [V]은 ?

㉮ 120 ㉯ 110 ㉰ 105 ㉱ 100

답 ㉯

51 변압기의 온도상승시험을 하는데 가장 좋은 방법은 ?

㉮ 실부하법 ㉯ 반환부하법 ㉰ 단락시험법 ㉱ 내전압법

답 ㉯

52 변압기의 등가회로작성에 필요한 시험은?

㉮ 구속시험 ㉯ 반환부하시험 ㉰ 유도시험 ㉱ 단락시험

◆ 풀이 변압기 등가회로

① 권선저항측정

② 무부하시험 : 철손, 여자전류, 여자어드미턴스

③ 단락시험 : 동손(임피던스와트), 임피던스전압

답 ㉱

53 변압기의 시험 중에서 동손을 구하기 위하여 행하는 시험은?

㉮ 단락시험 ㉯ 내전압시험 ㉰ 무부하시험 ㉱ 온도시험

답 ㉮

54 변압기의 개방회로시험으로 구할 수 없는 것은?

㉮ 무바하전류 ㉯ 동손 ㉰ 철손 ㉱ 여자 임피던스

답 ㉯

55 변압기의 임피던스 와트를 구하는 시험방법은?

㉮ 충격전압시험 ㉯ 부하시험 ㉰ 유도시험 ㉱ 단락시험

답 ㉱

56 변압기의 시험 중에서 철손을 구하는 시험은?

㉮ 극성시험 ㉯ 단락시험 ㉰ 무부하시험 ㉱ 부하시험

답 ㉰

57 누설변압기의 용도로 옳지 않은 것은?

㉮ 수은등의 점등용
㉯ 형광등의 방전용 안정기
㉰ 절연내력시험용
㉱ 교류 아아크 용접기

답 ㉰

58 네온관용 변압기는?

㉮ 단상변압기 ㉯ 3 상 변압기 ㉰ 정전압변압기 ㉱ 자기누설 변압기

답 ㉱

59 수은접점 2개를 사용하여 아아크 방전 등의 사고를 검출하는 계전기는?

㉮ 차동계전기
㉯ 가스 검출계전기
㉰ 브르훌쯔 계전기
㉱ 과전류계전기

답 ㉰

60 아아크 용접용 변압기가 전력용 일반변압기와 다른 점은?

㉮ 권선의 저항이 크다.
㉯ 누설 리액턴스가 크다.
㉰ 효율이 높다.
㉱ 역률이 좋다.

◆ 풀이 아아크 용접용변압기(누설변압기) — 누설리액턴스가 크므로 전압변동도 크다. 답 ㉯

61 3 상 전원에서 2 상 전원을 얻기 위한 변압기의 결선법은?

㉮ △ 결선 ㉯ T 결선 ㉰ Y 결선 ㉱ V 결선

답 ㉯

62 변압기의 내부 고장보호에 가장 적당한 계전기는?

㉮ 브르훌쯔 계전기　　㉯ OCR
㉰ 비율차동 계전기　　㉱ 와전류 계전기

답 ㉮

63 변압기의 내부고장 보호에 쓰이는 계전기는?

㉮ 차동계전기　　㉯ 접지계전기　　㉰ OCR　　㉱ 역상계전기

◆ 풀이 변압기 내부고장 보호 — 브르훌쯔계전기, 차동계전기, 비율차동계전기

답 ㉮

64 단상 변압기의 임피이던스 와트를 구하기 위하여는 다음 중 어느 시험이 필요한가?

㉮ 무부하시험　　㉯ 단락시험　　㉰ 유도시험　　㉱ 반환부하법

답 ㉯

CHAPTER

04 유도기

CHAPTER

04 유도기

4.1 유도전동기의 원리 및 구조

1) 회전원리(아라고 원판)

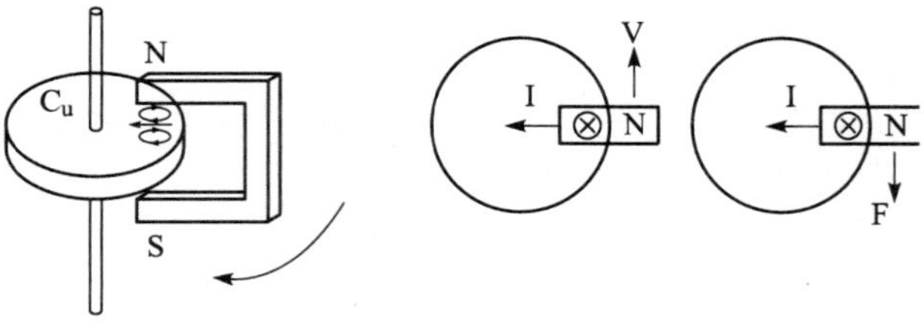

2) 회전 자기장의 발생

3상 유도 전동기 : 3상 교류 전원 인가 → 회전자계 발생

단상 유도 전동기 : 단상 교류 전원 인가 → 교번 자계 발생

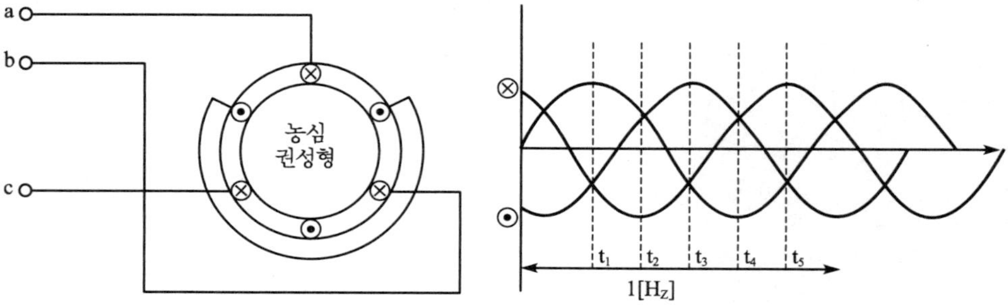

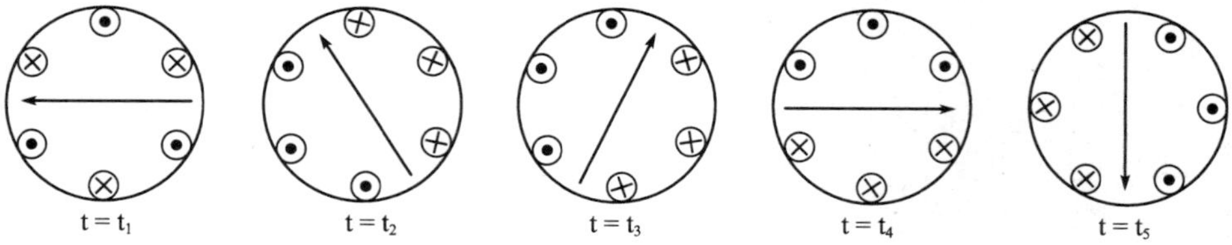

4.2 동기속도 및 슬립

1) 회전수와 슬립

회전자계 발생 (고정자)

↓ $\tau = K\phi I_2$ 발생(회전자) → N회전(회전자)

유도전류 발생 (회전자)

- 슬립 : 전동기의 회전속도를 나타내는 상수

$$s = \frac{\text{동기속도} - \text{회전자속도}}{\text{동기속도}} = \frac{N_s - N}{N_s}$$

$s\uparrow \rightarrow N\downarrow$, $s\downarrow \rightarrow N\uparrow$

① 정지 상태 : $s = 1\,(N = 0)$

② 동기속도 회전 : $s = 0\,(N = N_s)$

③ 전부하 운전: $s = 2.5 \sim 5[\%]$ 정도

∴ 슬립의 범위 : $0 < s < 1$

④ 상대 속도 : $sN_s = N_s - N$

⑤ 전동기 속도 : $N = (1-s)N_s = (1-s)\dfrac{120f}{p}[\text{rpm}]$

⑥ 속도 - 토크 특성 :

i) $s\uparrow \rightarrow N\downarrow \rightarrow \phi\uparrow \rightarrow I_2\uparrow \rightarrow \tau\uparrow$

ii) $s\downarrow \rightarrow N\uparrow \rightarrow \phi\downarrow \rightarrow I_2\downarrow \rightarrow \tau\downarrow$

⑦ 역회전시 슬립 : $s' = \dfrac{N_s - (-N)}{N_s}$

∴ 제동기의 슬립 범위 : $1 < s < 2$

▸ 슬립(s)과 속도 특성

동기 속도	상대 속도	실제 속도
1	s	$1-s$

4.3 슬립 영역 및 유기 기전력

1) 전동기

$N_s \neq N$이고, $N_s > N$이다.

슬립 : $S = \dfrac{N_S - N}{N_S}$에서, $0 < S < 1$이다.

2) 발전기

$N_s \neq N$이고, $N_s > N$이다.

슬립 : $S = \dfrac{N_S - N}{N_S}$에서, $S < 1$이다.

3) 제동기

$N_s \neq N$이고, $N_s > N$이다.

$S = \dfrac{N_S - (-N)}{N_S} = \dfrac{N_S + N}{N_S}$에서 $0 < S < 2$이다.

* 유도 기전력

정지시 유도 전동기의 등가 회로

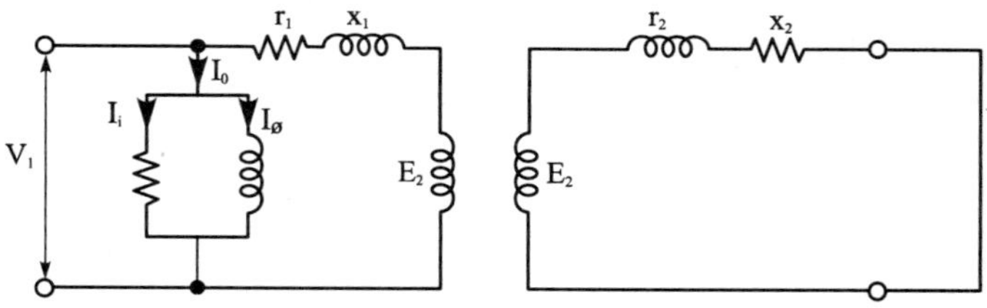

(1) 정지시 유도 기전력 (s = 1)

$E_1 = 4.44 f_1 N_1 \phi K_{\omega 1} [\mathrm{V}]$

$E_2 = 4.44 f_2 N_2 \phi K_{\omega 2} [\mathrm{V}]$

① $f_1 = f_2$ (정지 상태)

② $\alpha = \dfrac{E_1}{E_2} = \dfrac{K_{\omega 1}N_1}{K_{\omega 2}N_2}$

(2) 운전시 유도 기전력

$E_1 = 4.44 f_1 N_1 \phi K_{\omega 1}[V]$

$E_2 = 4.44 f_2 N_2 \phi K_{\omega 2}[V] = 4.44 s f_1 N_2 \phi K_{\omega 2}[V]\ (N_s - N = sN_s)$

$\therefore\ E_{2s} = 4.44 s f_1 N_2 \phi K_{\omega 2}[V]$

① $f_2 = sf_1$(슬립주파수)

② $E_{2s} = sE_2$

$\alpha' = \dfrac{E_1}{E_{2s}} = \dfrac{E_1}{sE_2} = \dfrac{\alpha}{s} = \dfrac{K_{\omega 1}N_1}{sK_{\omega 2}N_2}$

4.4 전력변환 및 효율

(1) 2차 전류

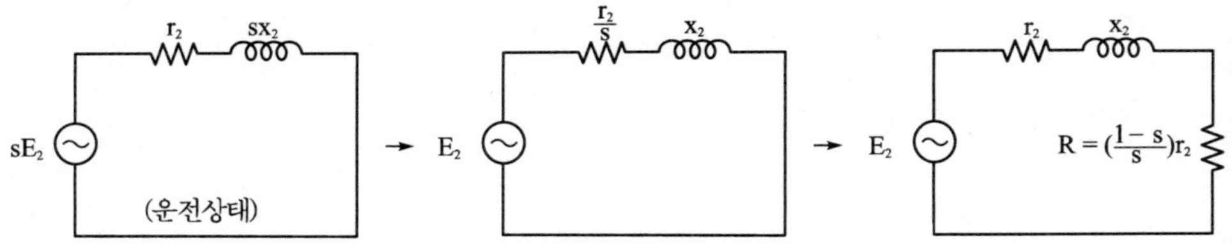

정지시 : $I_2' = \dfrac{E_2}{\sqrt{{r_2}^2 + {x_2}^2}}[A]$

회전시 : $I_2 = \dfrac{sE_2}{\sqrt{{r_2}^2 + {x_2}^2}} = \dfrac{E_2}{\sqrt{\left(\dfrac{r_2}{s}\right)^2 + {x_2}^2}}$

$= \dfrac{E_2}{\sqrt{\left(r_2 + \dfrac{r_2}{s} - r_2\right)^2 + {x_2}^2}} = \dfrac{E_2}{\sqrt{(r_2 + R)^2 + {x_2}^2}}[A]$

(2) 2차 입력

$$P_2 = P_o + P_{c2} + P_\ell$$

$$P_2 = E_2 I_2 \cos\theta = E_2 \times \frac{E_2}{\sqrt{\left(\frac{r_2}{s}\right)^2 + {x_2}^2}} \times \frac{\frac{r_2}{s}}{\sqrt{\left(\frac{r_2}{s}\right)^2 + {x_2}^2}} = I^2_{\frac{r_2}{s}[W]2}$$

$$\therefore\ P_2 = I^2_{\frac{r_2}{s}[W]2}$$

(3) 2차 동손

$$P_{c2} = {I_2}^2 r_2 = {I_2}^2 \times \frac{r_2}{s} \times s = sP_2$$

$$\therefore\ P_{c2} = sP_2$$

(4) 2차 출력 = 2차 입력 − 2차 동손

$$P_0 = P_2 - P_{c2} = {I_2}^2 \frac{r_2}{s} - {I_2}^2 r_2 = {I_2}^2\left(\frac{r_2}{s} - r_2\right) = {I_2}^2\left(\frac{1-s}{s}\right){r_2}^2 = {I_2}^2 R[\mathrm{W}]$$

$$\therefore \mathrm{P_0 = (1-s)P_2 = {I_2}^2 R[W]}$$

(5) 2차 효율

$$\eta_2 = \frac{P_0}{P_2} = \frac{(1-s)P_2}{P_2} = 1 - s$$

$$\therefore\ \eta_2 = 1 - s = \frac{N}{N_s}$$

4.5 토크 및 비례추이

1) 3상 유도 전동기의 토크 특성

$$P_0 = \omega\tau = \frac{2\pi N}{60}\tau\,[\mathrm{W}]$$

$$\tau = \frac{60}{2\pi N}P_0 = 9.55\frac{P_0}{N} = 9.55\frac{P_2(1-s)}{N_s(1-s)} = 9.55\frac{P_2}{N_s}[\mathrm{N \cdot m}]$$

$$\tau = \frac{60}{2\pi N}P_0 = 0.975\frac{P_0}{N} = 0.975\frac{P_2(1-s)}{N_s(1-s)} = 0.975\frac{P_2}{N_s}[\mathrm{kg \cdot m}]$$

① $\tau = 9.55\dfrac{P_0}{N} = 9.55\dfrac{P_2}{N_s}$[N · m]

$\tau = 0.975\dfrac{P_0}{N} = 0.975\dfrac{P_2}{N_s}$[kg · m] $\quad \rightarrow \tau \propto P_2$ (N_s 일정)

② $P_2 = 1.026 N_s \tau$[W]

2) 토크와 공급전압의 관계

$$P_2 = E_2 I_2 \cos\theta_2$$

$$= E_2 \times \frac{E_2}{\sqrt{\left(\frac{r_2}{s}\right)^2 + {x_2}^2}} \times \frac{\frac{r_2}{s}}{\sqrt{\left(\frac{r_2}{s}\right)^2 + {x_2}^2}} = \frac{E_2}{\sqrt{\left(\frac{r_2}{s}\right)^2 + {x_2}^2}} = \frac{r_2}{s}[\mathrm{W}]$$

$\therefore \tau \propto \mathrm{E}_2$

3) 토크와 슬립의 관계

$r_2{}' = \alpha^2 r_2$, $x_2{}' = \alpha^2 x_2$, $R' = \alpha^2 R$

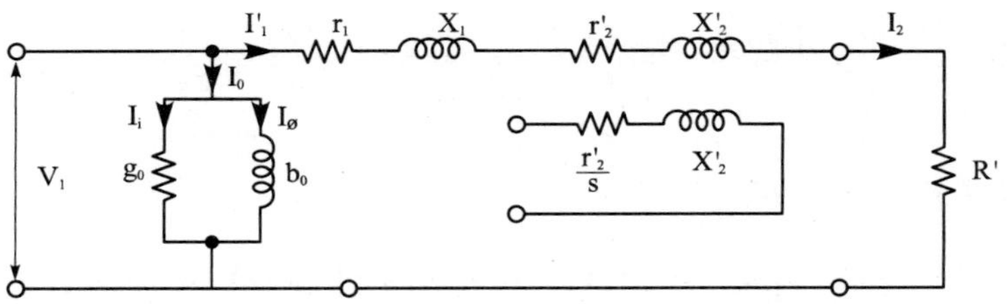

(1) 1차 부하 전류

$$I_1{}' = \frac{V_1}{\sqrt{\left(r_1 + \frac{r_2{}'}{s}\right)^2 + (x_1 + x_2{}')^2}}[\mathrm{A}]$$

(2) 2차 입력

$$P_2 = P_0 + P_{c2} = I_2'^2 R' + I_1'^2 r_2 = I_1'^2\left(\frac{1-s}{s}\right)r_2' + I_1'^2 r_2' = I_1'^2\ \frac{r_2'^2}{s}$$

$$= \frac{\frac{r_2'}{s} V_1^2}{\left(r_1 + \frac{r_2}{s}\right)^2 + (x_1 + x_2')^2} [\mathrm{W}]$$

(3) 토크

$$\tau = \frac{60}{2\pi N_s} P_2 = \frac{60}{2\pi N_s} \times \frac{\frac{r_2'}{s} V_1^2}{\left(r_1 + \frac{r_2}{s}\right)^2 + (x_1 + x_2')^2} [\mathrm{N \cdot m}]$$

(4) 기동 토크 ($s = 1$)

$$\tau = \frac{60}{2\pi N_s} \times \frac{r_2' V_1^2}{(r_1 + r_2)^2 + (x_1 + x_2')^2} [\mathrm{N \cdot m}]$$

① $\tau \propto V^2$

② 최대 토크 슬립 $s_t = \dfrac{r_2'}{\sqrt{r_1^2 + (x_1 + x_2')^2}} ≒ \dfrac{r_2'}{x_2'} = \dfrac{r_2}{x_2}$

③ 최대 토크 $\tau_t = K_0 \dfrac{V_1^2}{2x_2} = K \dfrac{E_2^2}{2x_2} = [\mathrm{N \cdot m}]$

최대토크의 크기는 2차 저항 r_2 및 슬립에 관계없이 일정하다.

4) 비례추이 (권선형 전동기)

토크 : $\tau = \dfrac{60}{2\pi N_s} \times \dfrac{\frac{r_2'}{s} V_1^2}{\left(r_1 + \frac{r_2}{s}\right)^2 + (x_1 + x_2')^2} [\mathrm{N \cdot m}]$

최대 토크 슬립 : $s_t = \dfrac{r_2'}{\sqrt{r_1^2 + (x_1 + x_2')^2}} = \dfrac{r_2'}{x_2'} = \dfrac{r_2}{x_2}$

➡ 2차 저항 증가 → 슬립 증가 → 속도 감소 → 토크 증가

비례추이 : 권선형 유도전동기에 기동시 2차에 외부저항을 삽입하여 2차 저항을 2배,3배로 증가시키면 슬립도 2배, 3배로 비례하여 증가하기 때문에 기동시 속도는 작아지고 토크는 증가한다. 이때 2차 저항이 증가하는 만큼 비례해서 슬립이 증가하기 때문에 최대 토크 τ_{max}는 항상 일정하다.

$$\frac{r_2'}{s}=\frac{r_2'+R_2'}{s'}\rightarrow\frac{r_2}{s}=\frac{r_2+R_2}{s'}$$

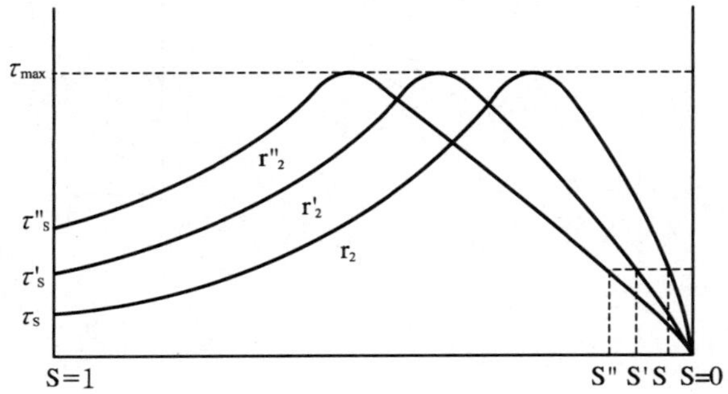

(1) 기동시 전부하 토크와 같은 토크로 기동하기 위한 외부저항

$$R=\frac{1-s}{s}r_2$$

(2) 기동시 최대토크와 같은 토크로 기동하기 위한 외부저항

$$R=\frac{1-s_t}{s_t}r_2=\sqrt{{r_1}^2+(x_1+{x_2}')^2}-{r_2}' \fallingdotseq (x_1+{x_2}')-{r_2}'$$

(3) 비례추이 할 수 있는 것 : 1차 전류, 역률, 1차 입력

참고 비례추이 할 수 없는 것 : 출력, 효율, 동손

5) 유도 전동기의 원선도 (Heyland : 원선도)

유도 전동기 1차 부하 전류의 선단의 부하의증감과 더불어 그리는 그 궤적이 항상 반원주상에 있는 것을 이용하여 유도 전동기의 효율 및 역률 등을 구하기 위한 원선도

$$I_1'=\frac{V_1}{\sqrt{\left(r_1+\frac{r_2'}{s}\right)^2+(x_1+x_2')^2}}[\mathrm{A}]$$

(1) 원선도 작성 시험

① 저항 측정 시험 : 1차 동손

② 무부하 시험 : 여자전류, 철손

③ 구속시험(단락시험) : 2차 동손

(2) 원선도 특성

① 전부하 효율 : $\eta = \dfrac{2차출력}{전입력} = \dfrac{P_{ab}}{P_{ae}}$

② 2차 효율 : $\eta_2 = \dfrac{2차출력}{2차입력} = \dfrac{P_{ab}}{P_{ac}}$

③ 슬립 : $s = \dfrac{2차동손}{2차입력} = \dfrac{P_{bc}}{P_{ac}}$

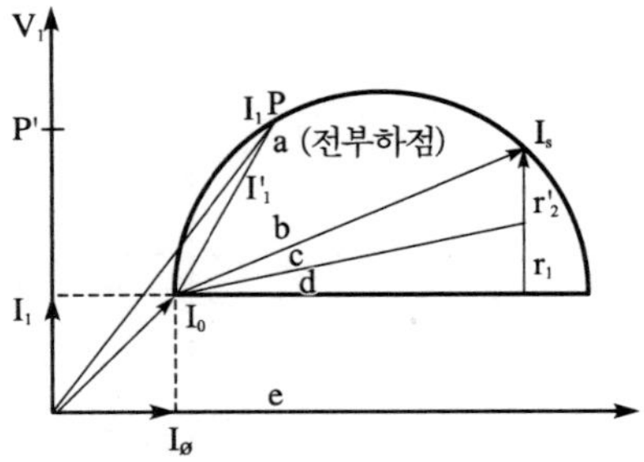

P_{ac} : 전입력　P_{bc} : 2차동손
P_{cc} : 1차동손　P_{cc} : 철손
P_{ac} : 2차입력　P_{ac} : 2차출력

4.6 속도제어 및 기동법

1) 권선형 전동기

(1) 2차 저항 기동법(기동 저항기법)

(2) 괴르게스법

2) 농형유도 전동기

(1) 전전압 기동법(직입기동) : 5[kW]이하

기동전류: 정격전류의 4·6배 정도

(2) 감전압 기동법

Y-△ 기동법, 리액터기동법(→ 콘도르파법), 1차 저항 기동법, 기동 보상기법

① Y-Δ 기동법 : 기동전류$\dfrac{1}{3}$배 감소 기동토크 $\dfrac{1}{3}$배 감소

② 기동 보상기법: 15[kW]이상, 3상 단권 변압기(탭 변압기)

3) 유도 전동기의 속도 제어

$$N = (1-s)N_s = (1-s)\frac{120f}{p}[\text{rpm}]$$

- 농형 전동기 : 극수변환법, 주파수제어법, 전압제어법
- 권선형 전동기 : 2차저항 제어법(슬립제어), 2차여자 제어법(슬립제어)

(1) 극수 변환법 : 고정자 권선의 접속 상태를 변경하여 극수를 조절하는 방식

(2) 주파수 제어법

SCR 등을 이용하여 전동기 전권의 주파수를 변환하여 속도를 조정하는 방식

$V \propto f, \quad P \propto f$

선박 추진용 전동기, 인견・방지공장의 포트 모터

(3) 1차 전압 제어법 : 유도전동기의 토크가 전압의 2승에 비례하는 특성을 이용하여 부하 운전시 슬립을 변화시켜 속도를 제어하는 방식

$$s \propto \frac{1}{V^2} \rightarrow \frac{s_2}{s_1} = \frac{V_1^2}{V_2^2}$$

① SCR : 전동기 1차 측에 양방향으로 전류가 흐를 수 있는 SCR을 접속하여 제어하는 방식

② 리액터 : 전동기 1차 측에 접속한 리액터의 리액턴스 변화에 의해 전압을 제어하는 방식

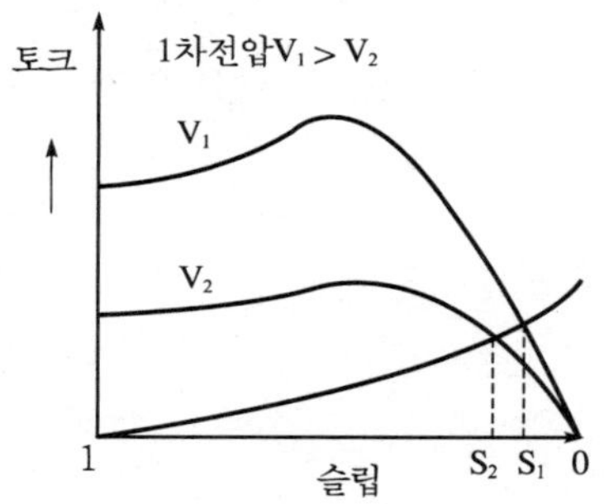

(4) 종속법 (권선형) : 극수가 서로 다른 전동기 2대를 전기적, 기계적으로 종속시켜 전체 극수를 변화시킴으로써 속도를 제어하는 방식

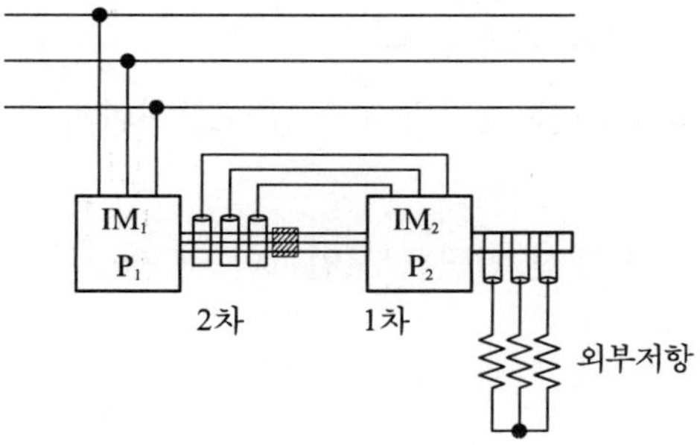

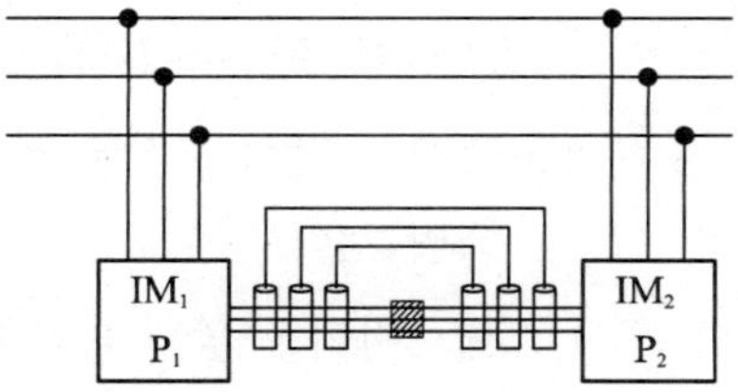

① 직렬 접속 : $N = \dfrac{120f}{p_1 + p_2}$

② 차동 접속 : $N = \dfrac{120f}{p_1 - p_2}$

③ 병렬 접속 : $N = \dfrac{120f}{\dfrac{p_1 + p_2}{2}}$

(5) 2차 저항 제어법 (슬립제어) : 비례추이의 원리를 이용한 것으로 2차 회로에 저항을 넣어 같은 토크에 대한 슬립 S를 변화시켜 속도를 제어하는 방식

① 장점
- 구조간단, 제어 조작이 용이하다.
- 속도 제어용 저항기를 기동용으로 사용할 수 있다.

② 단점
- 저항을 이용하므로 속도 변화량에 비례하여 효율이 저하된다.
- 부하변동에 대한 속도 변동이 크다.

(6) 2차여자법 (슬립제어) : 유도 전동기 회전자의 외부에서 슬립링을 통하여 슬립주파수 전압을 인가하여 회전자 슬립에 의한 속도를 제어하는 방식.

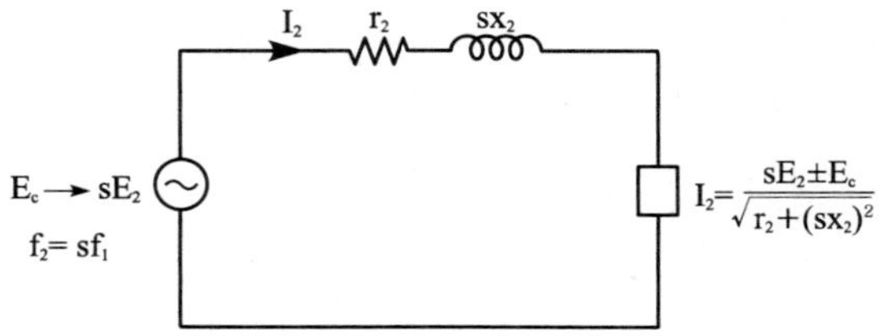

① E_c(슬립 주파수 전압)를 sE_2와 같은 방향으로 인가 : 속도 증가

② E_c(슬립주파수 전압)를 sE_2와 반대 방향으로 인가 : 속도 감소

→ E_c(슬립 주파수 전압)의 공급방식에 의한 분류

i) 크레머 방식 : 직류 전동기의 계자를 제어하여 회전수를 변환하는 방식(정출력 제어)

ii) 세르비어스 방식 : 직류 전동기 대신 역변환부(인버터)의 제어각을 변화시켜 회전수를 변환하는 방식

4) 유도 전동기의 이상현상

(1) 크로우링 현상

농형 전동기에서 고정자와 회전자의 슬롯수가 적당하지 않을 경우에 발생하는 현상으로서 유도전동기의 공극이 일정하지 않거나 계자에 고조파가 유기될 때『전동기가 정격속도에 이르지 못하고 정격속도 이전의 낮은 속도에서 안정되어 버리는 현상(소음발생)』

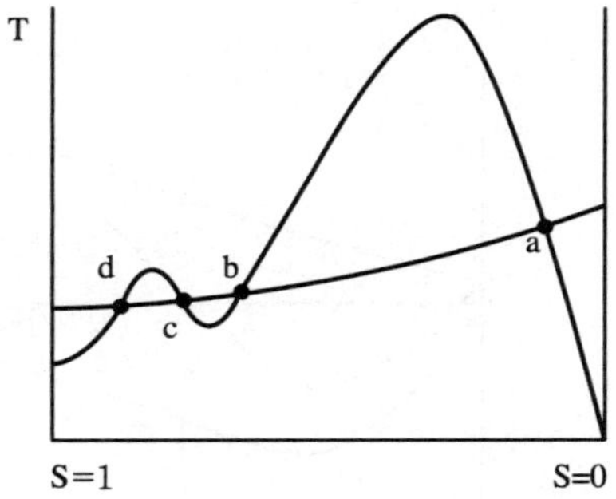

➡ 방지대책 : 사구(Skewed Slot) 채용

(2) 괴르게스 현상

권선형 유도 전동기에서 전동기가 무부하 또는 경부하로 운전 중 고주파 발생 등으로 인하여 한상이 이 단선되어 결상되더라도 2차 회로에는 단상 전류가 지속적으로 흘러 전동기가 정격속도의 약 $\frac{1}{2}$ 배 정도의 속도를 내면서 회전하는 현상.

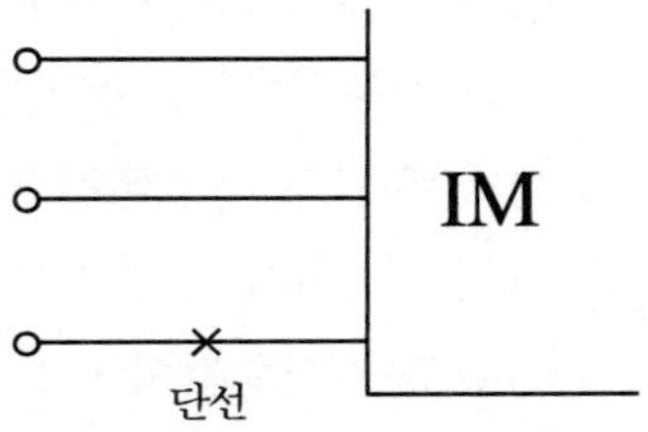

➡ 고조파 특성 비교

- $h = 2nm + 1$ (1, ,7, 13, ,19, · · ·)
  : 상회전 방향이 기본파와 같은방향으로 작용하는 회전 자계 발생
- $h = 2nm$ (3, ,9, 15, ,21, · · ·)
  : 동상(회전 자계 발생 못함)
- $h = 2nm - 1$ (5, ,11, 17, ,23, · · ·)
  : 상회전 방향이 기본파와 반대 방향으로 작용하는 회전 자계 발생

4.7 제동법 및 단상유도 전동기

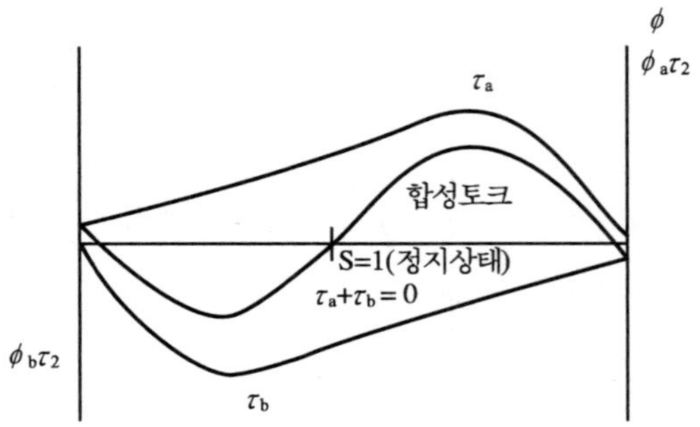

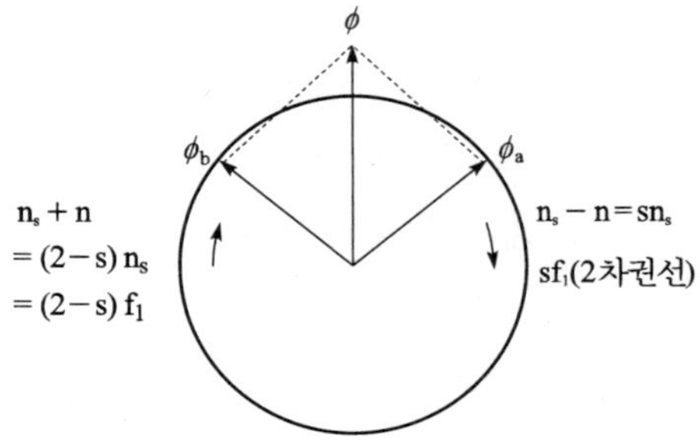

1) 단상 유도 전동기의 특성

(1) 기동시 기동 토크가 존재하지 않으므로 기동 장치가 필요하다.

(2) 슬립이 0이 되기 전에 토크는 미리 0이 된다.

(3) 2차 저항이 증가되면 최대토크는 감소한다.(비례추이 할 수 없다.)

(4) 2차 저항값이 어느 일정값 이상이 되면 토크는 부(−)가 된다.

2) 단상 유도 전동기의 기동

(1) 분상 기동형 : $R > X$(기동권선), $R < X$(주권선)

위상이 서로 다른 두 전류에 의한 회전 자계를 발생시켜 기동하는 방식

→ 역회전 법: 주권선과 기동 권선중 어느 한쪽 권선의 접속을 반대로 한다.

(2) 콘덴서 기동형

진상용 콘덴서의 90°앞선 전류에 의한 회전자계를 발생시켜 기동하는 방식.

기동 토크가 크다.

(3) 영구 콘덴서 기동형

기동시나 운전시 항상 콘덴서를 기동권선과 직렬로 접속 시켜 기동하는 방식

기동 토크가 작다.

(4) 반발 기동형

회전자 권선의 전부 혹은 일부를 브러쉬를 통해 단락시켜 기동하는 방식
기동 토크가 가장 크다.

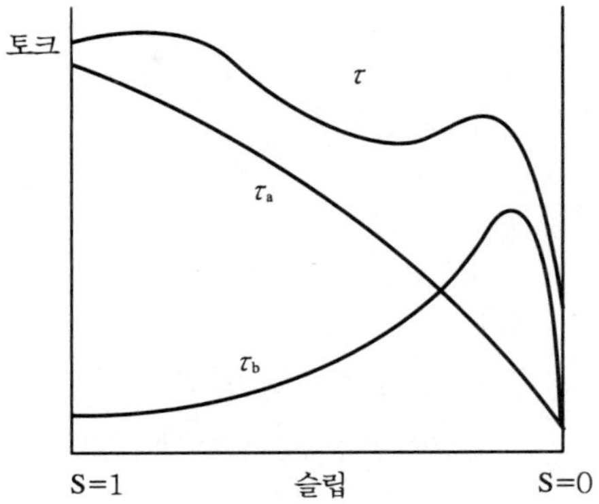

(5) 반발 유도형

반발 기동형의 회전자 권선(기동용)에 농형 권선(운전용)을 병렬하여 사용하는 방식

(6) 세이딩 코일형

자극에 슬롯을 만들어 단락된 셰이딩 코일을 끼워 넣어 기동하는 방식

(7) 모노 사이클형

각 권선에 불평형 3상전류를 흘러 기동하는 방식.

→ 기동 토크의 크기 : 반발 기동형 > 반발 유도형 > 콘덴서 기동형 > 영구 콘덴서형 > 분상 기동형 > 세이딩 코일형

*** 유도 전압조정기**

유도 전동기와 변압기 원리를 이용한 전압조정기

1) 단상 유도 전압 조정기

$\alpha = 0:\ V_2 = V_1 + E_2$ (최대)

$\alpha = 90:\ V_2 = V_1$

$\alpha = 180:\ V_2 = V_1 - E_2$ (최소)

$\therefore\ V_2 = V_1 + E_2 \cos\alpha\,[\mathrm{V}]$

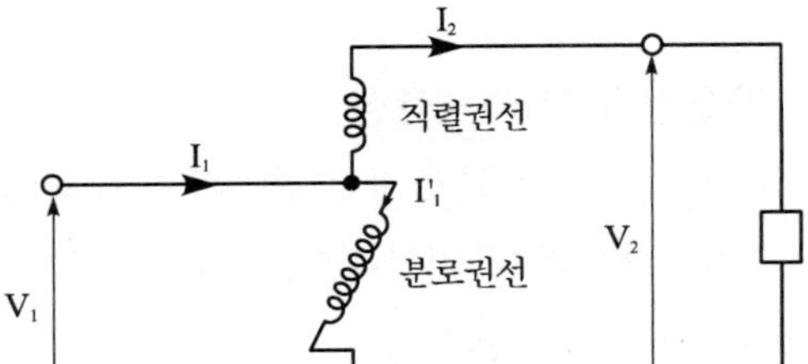

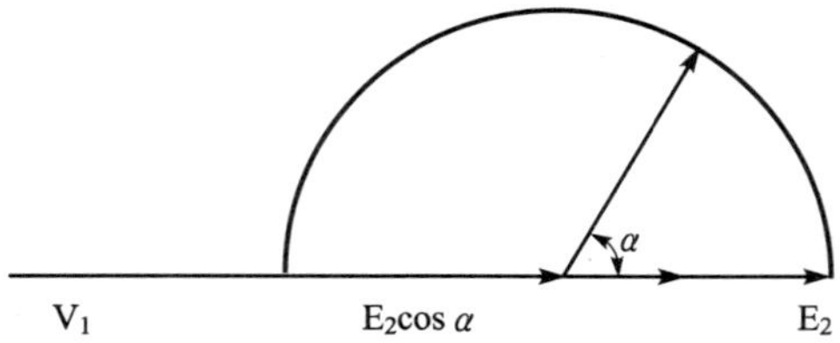

(1) 전압조정 범위 : $V_2 = V_1 + E_2\cos\alpha[\mathrm{V}]$

(2) 조정 정격 용량 : $P_2 = E_2 I_2 \times 10^{-3}[\mathrm{kVA}]$

(3) 정격 출력 (부하 용량) : $P = V_2 I_2 \times 10^{-3}[\mathrm{kVA}]$

(4) 교번 자계 발생

(5) 입력 전압과 출력 전압과 위상이 같다.

(6) 단락 권선이 있다.

cf. 단락권선 : 직렬 권선에 부하 전류가 흐를 때 누설 리액턴스 때문에 발생

2) 3상 유도 전압 조정기

(1) 전압 조정 범위 : $\mathrm{V}_2 = \sqrt{3}(\mathrm{V}_1 \pm \mathrm{E}_2)[\mathrm{V}]$

(2) 조정 정격 용량 :$P_2 = \sqrt{3}\, E_2 I_2 \times 10^{-3}[\mathrm{kVA}]$

(3) 정격출력 (부하 용량) : $P = \sqrt{2}\, V_2 I_2 \times 10^{-3}[\mathrm{kVA}]$

(4) 회전자계 이용

(5) 입력 전압과 출력 전압 간에 위상차가 존재한다.(이상기)

(6) 단락권선이 필요 없다.

3) 단상과 3상의 공통점

(1)1차권선(분로권선)과 2차권선(직렬권선)이 분리되어 있다.

(2)회전자의 위상각으로 전압조정이 가능하다.

(3)전압조정이 쉽다.

연습문제

01 유도전동기의 동작특성에서 제동기로 쓰이는 슬립의 영역은?

㉮ 1～2　　㉯ 0～1　　㉰ 0～－1　　㉱ －1～－2

답 ㉮

02 유도전동기의 슬립의 범위는?

㉮ $0 < s < 1$　　㉯ $s > 1$　　㉰ $s < 0$　　㉱ $0 \leq s \leq 1$

◆ 풀이　슬립의 범위　① 유도전동기 $0 < s < 1$
② 유도발전기 $s < 0$
③ 유도제동기 $1 < s < 2$

답 ㉮

03 슬롯수 36의 고정자철심이 있다. 여기에 3상, 4극의 2층 권을 시행할 때 매극 매상의 슬롯수와 총 코일수는?

㉮ 3과 18　　㉯ 9와 36　　㉰ 3과 36　　㉱ 9와 18

◆ 풀이　매극매상당 슬롯수$=\dfrac{\text{총슬롯수}}{\text{상수}\times\text{극수}}=\dfrac{36}{3\times4}=3$

코일수$=\dfrac{\text{총슬롯수}\times\text{코일총수}}{2}=\dfrac{36\times2}{2}=36$

답 ㉰

04 회전자가 슬립 s로 회전하고 있을 때 2차 유기전압 E_2' 및 2차 주파수 f_2의 s와의 관계는?

㉮ $E_2' \propto sE_2,\ f_2 \propto sf_1$　　㉯ $E_2' \propto s,\ f_2 \propto \dfrac{1}{s}$

㉰ $E_2' \propto s,\ f_2 \propto (1-s)$　　㉱ $E_2' \propto (1-s),\ f_2 \propto sf_1$

◆ 풀이　$E_{2s} = sE_2,\ f_{2s} = sf_1$

답 ㉮

05 유도전동기의 동기속도를 N_s, 회전속도를 N이라 하면 슬립 s[%]는?

㉮ $s=\dfrac{N-N_s}{N_s}\times 100$　　㉯ $s=\dfrac{N_s-N}{N_s}\times 100$

㉰ $s=\dfrac{N-N_s}{N}\times 100$　　㉱ $s=\dfrac{N_s-N}{N}\times 100$

답 ㉯

06 50 [Hz], 슬립 0.2인 경우 회전자속도가 600 [rpm]이 되는 유도전동기의 극수는?

㉮ 16　　㉯ 10　　㉰ 8　　㉱ 4

◆ 풀이 $N=(1-s)N_s$ 에서 　　답 ㉰

$$N_s=\frac{N}{1-s}=\frac{600}{1-0.2}=750\,[\text{rpm}],\ P=\frac{120}{N_s}f=\frac{120}{750}\times 50=8\ (\text{극})$$

07 극수가 6극인 50 [Hz]용 3상 유도전동기가 있다. 슬립이 4 [%]일 때 이 전동기의 회전수는?

㉮ 940 [rpm]　　㉯ 960 [rpm]　　㉰ 980 [rpm]　　㉱ 1000 [rpm]

◆ 풀이 $N=(1-s)N_s\,[\text{rpm}]$에서 　　답 ㉯

$$(1-0.04)\times 1000=960\,[\text{rpm}],\ N_s=\frac{120}{P}f=\frac{120}{6}\times 50=1000\,[\text{rpm}]$$

08 60 [Hz], 8극 유도전동기가 855 [rpm]으로 회전하고 있다. 이 전동기의 슬립 [%]는?

㉮ 4　　㉯ 4.5　　㉰ 5　　㉱ 5.5

◆ 풀이 $s=\dfrac{N_s-N}{N_s}\times 100=\dfrac{900-855}{900}\times 100=5\,[\%]$ 　　답 ㉰

$$N_s=\frac{120}{p}f=\frac{120}{8}\times 60=900\,[\text{rpm}]$$

09 3상 유도전동기의 1상에 200 [V]를 가하여 운전하고 있을 때 2차측의 전압을 측정하였더니 6 [V]로 나타났다. 이 때의 슬립은?

㉮ 0.01 ㉯ 0.03 ㉰ 0.05 ㉱ 0.07

◆ 풀이 $E_2 s = s E_2 \quad s = \frac{E_2 s}{E_2} = \frac{6}{200} = 0.03$

답 ㉯

10 3상 유도전동기의 기계적 출력은 회전자입력을 P_2, 슬립을 s라 할 때 맞는 것은?

㉮ $s P_2$ ㉯ $\frac{P_2}{s}$ ㉰ $s^2 P_2$ ㉱ $(1-s) P_2$

◆ 풀이 P_0 : 출력, P_2 : 입력, P_{c2} : 손실

$$P_0 = P_2 - P_{c2} = (1-s) P_2 = \frac{1-s}{s} P_{c2}$$

답 ㉱

11 동기각속도 ω_s, 회전각속도 ω인 유도전동기의 2차 효율은?

㉮ $\frac{\omega_s - \omega}{\omega}$ ㉯ $\frac{\omega_s - \omega}{\omega_s}$ ㉰ $\frac{\omega_s}{\omega}$ ㉱ $\frac{\omega}{\omega_s}$

◆ 풀이 2차 효율 $\eta_2 = \frac{P_0}{P_2} = (1-s) = \frac{N}{N_s} = \frac{\omega}{\omega_s}$

답 ㉱

12 유도전동기의 최대 토크 τ_m, τ_m을 발생하는 슬립 s_t와 2차 저항 r_2'의 관계는?

㉮ $\tau_m =$ 일정, $s_t \propto \frac{1}{r_2'}$ ㉯ $\tau_m =$ 일정, $s_t = r_2'$

㉰ $\tau_m = \propto r_2'$, $s_t = r_2'^2$ ㉱ $\tau_m =$ 일정, $s_t = \frac{1}{r_2'^2}$

답 ㉯

13 권선형 유도전동기에서 비례추이에 대한 관계 설명이다. 이중 옳지 않은 것은?

㉮ 저항 r_2를 삽입하면 최대 토크가 변한다.

㉯ r_2를 크게 하면 s_{tm}은 커진다.

㉰ r_2를 크게 하면 기동전류는 감소한다.

㉱ r_2를 크게 하면 기동 토크도 커진다.

답 ㉮

14 권선형 유도전동기에서 2차 저항을 변화시켜 속도를 제어하는 경우 최대 토크는?

㉮ 최대 토크가 생기는 점의 슬립에 비례한다.

㉯ 최대 토크가 생기는 점의 슬립에 반비례한다.

㉰ 2차 저항에만 비례한다.

㉱ 항상 일정하다.

답 ㉱

15 60 [Hz], 4극, 3상 유도전동기의 2차 효율이 0.95일 때 회전속도는? (단, 기계손은 무시한다.)

㉮ 1780 [rpm] ㉯ 1710 [rpm] ㉰ 1610 [rpm] ㉱ 1510 [rpm]

◆ 풀이 $N = \eta_2 N_s$ [rpm]에서 $0.95 \times 1800 = 1710$ [rpm]

답 ㉯

16 유도전동기의 특성에서 토크 τ와 2차 입력 P_2, 동기속도 N_s의 관계는?

㉮ 토크는 2차 입력에 비례하고, 동기속도에 반비례한다.

㉯ 토크는 2차 입력과 동기속도의 곱에 비례한다.

㉰ 토크는 2차 입력에 반비례하고, 동기속도에 비례한다.

㉱ 토크는 2차 입력의 자승에 비례하고, 동기속도의 자승에 반비례한다.

◆ 풀이 $T = 0.975 \frac{P_2}{N_s} [kg \cdot m]$

답 ㉮

17 극수 P의 3상 유도전동기가 주파수 f[Hz], 슬립 s, 토크 τ[N·m]로 회전하고 있을 때, 기계적 출력 [W]은?

㉮ $\tau \dfrac{4\pi f}{P}(1-s)$ ㉯ $\tau \dfrac{4Pf}{\pi}(1-s)$

㉰ $\tau \dfrac{4\pi f}{P}s$ ㉱ $\tau \dfrac{\pi f}{2P}(1-s)$

답 ㉮

18 220 [V]의 3상 유도전동기의 전부하 슬립이 4 [%]이다. 공급전압이 10 [%] 저하된 경우의 전부하 슬립은 어떻게 되는가?

㉮ 3 [%] ㉯ 4 [%] ㉰ 5 [%] ㉱ 6 [%]

◆ 풀이 $S \propto \dfrac{1}{V^2}$ 이므로 $4 : \dfrac{1}{(220)^2}$, $S' : \dfrac{1}{(220 \times 0.9)^2}$, $S' = 5$ [%] 답 ㉰

19 유도전동기의 최대 토크를 발생하는 슬립을 s_t, 최대출력을 발생하는 슬립을 s_p라 하면 대소 관계는?

㉮ $s_p = s_t$ ㉯ $s_p > s_t$ ㉰ $s_p < s_t$ ㉱ 일정하지 않다.

답 ㉰

20 3상 유도전동기의 전압이 10 [%] 낮아졌을 때 기동 토크는 얼마 감소하는가?

㉮ 5 [%] ㉯ 10 [%] ㉰ 20 [%] ㉱ 30 [%]

◆ 풀이 $T \propto V^2$ 이므로 $(0.9)^2 = 0.81$ 에서 $(1-0.81) \times 100 = 19$ [%] 답 ㉰

21 3상 유도전동기를 불평형전압으로 운전하면 토크와 입력과의 관계는?

㉮ 토크는 증가하고 입력은 감소 ㉯ 토크와 입력이 증가
㉰ 토크는 감소하고 입력은 증가 ㉱ 토크와 입력이 감소

답 ㉰

22 P[kW], N[rpm]의 전동기의 토크는?

㉮ $0.01625 \times \frac{P}{N}$ [kg·m] ㉯ $716 \times \frac{P}{N}$ [kg·m]
㉰ $956 \times \frac{P}{N}$ [kg·m] ㉱ $975 \times \frac{P}{N}$ [kg·m]

답 ㉱

23 동기 와트로 표시되는 것은?

㉮ 토크 ㉯ 동기각속도 ㉰ 1차 입력 ㉱ 2차 출력

◆ 풀이 유도전동기에서 토크는 2차 입력으로 표시되는데, 이것을 동기와트로 표시한 토크와 같다.

답 ㉮

24 3상 유도전동기의 원선도를 그리는 데 필요하지 않은 것은?

㉮ 단락시험 ㉯ 무부하시험 ㉰ 슬립 측정 ㉱ 저항 측정

◆ 풀이 원선도 측정법 : ① 저항 측정, ② 무부하시험, ③ 단락시험

답 ㉰

25 3상 유도전동기의 원선도를 그리는 데 필요하지 않는 실험은?

㉮ 회전수측정 ㉯ 구속시험 ㉰ 무부하시험 ㉱ 권선저항측정

답 ㉮

26 유도전동기의 원선도에서 구할 수 없는 것은?

㉮ 1차 입력　　㉯ 기계적 출력　　㉰ 1차 동손　　㉱ 동기 와트

답 ㉯

27 유도전동기의 원선도에서 원의 지름은? (여기서, E를 전압, r은 1차로 환산한 저항, x를 1차로 환산한 누설 리액턴스라 한다.)

㉮ $\frac{E}{r}$에 비례　　㉯ $\frac{E}{x}$에 비례　　㉰ rE에 비례　　㉱ rxE에 비례

답 ㉯

28 그림과 같은 3상 유도전동기의 원선도에서 P점과 같은 부하 상태로 운전할 때 2차 효율은?

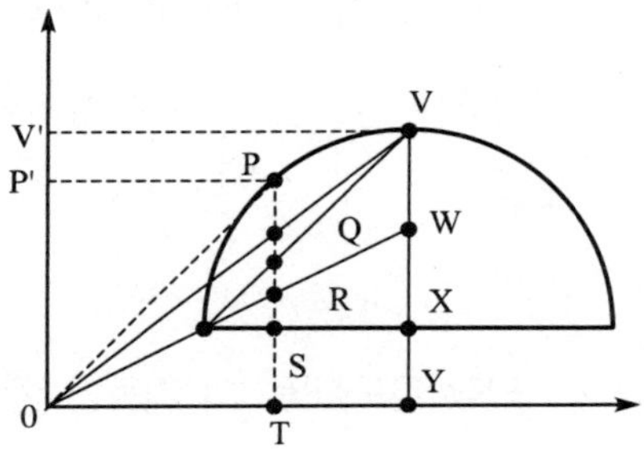

㉮ $\frac{PQ}{PR}$　　㉯ $\frac{PQ}{PT}$

㉰ $\frac{PR}{PT}$　　㉱ $\frac{PR}{PS}$

답 ㉮

29 다음은 3상 유도전동기 원선도이다. 역률 [%]은 얼마인가?

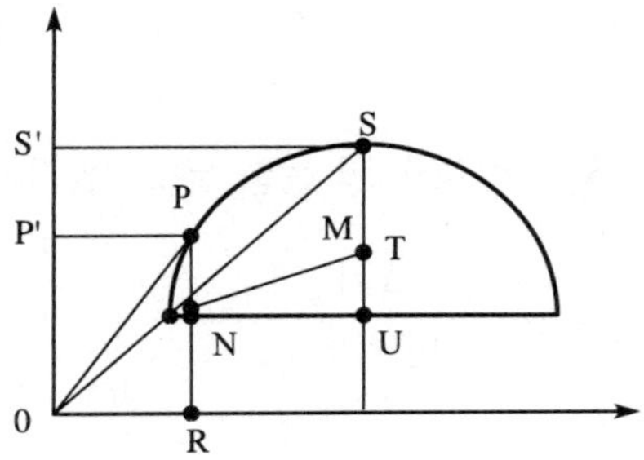

㉮ $\frac{OS'}{OS}\times 100$　　㉯ $\frac{SS'}{OS}\times 100$

㉰ $\frac{OP'}{OP}\times 100$　　㉱ $\frac{OS'}{OP}\times 100$

답 ㉰

30 비례추이와 관계가 있는 전동기는?

㉮ 동기전동기　　㉯ 3상 유도전동기
㉰ 단상 유도전동기　　㉱ 정류자전동기

답 ㉯

31 유도전동기의 토크 속도특성곡선이 비례추이(proportional shifting)한다는 것은 그 곡선이 무엇에 비례해서 이동하는 것을 말하는가?

㉮ 슬립　　㉯ 회전수　　㉰ 공급전압　　㉱ 2차 합성저항

답 ㉱

32 유도전동기에서 비례추이하지 않는 것은?

㉮ 1차 전류　　㉯ 동기와트　　㉰ 효율　　㉱ 역률

답 ㉰

33 단상 유도전동기의 기동법 중에서 기동토크가 가장 작은 것은?

㉮ 반발유도형　　㉯ 반발기동형
㉰ 콘덴서 분상형　　㉱ 분상기동형

◆ 풀이　기동토크 순서 : 반 → 콘 → 분 → 세

답 ㉱

34 20 [kW]의 농형 유도전동기의 기동에 가장 적당한 방법은?

㉮ Y-Δ 기동　　㉯ 기동보상기에 의한 기동
㉰ 저항기동　　㉱ 직접기동

◆ 풀이　① 직입(전전압)기동 : 10 [kW] 이하
② Y-Δ기동 : 5~15 [kW] 이하
③ 기동보상기법 : 20 [kW]

답 ㉯

35 10 [kW]의 농형 유도전동기의 기동에 가장 적합한 방법은?

㉮ Y−Δ기동　　㉯ 기동보상기법
㉰ 직입기동　　㉱ 2차 저항기동법

답 ㉮

36 단상 유도전동기 중 콘덴서 기동전동기의 특징은?

㉮ 기동 토크가 크다.　　㉯ 기동전류가 크다.
㉰ 소출력의 것에 쓰인다.　　㉱ 정류자, 브러시 등을 이용한다.

답 ㉮

37 3상 권선형 유도전동기의 기동법은?

㉮ 변연장 Δ 결선법　　㉯ 콘드르파법
㉰ 게르게스법　　㉱ 기동보상기법

◆ 풀이 3상 권선형 유도전동기 기동법은 기동저항기법, 게르게스법이 있다.

답 ㉰

38 저항분상기동형 단상 유도전동기의 기동권선의 저항 R 및 리액턴스 X의 주권선에 대한 대소관계는?

㉮ R : 대, X : 대　　㉯ R : 대, X : 소
㉰ R : 소, X : 대　　㉱ R : 소, X : 소

◆ 풀이 기동권선이 주권선보다 위상이 앞서기 위해
저항은 크고 리액턴스는 적게 하였다.

답 ㉯

39 인견공업에 쓰여지는 포트 모터(pot motor)의 속도제어는?

㉮ 주파수변화에 의한 제어　　㉯ 극수변환에 의한 제어
㉰ 1차 회전에 의한 제어　　㉱ 저항에 의한 제어

◆ 풀이　농형유도전동기 속도제어　　**답** ㉮
① 주파수제어 : 역률이양호, 인견공업의 pot 전동기, 선박의 전기추진기 사용
② 극수변환법
③ 전압제어

40 3상 유도전동기의 속도를 제어시키고자 한다. 적합하지 않은 방법은?

㉮ 주파수 변환법　　㉯ 종속법
㉰ 2차 여자법　　㉱ 전전압법

◆ 풀이　전전압법은 농형 유도전동기의 기동법이다.　　**답** ㉱

41 유도전동기의 속도제어법 중 저항제어와 무관한 것은?

㉮ 농형 유도전동기　　㉯ 비례추이
㉰ 속도제어가 간단하고 원활함　　㉱ 속도 조정범위가 적다.

◆ 풀이　저항제어는 권선형 전동기　　**답** ㉮

42 권선형 유도전동기와 직류분권 전동기와의 유사한 점 두 가지는?

㉮ 정류자가 있다. 저항으로 속도조정이 된다.
㉯ 속도변동률이 적다. 저항으로 속도조정이 된다.
㉰ 속도변동률이 적다. 토크가 전류에 비례한다.
㉱ 속도가 가변, 기동 토크가 기동전류에 비례한다.

답 ㉯

43 유도전동기의 속도제어법에서 역률이 높은 순서로 되어 있는 것은? (단, A : 1차 전압제어, B : 2차 저항에저, C : 극수변화, D : 주파수 제어법이다.)

㉮ CBDA ㉯ DCAB
㉰ CDBA ㉱ ABCD

◆ 풀이 속도제어법 중 가장 우수한 것은 주파수제어, 가장 나쁜 것은 저항제어 **답** ㉯

44 3상 권선형 유도전동기의 속도제어를 위해서 2차 여자법을 사용하고자 한다. 그 방법은?

㉮ 1차 권선에 가해주는 전압과 동일한 전압을 회전자에 인가한다.
㉯ 직류전압을 3상 일괄해서 회전자에 인가한다.
㉰ 회전자주파수와 같은 주파수의 전압을 회전자에 인가한다.
㉱ 회전자에 저항을 넣어 그 값을 변화시킨다.

◆ 풀이 2차여자법 : 회전자 기전력과 같은 주파수인가(슬립주파수) **답** ㉰

45 유도전동기의 슬립을 측정하려고 한다. 슬립의 측정법이 아닌 것은?

㉮ 직류 밀리볼트계법 ㉯ 수화기법
㉰ 스트로보스코우프법 ㉱ 프로니 브레이크법

답 ㉱

46 유도전동기의 회전자에 슬립 주파수의 전압을 공급하여 속도를 제어하는 방법은?

㉮ 2차 저항법 ㉯ 직류여자법
㉰ 주파수변환법 ㉱ 2차여자법

답 ㉱

47 권선형 유도전동기 두 대를 직렬종속으로 운전하는 경우 그 동기속도는 어떤 전동기의 속도와 같은가?

㉮ 두 전동기 중 적은 극수를 갖는 전동기와 같은 전동기
㉯ 두 전동기 중 많은 극수를 갖는 전동기와 같은 전동기
㉰ 두 전동기의 극수의 합과 같은 극수를 갖는 전동기
㉱ 두 전동기의 극수의 차와 같은 극수를 갖는 전동기

◆ 풀이 종속접속법 답 ㉰

① 직렬종속 $N=\dfrac{120}{P_1+P_2}f\,[\text{rpm}]$

② 차동종속 $N=\dfrac{120}{P_1-P_2}f\,[\text{rpm}]$

③ 병렬종속 $N=2\times\dfrac{120}{P_1+P_2}f\,[\text{rpm}]$

48 60 [Hz]의 3상 8극 및 2극의 유도전동기를 차동종속으로 접속하여 운전할 때의 무부하속도 [rpm]는?

㉮ 3600 ㉯ 1200 ㉰ 900 ㉱ 720

◆ 풀이 $N=\dfrac{120}{P_1-P_2}f=\dfrac{120}{8-2}\times 60=1200\,[\text{rpm}]$ 답 ㉯

49 16극과 8극의 유도전동기를 병렬종속 접속법으로 속도제어를 할 때 전원주파수가 60 [Hz]인 경우 무부하속도 N_0는 대략 몇 [rpm]인가?

㉮ 900 ㉯ 720 ㉰ 600 ㉱ 300

◆ 풀이 $N=2\times\dfrac{120}{P_1+P_2}f=2\times\dfrac{120}{16+8}\times 60=600\,[\text{rpm}]$ 답 ㉰

50 일정 토크 부하에 알맞은 유도전동기의 주파수제어에 의한 속도제어방법을 사용할 때 공급 전압과 주파수와의 관계는?

㉮ 공급전압이 항상 일정하여야 한다.
㉯ 공급전압과 주파수는 반비례되어야 한다.
㉰ 공급전압과 주파수는 비례되어야 한다.
㉱ 공급전압의 자승에 반비례하는 주파수를 공급하여야 한다.

답 ㉰

51 3상 유도전동기의 전원주파수를 변화하여 속도를 제어하는 경우 전동기의 출력 P와 주파수 f와의 관계는?

㉮ $P \propto f$　㉯ $P \propto \frac{1}{f}$　㉰ $P \propto f^2$　㉱ P는 f에 무관

답 ㉮

52 소형 유도전동기의 슬롯을 사구(skew slot)로 하는 이유는?

㉮ 토크 증가　㉯ 게르게스 현상의 방지
㉰ 크로우링 현상의 방지　㉱ 제동 토크의 증가

답 ㉰

53 2중 농형 전동기가 보통 농형 전동기에 비해서 다른 점은?

㉮ 기동전류가 크며, 기동 토크도 크다.
㉯ 기동전류가 적으며, 기동 토크도 적다.
㉰ 기동전류는 적고, 기동 토크는 크다.
㉱ 기동전류는 크고, 기동 토크는 적다.

답 ㉰

54 유도전동기의 슬립을 측정하려고 한다. 슬립의 측정법이 아닌 것은?

㉮ 직류 밀리볼트계법 ㉯ 수화기법
㉰ 스트로보스코우프법 ㉱ 프로니 브레이크법

답 ㉱

55 3상 유도전동기에 있어서 제5고조파에 의한 기전력의 회전방향 및 속도가 기본파 회전자계에 대한 관계는?

㉮ 기본파와 같은 방향이고 5배의 속도
㉯ 기본파와 반대방향이고 5배의 속도
㉰ 기본파와 같은 방향이고 1/5배의 속도
㉱ 기본파와 반대방향이고 1/5배의 속도

답 ㉱

56 유도전동기에서 공간적으로 본 고정자에 의한 회전자계와 회전자에 의한 회전자계는?

㉮ 슬립만큼의 위상각을 가지고 회전한다.
㉯ 항상 동상으로 회전한다.
㉰ 역률각만큼의 위상각을 가지고 회전한다.
㉱ 항상 180°만큼의 위상각을 가지고 회전한다.

답 ㉯

57 탁상선풍기용 전동기의 속도조정방법은?

㉮ 2차 저항가감 ㉯ 주파수조정
㉰ 전압조정 ㉱ 극수 바꿈

답 ㉰

58 단상 유도전압조정기에 대한 설명 중 틀린 것은?

㉮ 교번자계의 전자유도작용을 이용한다.
㉯ 회전자계에 의한 유도작용을 이용한다.
㉰ 무단으로 스무드(smooth)하게 전압이 조정된다.
㉱ 전압위상의 변화가 없다.

답 ㉯

59 단상 유도전압 조정기에 단락권선을 1차 권선과 직각으로 놓는 이유는?

㉮ 2차 권선의 누설 리액턴스 강하를 방지
㉯ 2차 권선의 주파수를 변환시키는 작용
㉰ 2차의 단자전압과 1차 단자전압과 위상을 같게 한다.
㉱ 부하시에 전압조정을 용이하게 하기 위해서

답 ㉮

60 단상 유도전압조정기와 3상 유도전압조정기의 비교 설명으로 잘못된 것은?

㉮ 모두 회전자와 고정자가 있으며 한편에 1차 권선을, 다른편에 2차 권선을 둔다.
㉯ 모두 입력전압과 이에 대응한 출력전압 사이에 위상차가 있다.
㉰ 단상 유도전압조정기에는 단락 코일이 필요하나 3상에서는 필요 없다.
㉱ 모두 회전자의 회전각에 따라 조정된다.

답 ㉯

61 단상 유도전압조정기의 1차전압 100 [V], 2차전압 100 ± 30 [V], 2차 전류는 50 [A]이다. 이유도 전압 조정기의 정격 용량[kVA]은?

㉮ 1.5 ㉯ 3.5 ㉰ 5 ㉱ 6.5

◆ 풀이 단상유도전압 조정기 용량 $W = E_2 I_2 \times 10^{-3}$[kVA]에서
E_2는 조정전압으로 30 [V], 따라서 $30 \times 50 \times 10^{-3} = 1.5$[kVA]

답 ㉮

62 단상 유도전압조정기의 1차 권선과 2차 권선의 축 사이 각도를 α 라 하고, 양 권선의 축이 일치할 때 2차 권선의 유기 전압을 E_2, 전원 전압을 V_1, 부하측의 전압을 V_2라고 하면 임의의 각 α 일 때의 V_2를 나타내는 식은?

㉮ $V_2 = V_1 + E_2 \cos\alpha$　　㉯ $V_2 = V_1 - E_2 \cos\alpha$

㉰ $V_2 = E_2 + V_1 \cos\alpha$　　㉱ $V_2 = E_2 - V_1 \cos\alpha$

답 ㉮

63 1차 전압과 2차 전압간의 위상이 같도록 설계된 유도전압조정기는?

㉮ 3상 유도전압조정기　　㉯ 대각 유도전압조정기

㉰ 단상 유도전압조정기　　㉱ 회전 변류기

답 ㉯

64 3상 유도 전압 조정기의 원리는?

㉮ 회전 자장　㉯ 이동 자장　㉰ 교번 자장　㉱ 정전 자장

답 ㉮

CHAPTER

05 정류기

CHAPTER
05 정류기

5.1 전력용 반도체소자 및 정류 회로

1) 회전변류기의 구조 및 원리

슬립링을 통해서 교류를 가하면 회전자는 동기 전동기의 전기자로서 회전함과 동시에 직류 발전기의전기자로 작용하여 직류를 발생한다.

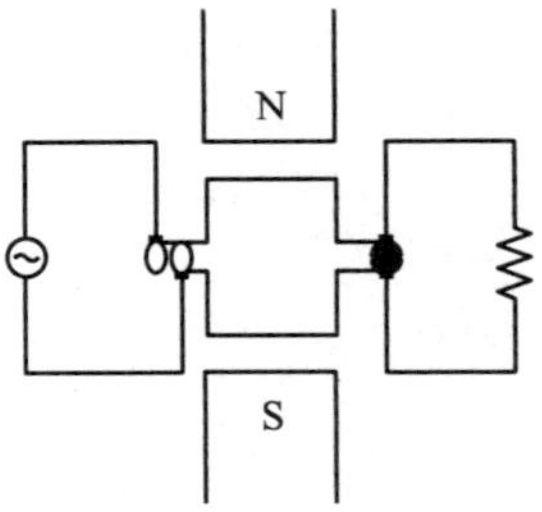

(1) 전압비 : $\frac{E_a}{E_d} = \frac{1}{\sqrt{2}} sin\frac{\pi}{m}$ (m : 상수)

(2) 전류비 : $\frac{I_a}{I_d} = \frac{2\sqrt{2}}{m\cos\theta}$

2) 난조 (동기 전동기)

운전중 부하 급변시 새로운 부하각을 중심으로 진동하는 현상

(1) 발생원인

① 브러쉬의 위치가 중성점보다 늦은 위치에 있는 경우

② 직류측 부하가 급변하는 경우

③ 교류측 주파수가 주기적으로 변하는 경우

⑤ 역률이 감소한 경우

⑥ 전기자 회로의 저항이 리액턴스에 비해 큰 경우

(2) 방지 대책 : 제동 권선

3) 직류 전압 조정법

(1) 직렬리액터에 의한 방법

(2) 유도 전압 조정기에 의한 방법

(3) 동기 승압기에 의한 방법

(4) 부하시 전압조정기를 사용하는 방법

* 정류 회로

1) 단상반파 정류 회로 (반파 정현파)

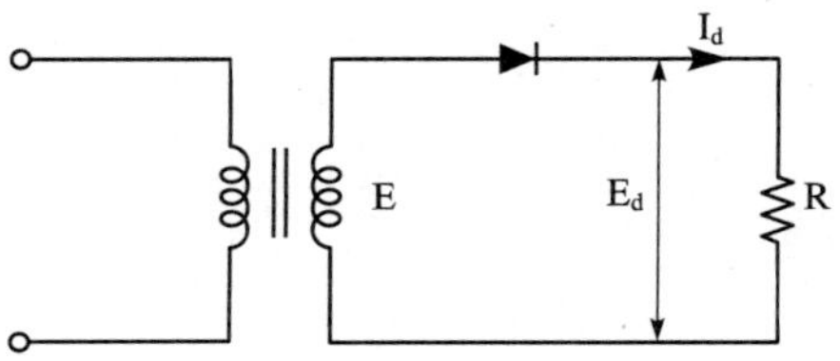

(1) $E_d = \frac{1}{2\pi}\int_0^{\pi}\sqrt{2}E\sin\theta d\theta = \frac{\sqrt{2}}{\pi}E$

$E_d = \frac{2}{\pi}E_m = \frac{2\sqrt{2}}{\pi}E = 0.9E$

(2) $E_d = \frac{2\sqrt{2}}{\pi}E - e \rightarrow \quad E = \frac{\pi}{2\sqrt{2}}(E_d + e)$

(3) PIV(첨두역전압) $= \sqrt{2}E = \pi(E_d + e)$

(4) 정류 효율

$$\eta = \frac{P_{DC}}{P_{AC}}\times 100 = \frac{{I_d}^2 R}{I^2 R}\times 100$$

$$= \frac{\left(\frac{2}{\pi}I_m\right)^2 R}{\left(\frac{I_m}{\sqrt{2}}\right)^2 R}\times 100 = 81.2[\%]$$

➡ 브리지 회로

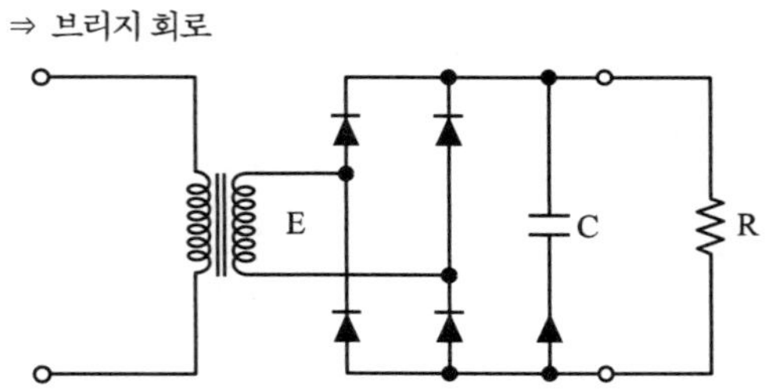

① $E_d = \frac{2}{\pi}E_m = \frac{2\sqrt{2}}{\pi}E = 0.9E$

② $I_d = \frac{E_d}{R}$

③ PIV$= \sqrt{2}\,E$

2) 3상 반파 정류 회로

$E_d = 1.17E$

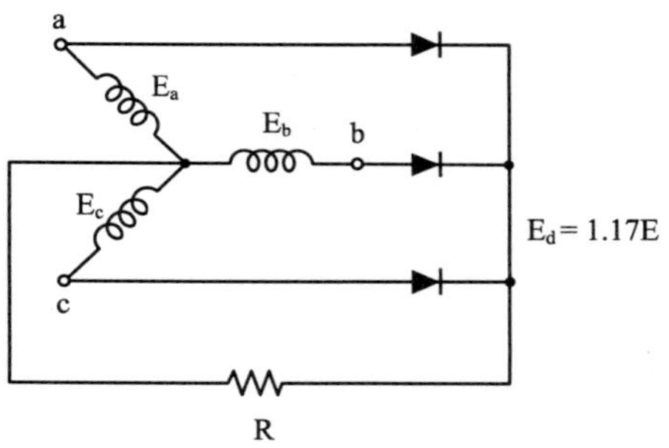

3) 3상전파 정류 회로
(3상 브릿지 회로)

$E_d = 1.35E$

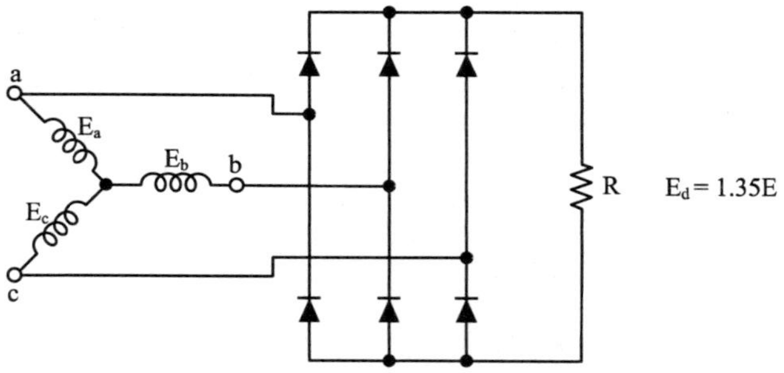

5.2 사이리스터의 위상제어 정류 회로

1) SCR의 특성

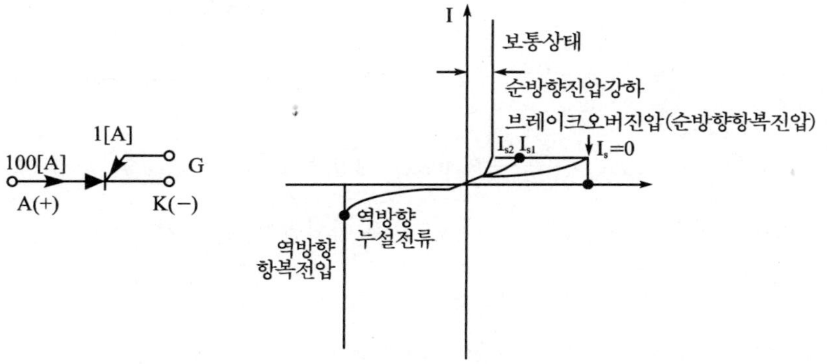

(1) SCR turn on 조건

① 양극과 음극간에 브레이크 오버전압 이상의 전압 인가($I_g = 0$)

② 게이트에 래칭 전류 이상의 전류인가(펄스 전류)

참고 ① turn on 시간 : 게이트 전류를 가하여 도통 완료까지의 시간

② 래칭 전류 : SCR을 turn on 시키기 위하여 게이트에 흘려야 할 최소 전류 (0[mA])

③ 유지 전류 : SCR이 on 상태를 유지하기 위한 최소전류

(2) SCR turn off 조건

① 애노드의 극성을 부(-)로 한다.

② SCR에 흐르는 전류를 유지 전류 이하로 한다.

2) SCR의 위상 제어

(1) 단상 반파 정류 회로 : $E_d = \dfrac{\sqrt{2}}{\pi}E\left(\dfrac{1+\cos\alpha}{2}\right)$

➡ 부하가 인덕턴스를 포함한 경우 : L(=∞)이 크면 클수록 완전한 직류가 된다.

(2) 단상 전파 정류 회로

① 저항만의 부하

: $E_d = \frac{2\sqrt{2}}{\pi}E\left(\frac{1+\cos\alpha}{2}\right)$

$= 0.45E(1+\cos\alpha)$

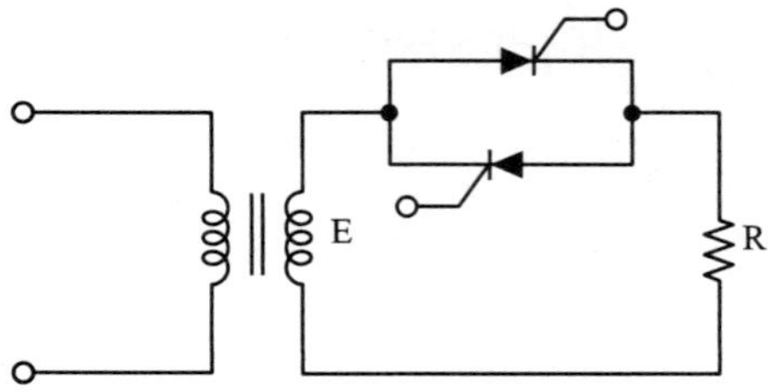

② 유도성 부하 : $E_d = \frac{2\sqrt{2}}{\pi}E\cos\alpha = 0.9E\cos\alpha$

SCR은 항상 부하 역률각보다 큰 범위에서만 제어가 가능하다.

(제어각 > 역률각)

(3) 3상 반파 정류 회로 : $E_d = \frac{3\sqrt{6}}{2\pi}E\cos\alpha = 1.17E\cos\alpha$

(4) 3상 전파 정류 회로 : $E_d = \frac{3\sqrt{2}}{2\pi}E\cos\alpha = 1.35E\cos\alpha$

5.3 사이리스터의 응용 회로

1) 컨버터 회로

교류-교류 전력제어 장치로서 주파수의 변화는 없고 전압의 크기만을 바꾸어주는 교류전력제어장치와 주파수 및 전압의 크기까지 바꾸는 사이클로 컨버터가 있다.

2) 초퍼 회로

직류-직류 전력제어 장치로서 강압형 초퍼와 승압형 초퍼가 있다. 주로 직류전동기제어에 널리 사용된다.

(1) 강압형 초퍼 : $E_2 = \frac{T_{on}}{T} \times E_1 [V]$

여기서, $T = T_{on} + T_{off}$로 스위칭 주기이다.

(2) 승압형 초퍼 : $E_2 = \frac{T}{T_{off}} \times E_1 [V]$

3) 인버터 회로

직류를 교류로 변환하는 장치를 인버터 또는 역변환 장치라고 한다.

연습문제

01 직류를 교류로 변환하는 장치는?

㉮ 정류기　　㉯ 충전기　　㉰ 순변환 장치　　㉱ 역변환 장치

◆ 풀이　교류를 직류로 변화하는 장치를 정류기, 순변환 장치라 하며
직류를 교류로 변화시키는 역변환 장치를 역변환 장치라 한다.　**답** ㉱

02 회전변류기의 직류측 전압조정방법에 속하지 않는 것은?

㉮ 변압기의 탭변환법　　㉯ 저항조정
㉰ 유도전압 조정기의 사용　　㉱ 리액턴스 조정

답 ㉯

03 6상 회전변류기의 직류측 전압 E_d와 교류측 전압 E_a의 실효값과의 비 E_d/E_a는?

㉮ $\sqrt{2}/2$　　㉯ $\sqrt{2}$　　㉰ $\sqrt{3}$　　㉱ $2\sqrt{2}$

◆ 풀이　6상 회전변류기 $\dfrac{E_a}{E_d}=\dfrac{1}{2\sqrt{2}}$ 이므로 $\dfrac{E_d}{E_a}=2\sqrt{2}$　**답** ㉱

04 회전변류기의 직류측 선로 전류와 교류측 선로전류의 실효값과의 비는? (단, m은 상수이다.)

㉮ $\dfrac{2\sqrt{2}}{m\sin\theta}$　　㉯ $\dfrac{m\cos\theta}{2\sqrt{2}}$　　㉰ $\dfrac{2\sqrt{2}\sin\theta}{m}$　　㉱ $\dfrac{2\sqrt{2}}{m\cos\theta}$

◆ 풀이　$\dfrac{I}{Id}=\dfrac{2\sqrt{2}}{m\cos\theta}$ 이므로 $\dfrac{Id}{I}=\dfrac{m\cos\theta}{2\sqrt{2}}$　**답** ㉯

05 교류를 직류로 변환하는 전기 기기가 아닌 것은?

㉮ 전동발전기 ㉯ 회전변류기 ㉰ 단극발전기 ㉱ 수은정류기

답 ㉰

06 고전압, 대전력 정류기로 가장 적당한 것은?

㉮ 회전변류기 ㉯ 수은정류기 ㉰ 전동발전기 ㉱ 베르토로(vertoro)

답 ㉯

07 6상식 수은정류기의 무부하시에 있어서 직류측 전압 [V]은? (단, 교류전압을 E[V], 격자제어 위상각 및 정류관에서의 전압강하는 무시한다.)

㉮ $\dfrac{3\sqrt{2}}{\pi}E$ ㉯ $\dfrac{\sqrt{2}\,\pi}{3}E$

㉰ $\dfrac{\sqrt{3}\,\pi}{3}E$ ㉱ $\dfrac{\sqrt{2}}{2\pi}E$

답 ㉮

08 실리콘 정류기의 최고허용온도는 몇 [℃]인가?

㉮ 20～50 ㉯ 60～90 ㉰ 100～130 ㉱ 140～200

답 ㉱

09 반도체 정류기 중에서 역방향 내전압이 가장 큰 것은?

㉮ 실리콘 정류기 ㉯ 게르마늄 정류기

㉰ 셀렌 정류기 ㉱ 아산화구리 정류기

답 ㉮

10 단상 전파정류의 맥동률 γ는?

㉮ 0.17 ㉯ 0.34 ㉰ 0.48 ㉱ 0.96

답 ㉰

11 3상 수은정류기의 직류측 전압 E_d와 교류측 전압 E의 비 E_d/E는?

㉮ 0.855 ㉯ 1.02 ㉰ 1.17 ㉱ 1.86

◆ 풀이 수은정류기

① 3상 $Ed = 1.17E$

② 6상 $Ed = 1.35E$

답 ㉰

12 일반적으로 전철이나 화학용과 같이 비교적 용량이 큰 수은정류기용 변압기의 2차측 결선방식으로 쓰이는 것은?

㉮ 3상 반파 ㉯ 6상 2중 성형

㉰ 3상 크로즈파 ㉱ 3상 전파

답 ㉯

13 3상 반파정류회로에서 맥동률은 몇 [%]인가? (단, 부하는 저항부하이다.)

㉮ 약 10 ㉯ 약 17 ㉰ 약 28 ㉱ 약 40

답 ㉯

14 그림은 반파정류회로이다. 변압기 2차 전압의 실효값을 E[V]라 할 때 직류전류의 평균값은? (단, 정류기의 전압강하는 무시한다.)

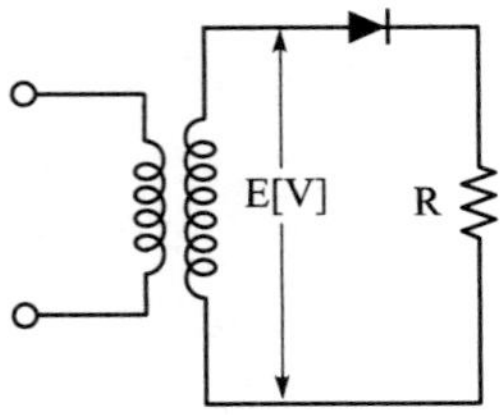

㉮ $\dfrac{E}{R}$　　㉯ $\dfrac{1}{2}\dfrac{E}{R}$

㉰ $\dfrac{2\sqrt{2}}{\pi}\dfrac{E}{R}$　　㉱ $\dfrac{\sqrt{2}}{\pi R}E$

◆ 풀이 $Ed=\dfrac{\sqrt{2}}{\pi}E$ 에서

$$Id=\frac{Ed}{R}=\frac{\dfrac{\sqrt{2}}{\pi}E}{R}=\frac{\sqrt{2}\,E}{\pi R}$$

답 ㉱

15 단상 반파정류로 직류전압 150 [V]를 얻으려고 한다. 최대역전압은 몇 [V] 이상의 다이오드를 사용하여야 하는가? (단, 정류회로 및 변압기의 전압강하는 무시한다.)

㉮ 약 150 [V]　　㉯ 약 166 [V]　　㉰ 약 333 [V]　　㉱ 약 470 [V]

◆ 풀이 반파일 때 역전압 첨두값 $PIV=\sqrt{2}\,E=\sqrt{2}\times 333=471\,[\text{V}]$

반파일 대 직류전압 $Ed=0.45\,E$ 에서 $E=\dfrac{Ed}{0.45}=\dfrac{150}{0.45}=333\,[\text{V}]$

답 ㉱

16 단상 반파정류회로에서 변압기 2차 전압의 실효값을 E[V]라 할 때 직류전류 평균값[A]은 얼마인가? (단, 정류기의 전압강하는 e[V]이다.)

㉮ $\left(\dfrac{\sqrt{2}}{\pi}E-e\right)\Big/ R$　　㉯ $\dfrac{1}{2}\cdot\dfrac{E-e}{R}$

㉰ $\dfrac{2\sqrt{2}}{\pi}\cdot\dfrac{E}{R}$　　㉱ $\dfrac{\sqrt{2}}{\pi}\cdot\dfrac{E-e}{R}$

답 ㉮

17 그림에서 V를 교류전압 v의 실효값이라고 할 때 단상 전파정류에서 얻을 수 있는 직류전압 e_d의 평균값은?

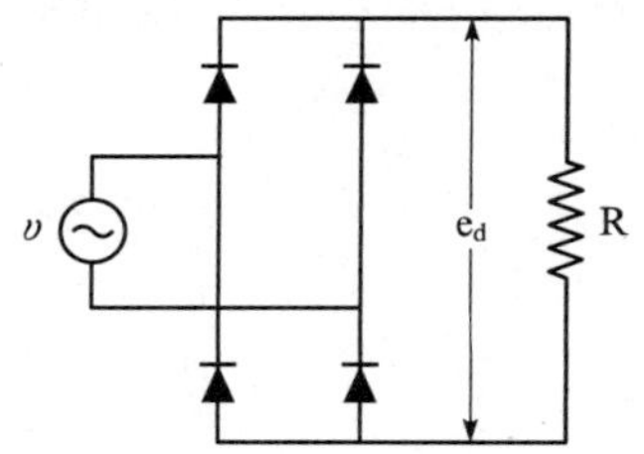

㉮ 2 [V] ㉯ 1.5 [V]
㉰ 1 [V] ㉱ 0.9 [V]

◆ 풀이 반파일 때 $Ed = 0.45E$, 전파일 때 $Ed = 0.9E$ **답** ㉱

18 그림과 같은 정류회로의 전류계의 지시값은 얼마인가? (단, 전류계는 가동 코일형이고, 정류기의 저항은 무시한다.)

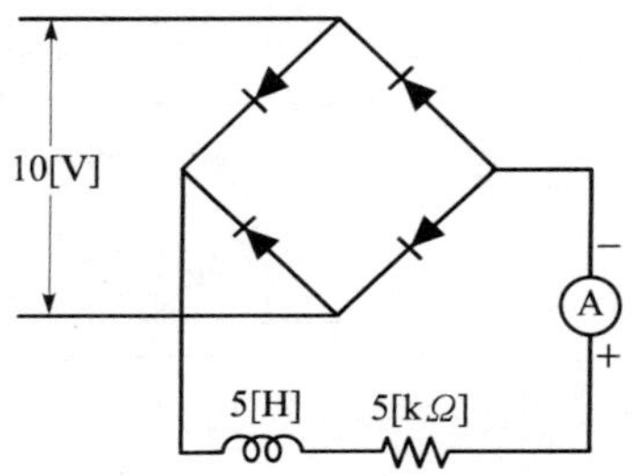

㉮ 9 [mA] ㉯ 6.4 [A]
㉰ 4.5 [mA] ㉱ 1.8 [mA]

◆ 풀이 전류계 지시전류는 직류이고, 전파이므로 **답** ㉱

$$I_d = \frac{E_d}{R} = \frac{0.9E}{R} = \frac{0.9 \times 10}{5000} = 1.8 \times 10^{-3}[\mathrm{A}] = 1.8[\mathrm{mA}]$$

19 단상 전파정류회로에 입력교류전압 100 [V]를 인가하면 출력직류전압은? (단, 소자에서의 전압강하는 무시한다. 그리고 부하는 순저항부하라고 한다.)

㉮ 45 [V] ㉯ 90 [V ㉰ 100 [V] ㉱ 117 [V]

◆ 풀이 전파일 때 직류전압 $Ed = 09E$ 이므로 $Ed = 0.9 \times 100 = 90[\mathrm{V}]$ **답** ㉯

20 다음 전파 정류회로의 원도면이 맞는 것은?

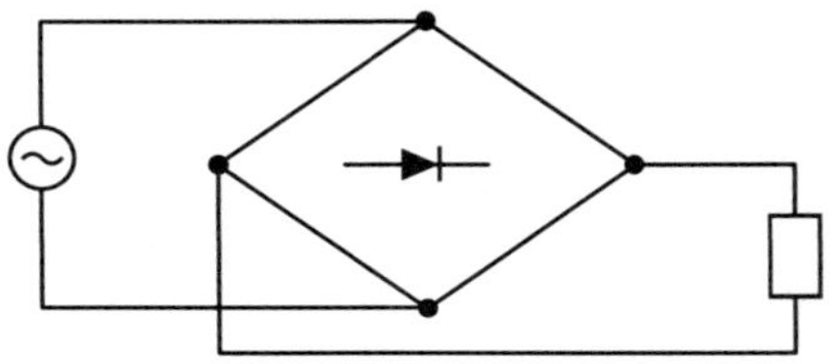

㉮

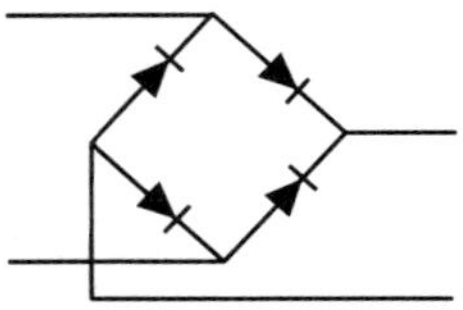

㉯

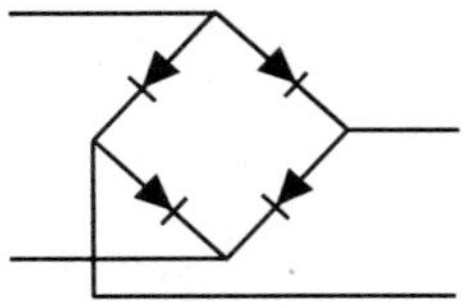

㉰

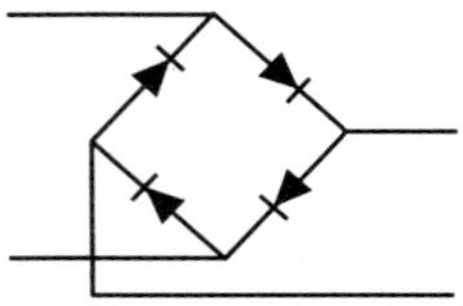

㉱

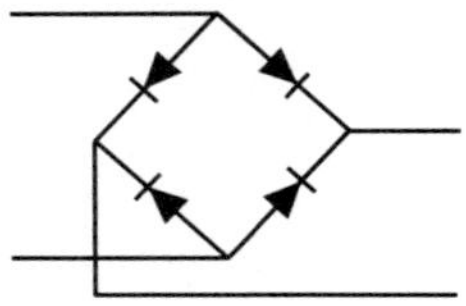

답 ㉮

21 그림과 같은 단상 전파정류회로에서 첨두역전압은? (단, 변압기 2차측 a, b 간 전압은 200 [V]이고, 정류기의 전압강하는 20 [V]이다.)

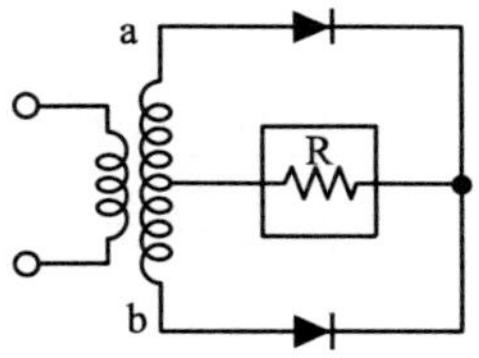

㉮ 100 [V]

㉯ 200 [V]

㉰ 262 [V]

㉱ 282 [V]

◆ 풀이 전파일 때 역전압첨두값 $PIV = 2\sqrt{2}E = (2\sqrt{2} \times 100) - 20 = 262$ [V]

답 ㉰

22 위상제어를 하지 않은 단상 반파정류회로에서 소자의 전압강하를 무시할 때 직류평균값 E_d는? (단, E는 직류권선의 상전압(실효값))

㉮ $E_d = 0.45E$ ㉯ $E_d = 0.90E$ ㉰ $E_d = 1.17E$ ㉱ $E_d = 1.46E$

답 ㉮

23 SCR 기호로 옳은 것은?

㉮ 

㉯ 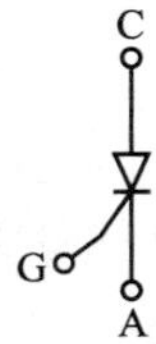

㉰ 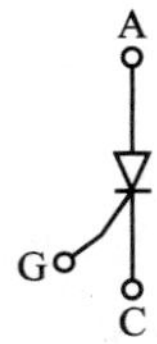

㉱ 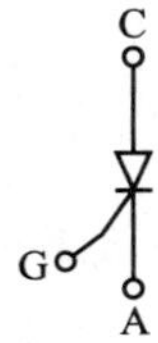

답 ㉰

24 다이리스터 중 3단자 다이리스터가 아닌 것은?

㉮ SCR ㉯ GTO ㉰ LASCR ㉱ SCS

답 ㉱

25 2방향성 3단자 다이리스터의 대표적인 것은?

㉮ SCR ㉯ SSS ㉰ SCS ㉱ TRIAC

답 ㉱

26 2개의 SCR로 단상 전파정류를 하여 $\sqrt{2} \times 100$ [V]의 직류전압을 얻는 데 필요한 1차측 교류전압 [V]은?

㉮ 111 ㉯ 141 ㉰ 157 ㉱ 314

◆ 풀이 전파일 때 $E_d = 0.9E$ 이므로 $E = \frac{E_d}{0.9} = \frac{100\sqrt{2}}{0.9} = 157$ [V]

답 ㉯

27 SCR의 설명으로 적당하지 않은 것은?

㉮ 게이트 전류(I_G)로 통전전압을 가변시킨다.

㉯ 주전류를 차단하려면 게이트 전압을 (0) 또는 (−)로 해야 한다.

㉰ 게이트 전류의 위상각으로 통전전류의 평균값을 제어시킬 수 있다.

㉱ 대전류제어 정류용으로 이용된다.

◆ 풀이 주전류를 차단하려면 에노드 전압을 (0) 또는 (−)로 해야 한다. 답 ㉯

28 SCR과 관계있는 것은?

㉮ 유지전류(holding current) 이상이 되면 순방향 저지상태가 된다.

㉯ 래칭 전류(latching current)는 항상 유지전류보다 적다.

㉰ 브레이크 오버 전압(break over voltage)이 되면 애노드 전류가 갑자기 커진다.

㉱ 브레이크 다운 전압(break down voltage) 이상이 되면 역방향으로 턴 온하게 된다.

답

29 SCR 2개를 사용한 단상 전파정류회로에서 직류전압 100 [V]를 얻으려면 1차에 몇 [V]의 교류전압이 필요하며, 역전압첨두값(PIV)은 몇 [V]인 다이오드를 사용하면 되는가?

㉮ 111 [V], PIV=222 [V]

㉯ 111 [V], PIV=314 [V]

㉰ 166 [V], PIV=222 [V]

㉱ 166 [V], PIV=314 [V]

◆ 풀이 전파일 때 역전압첨두값 $PIV = 2\sqrt{2}E = 2\sqrt{2} \times 111 = 314[V]$ 답 ㉯

전파일 때 $E_d = 0.9E$ 이므로 $E = \frac{E_d}{0.9} = \frac{100}{0.9} = 111[V]$

30 다이리스터(thyristor)에서의 래칭 전류(latching current)에 관한 설명으로 맞는 것은?

㉮ 게이트를 개방한 상태에서 다이리스터 도통상태를 유지하기 위한 최소의 순전류이다.
㉯ 게이트 전압을 인가한 후에 급히 제거한 상태에서 도통상태가 유지되는 최소의 순전류이다.
㉰ 다이리스터의 게이트를 개방한 상태에서 전압을 상승하면 급히 증가하게 되는 순전류이다.
㉱ 다이리스터가 turn-on하기 시작하는 순전류이다.

답 ㉱

31 SCR(실리콘 정류소자)의 특징이 아닌 것은?

㉮ 아크가 생기지 않으므로 열의 발생이 적다.
㉯ 과전압에 약하다.
㉰ 게이트에 신호를 인가할 때부터 도통할 때까지의 시간이 짧다.
㉱ 전류가 흐르고 있을 때의 양극전압강하가 크다.

답 ㉱

32 다이리스터(thyristor)의 기본동작원리 중 양극전위가 (−), 음극전위가 (+), 게이트 조건이 OFF이고 특성조건이 누설전류가 급증하였을 때의 다이리스터의 상태는?

㉮ OFF ㉯ ON ㉰ ON → OFF ㉱ OFF → ON

답 ㉯

33 다이오드를 사용한 정류회로에서 과대한 부하전류에 의해 다이오드가 파손될 우려가 있을 때의 조치로 가장 적당한 것은?

㉮ 다이오드를 병렬로 추가한다.
㉯ 다이오드를 직렬로 추가한다.
㉰ 다이오드 양단에 적당한 값의 저항을 추가한다.
㉱ 다이오드 양단에 적당한 값의 콘덴서를 추가한다.

◆ 풀이 다이오드 연결 ① 병렬접속 – 과전류로부터 보호
② 직렬접속 – 과전압으로부터 보호

답 ㉮

34 직류 전압을 직접 제어하는 것은?

㉮ 단상 인버터　　㉯ 브리지형 인버터
㉰ 초퍼형 인버터　　㉱ 3상 인버터

답 ㉰

35 다이오드를 사용한 정류회로에서 여러 개를 직렬로 연결하여 사용할 경우 얻는 효과는?

㉮ 다이오드를 과전류로부터 보호　　㉯ 다이오드를 과전압으로부터 보호
㉰ 부하 출력의 맥동률 감소　　㉱ 전력 공급의 증대

답 ㉯

36 정류방식 중 맥동률이 가장 작은 방식은?

㉮ 단상 반파식　　㉯ 단상 전파식　　㉰ 3상 반파식　　㉱ 3상 전파식

답 ㉱

37 TRIAC의 기호는?

㉮
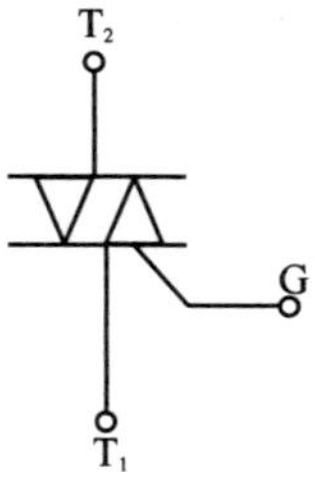

㉯

㉰
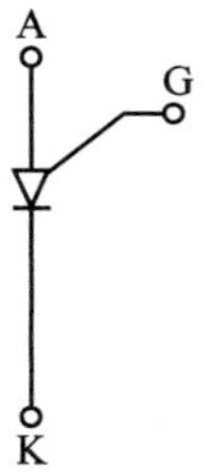

㉱
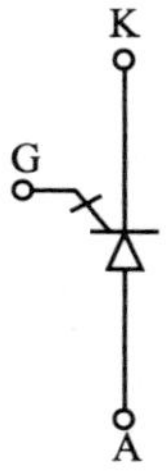

답 ㉮

38 다이리스터에서는 게이트 전류가 흐르면 순방향의 저지상태에서 (　) 상태로 된다. 게이트 전류를 가하여 도통 완료까지의 시간을 (　) 시간이라고 하나, 이 시간이 길면 (　) 시의 (　)이 많고 다이리스터 소자가 파괴되는 수가 있다. (　) 안에 알맞은 말은?

㉮ 온, 턴온, 스위칭, 전력손실　　㉯ 온, 턴온, 전력손실, 스위칭
㉰ 스위칭, 온, 턴온, 전력손실　　㉱ 턴온, 온, 스위칭, 온, 전력손실

답 ㉮

39 반도체 다이리스터(thyristor)를 사용하여 전압위상제어로 그 값을 제어하여 속도제어를 하며, 간단하여 널리 사용되는 것은?

㉮ 전압제어　㉯ 2차 저항법　㉰ 역상제동　㉱ 1차 저항법

답 ㉮

40 다이리스터를 이용한 교류전압 제어방식은?

㉮ 위상제어방식　　㉯ 레오너어드 방식
㉰ 초퍼 방식　　㉱ TRC(time ratio control) 방식

답 ㉮

41 수은 정류기의 역호 방지법이 아닌 것은?

㉮ 진공도 증대　㉯ 과열 방지　㉰ 과냉 방지　㉱ 증기 밀도 과소

◆ 풀이　수은 정류기의 역호 방지법으로 진공도 증대, 과열 방지, 과냉 방지 등이다.　답 ㉱

실전연습문제

1회 실전연습문제

01 부하의 변화가 있어도 그 단자 전압의 변화가 작은 직류 발전기는?

㉮ 가동 복권 발전기 ㉯ 차동 복권 발전기
㉰ 직권 발전기 ㉱ 분권 발전기

◆ 풀이 • 전압 변동률이 $\epsilon(o)$: 평복권
• 가동 복권 발전기 ① 평복권 ② 과복권

답 ㉮

02 다음은 직권 전동기의 특징에 대한 설명이다. 틀린 것은?

㉮ 부하 전류가 증가할 때 속도가 크게 감소된다.
㉯ 전동기 기동시 기동 토크가 작다.
㉰ 무부하 운전이나 벨트를 연결한 운전은 위험하다.
㉱ 계자 권선과 전기자 권선이 직렬로 접속되어 있다.

◆ 풀이 $T \propto I_a^2 \propto \dfrac{1}{N^2}$ 기동시 기동 토크가 가장 크다.

답 ㉯

03 직류 직권 전동기에서 벨트를 걸고 운전하면 안되는 이유는?

㉮ 벨트가 벗어지면 위험 속도로 도달하므로
㉯ 손실이 많아지므로
㉰ 직결하지 않으면 속도 제어가 곤란하므로
㉱ 벨트가 마멸 보수가 곤란하므로

◆ 풀이 $n = k\dfrac{E}{\phi}$

벨트가 벗겨지면 무부하 ⇒ $I_f(\phi)=0$ ⇒ 속도 무한대

답 ㉮

04 각각 계자 저항기가 있는 직류 분권 전동기와 직류 분권 발전기가 있다. 이것을 직렬하여 전동 발전기로 사용하고자 한다. 이것을 기동할 때 계자 저항기의 저항은 각각 어떻게 조정하는 것이 가장 적합한가?

㉮ 전동기 : 최대, 발전기 : 최소
㉯ 전동기 : 중간, 발전기 : 최소
㉰ 전동기 : 최소, 발전기 : 최대
㉱ 전동기 : 최소, 발전기 : 중간

◆ 풀이 • 직류 분권 전동기 기동 : 최소
• 직류 분전 발전기 기동 : 최대

답 ㉰

05 변압기의 1차측이란?

㉮ 고압측　㉯ 저압측　㉰ 전원측　㉱ 부하측

◆ 풀이 • 1차측 : 전원측
• 2차측 : 부하측

답 ㉰

06 권수비가 100의 변압기에 있어 2차쪽의 전류가 10^3[A]일 때, 이것을 1차쪽으로 환산하면 얼마인가?

㉮ 16 [A]　㉯ 10 [A]　㉰ 9 [A]　㉱ 6 [A]

◆ 풀이

$$a = \frac{I_2}{I_1}$$

$$\therefore\ I_1 = \frac{I_2}{a} = \frac{10^3}{10^2} = 10^1 = 10\,[\mathrm{A}]$$

답 ㉯

07 1차 전압이 13200 [V], 2차 전압 220 [V]인 단상 변압기의 1차에 6000 [V]의 전압을 가하면 2차 전압은 몇 [V]인가?

㉮ 100 ㉯ 200 ㉰ 1000 ㉱ 2000

◆ 풀이

$$a=\frac{V_1}{V_2}=\frac{13200}{220}=60$$

$$\therefore\ V_2=\frac{V_1}{a}=\frac{6000}{60}=100\,[\mathrm{V}]$$

답 ㉮

08 변압기에서 V 결선의 이용률은?

㉮ 0.577 ㉯ 0.707 ㉰ 0.866 ㉱ 0.977

◆ 풀이
- 이용률 : $0.860\times100=86.6$ [%]
- 출력비 : $0.577\times100=57.7$ [%]

답 ㉰

09 다음 중 변압기 내부 고장 보호에 쓰이는 계전기는?

㉮ 접지 계전기 ㉯ 차동 계전기
㉰ 과전압 계전기 ㉱ 역상 계전기

◆ 풀이
- 내부 고장 보호 : 차동 계전기(변압기 단락 보호용으로 사용)

답 ㉯

10 동기발전기의 전기자 권선을 단절권으로 하면?

㉮ 역률이 좋아진다. ㉯ 절연이 잘 된다.
㉰ 고조파를 제거한다. ㉱ 기전력을 높인다.

◆ 풀이
- 단절권의 특징
  ① 동량이 감소
  ② 고조파를 제거하여 기전력의 파형 개선

답 ㉰

11 단락비가 큰 동기발전기를 설명하는 말 중 틀린 것은?

㉮ 동기 임피던스가 작다.
㉯ 단락 전류가 크다.
㉰ 전기자 반작용이 크다.
㉱ 공극이 크고 전압 변동률이 작다.

◆ 풀이 • 단락비가 큰 기계의 특징 **답** ㉰

① 동기 임피던스가 작다.
② 단락 전류가 크다.
③ 전기가 반작용이 작다.
④ 공극이 크고 전압 변동률이 작다.

12 전기자를 고정시키고 자극 N, S를 회전시키는 동기발전기는?

㉮ 회전 계자법 ㉯ 직렬 저항형
㉰ 회전 전기자법 ㉱ 회전 정류자형

◆ 풀이 동기발전기 : 회전 계자형 **답** ㉮

13 다음 중 동기기의 3상 단락 곡선이 직선이 되는 이유는?

㉮ 무부하 상태이므로
㉯ 자기 포화가 있으므로
㉰ 전기자 반작용으로
㉱ 누설 리액턴스가 크므로

◆ 풀이 3상 단락곡선이 직선이 되는 이유 : 전기자 반작용 **답** ㉰

14 유도 전동기에서 슬립이 1이면 전동기의 속도 N은?

㉮ 동기 속도보다 빠르다. ㉯ 정지한다.
㉰ 불변이다. ㉱ 동기 속도와 같다.

◆ 풀이 $S=\frac{N_s-N}{N_s}$에서 $S=1$이면 $N=0$, 즉 정지상태이다. 답 ㉯

15 유도 전동기의 $Y-\Delta$ 기동시 기동 토크와 기동 전류는 전전압 기동시의 몇 배가 되는가?

㉮ $1/\sqrt{3}$ ㉯ $\sqrt{3}$ ㉰ $1/3$ ㉱ 3

◆ 풀이 $Y-\Delta$: 전동기 기동시 가동 전류를 $\frac{1}{3}$배로 줄이기 위해 답 ㉰

16 3상 농형 유도 전동기의 속도 제어는 주로 어떤 제어를 사용하는가?

㉮ 사이리스터 제어 ㉯ 2차 저항 제어
㉰ 주파수 제어 ㉱ 계자 제어

◆ 풀이 농형 유도 전동기는 주로 주파수를 이용하여 속도 제어를 한다. 답 ㉰

17 다음 중 단상 유도 전압 조정기의 단락 권선의 역할은?

㉮ 철손 경감 ㉯ 절연 보호
㉰ 전압 조정 용이 ㉱ 전압 강하 경감

◆ 풀이 단락권선 : 누설 리액턴스에 의한 전압 강하 방지 답 ㉱

18 직류 스테핑 모터(DC stepping motor)의 특징 설명 중 가장 옳은 것은?

㉮ 교류 동기 서보 모터에 비하여 효율이 나쁘고 토크 발생도 작다.
㉯ 이 전동기는 입력되는 각 전기 신호에 따라 계속하여 회전한다.
㉰ 이 전동기는 일반적인 공작 기계에 많이 사용된다.
㉱ 이 전동기의 출력을 이용하여 특수 기계의 속도, 거리, 방향 등의 정확한 제어가 가능하다.

◆ 풀이 스테핑 모터(stepping motor) 답 ㉱
: 입력 펄스신호에 따라 일정한 각도로 회전하며 기동 및 정지 특성이 우수하여 특수기계의 속도·거리·방향 등의 정밀한 제어가 가능하다.

19 자기 소호 기능이 가장 좋은 소자는?

㉮ SCR ㉯ GTO ㉰ TRIAC ㉱ LASCR

답 ㉯

20 SCR의 특성 중 적합하지 않은 것은?

㉮ PNPN 구조로 되어 있다.
㉯ 정류 작용을 할 수 있다.
㉰ 정방향 및 역방향의 제어 특성이 있다.
㉱ 고속도의 스위칭 작용을 할 수 있다.

◆ 풀이 SCR : 전방향성 제어 소자 답 ㉰

2회 실전연습문제

01 히스테리시스 곡선이 횡축과 마나는 점의 값은 무엇을 나타내는가?

㉮ 보자력　　㉯ 잔류자기　　㉰ 자속밀도　　㉱ 자장의 세기

◆ 풀이　히스테리시스곡선

① 횡축과 만나는 점을 보자력

② 종축과 만나는 점을 잔류자기 라고 한다.

답 ㉮

02 직류기의 주요 구성 3요소가 아닌 것은?

㉮ 전기자　　㉯ 정류자　　㉰ 계 자　　㉱ 보 극

◆ 풀이　직류기의 3대 요소 : 계자, 전기자, 정류자

답 ㉱

03 다극 중권 직류 발전기의 전기자 권선에 균압 고리를 설치하는 이유는?

㉮ 브러시에서 불꽃을 방지하기 위하여

㉯ 전기자 반작용을 방지하기 위하여

㉰ 정류 기전력을 높이기 위하여

㉱ 전압 강하를 방지하기 위하여

◆ 풀이　균압 고리 : 브러시의 불꽃을 방지

답 ㉮

04 분권 전동기에 대한 설명으로 틀린 것은?

㉮ 토크는 전기자 전류의 제곱에 비례한다.
㉯ 부하 전류에 따른 속도 변화가 거의 없다.
㉰ 계자 회로에 퓨즈를 넣어서는 안된다.
㉱ 계자 권선과 전기자 권선이 전원에 병렬로 접속되어 있다.

◆ 풀이 분권 전동기 $T \propto I_a \propto \frac{1}{N}$ 답 ㉮

05 변압기의 원리는 어느 작용을 이용한 것인가?

㉮ 전자유도 작용 ㉯ 정류 작용 ㉰ 발열 작용 ㉱ 화학 작용

◆ 풀이 변압기의 원리 : 전자유도 작용 답 ㉮

06 변압기의 임피던스 전압에 대한 설명으로 옳은 것은?

㉮ 여자 전류가 흐를 때의 2차측 단자 전압이다.
㉯ 정격 전류가 흐를 때의 2차측 단자 전압이다.
㉰ 정격 전류에 의한 변압기 내부 전압 강하이다.
㉱ 2차 단락 전류가 흐를 때의 변압기 내의 전압 강하이다.

◆ 풀이 V_{IS}(임피던스 전압) : 정격 전류가 흐를 때 변압기 내의 전압 강하 답 ㉰

07 변압기 결선 방식에서 $\Delta-\Delta$ 결선 방식에 대한 설명으로 틀린 것은?

㉮ 단상 변압기 3대 중 1대의 고장이 생겼을 때 2대로 V 결선하여 사용할 수 있다.
㉯ 외부에 고조파 전압이 나오지 않으므로 통신 장해의 염려가 없다.
㉰ 중성점 접지를 할 수 없다.
㉱ 100[kV] 이상되는 계통에서 사용되고 있다.

답 ㉱

08 퍼센트 저항 강하 3 [%] 리액턴스 강하 4 [%]인 변압기의 최대 전압 변동률은 몇 %인가?

㉮ 1　　㉯ 3　　㉰ 4　　㉱ 4

◆ 풀이　$\epsilon_{\max} = \%Z = \sqrt{p^2 + q^2} = \sqrt{3^2 + 4^2} = 5\ [\%]$　　답 ㉱

09 계기용 변압기의 2차측 단자에 접속하여야 할 것은?

㉮ OCR　　㉯ 전압계　　㉰ 전류계　　㉱ 전열 부하

◆ 풀이　계기용 변압기(PT) 2차측 : 전압계 설치　　답 ㉯

10 유도 전동기에서 슬립이 가장 큰 상태는?

㉮ 무부하 운전시　　㉯ 경부하 운전시

㉰ 정격 부하 운전시　　㉱ 기동시

◆ 풀이　$S = \dfrac{N_s - N}{N_s}$　　$N = 0$　　$S = 1$ (기동시)　　답 ㉱

11 회전자 입력 10 [kW], 슬립 4 [%]인 3상 유도 전동기의 2차 동손은 몇 [kW]인가?

㉮ 9.6　　㉯ 4　　㉰ 0.4　　㉱ 0.2

◆ 풀이　$P_{2C} = SP_2 = 0.04 \times 10 = 0.4\ [\text{kW}]$　　답 ㉰

12 출력 15[kW], 1500[rpm]으로 회전하는 전동기의 토크는 약 몇[kg·m]인가?

㉮ 6.54　　㉯ 9.75　　㉰ 47.78　　㉱ 95.55

◆ 풀이 $T = 0.975\frac{P}{N} = 0.975\frac{15\times10^3}{1500} = 9.75$ [kg · m]　　답 ㉯

13 3상 유도 전동기에서 2차측 저항을 2배로 하면 그 최대 토크는 어떻게 되는가?

㉮ 변하지 않는다.　　㉯ 2배로 된다.

㉰ $\sqrt{2}$ 배로 된다.　　㉱ $\frac{1}{2}$ 배로 된다.

◆ 풀이 최대 토크는 일정　　답 ㉮

14 역률과 효율이 좋아서 가정용 선풍기, 전기 세탁기, 냉장고 등에 주로 사용되는 것은?

㉮ 분상 기동형 전동기　　㉯ 콘덴서 기동형 전동기

㉰ 반발 기동형 전동기　　㉱ 셰이딩 코일형 전동기

◆ 풀이 콘덴서 기동형 전동기 : 역률과 효율이 좋다.　　답 ㉯

15 60[Hz]의 동기 전동기가 2극일 때 동기 속도는 몇 [rpm]인가?

㉮ 7200　　㉯ 4800　　㉰ 3600　　㉱ 2400

◆ 풀이 $N_s = \frac{120}{P}f = \frac{120}{2}\times 60 = 3600$ [rpm]　　답 ㉰

16 3상 동기기에 제동 권선을 설치하는 주된 목적은?

㉮ 출력 증가 ㉯ 효율 증가 ㉰ 열률 개선 ㉱ 난조 방지

◆ 풀이 제동 권선 ➡ 난조 방지 답 ㉱

17 동기발전기의 출력 $P=\dfrac{VE}{X_{s\sin\delta[\mathrm{W}]}}$에서 각 항의 설명 중 잘못된 것은?

㉮ V : 단자 전압 ㉯ E : 유도 기전력
㉰ δ : 역률각 ㉱ X_s : 리액턴스

◆ 풀이 • 비돌극형 발전기의 출력 답 ㉰

$$P=\frac{\mathrm{E}\cdot\mathrm{V}}{X_{s\,\sin\delta[\mathrm{W}]}}$$

(여기서, E : 기전력, V : 단자전압, X_s : 동기 리액턴스, δ : 부하각)

18 동기발전기의 병렬 운전에서 같지 않아도 되는 것은?

㉮ 위 상 ㉯ 주파수 ㉰ 용 량 ㉱ 전 압

◆ 풀이 동기발전기의 병렬운전 조건 답 ㉰
➡ 크기, 위상, 주파수, 파형, 상회전 방향

19 직류를 교류로 변환하는 장치로서 초고속 전동기의 속도 제어용 전원이나 형광등의 고주파 점등에 이용되는 것은?

㉮ 인버터 ㉯ 컨버터 ㉰ 변성기 ㉱ 변류기

◆ 풀이 • 인버터 : 직류 ⇒ 교류 답 ㉮
• 컨버터 : 교류 ⇒ 직류

20 발전 제동의 설명으로 잘못된 것은?

㉮ 직류 전동기는 전기자 회로를 전원에서 끊고 저항을 접속한다.

㉯ 유도 전동기는 1차 권선에 직류를 통하고 2차쪽(회전자)은 단락한다.

㉰ 전동기를 발전기로 운전하여 회전부분의 운동 에너지를 전기회로 중의 저항에서 열로 소비시키면서 제동하는 방법이다.

㉱ 전동기의 유도 기전력을 전원 전압보다 높게 한다.

◆ 풀이 회생제동 ➡ 전동기의 유도 기전력을 전원 전압보다 크게 하여 제동하는 방식 **답** ㉱

21 역저지 3단자에 속하는 것은?

㉮ SCR ㉯ SSS ㉰ SCS ㉱ TRIAC

◆ 풀이 SCR: PNPN 4층 접합구조, 단일방향성 3단자 소자 **답** ㉮

3회 실전연습문제

01 3000/3300[V]인 단권 변압기의 자기용량은 약 몇 [kV · A]인가? (단, 부하는 1000 [kV · A]이다.)

㉮ 90　　㉯ 70　　㉰ 50　　㉱ 30

◆ 풀이 단권 변압기 　　답 ㉮

$$\frac{\text{자기 용량}}{\text{부하 용량}} = \frac{V_h - V_l}{V_h}$$

$$\therefore \text{ 자기 용량} = \left(\frac{V_h - V_l}{V_h}\right) \times \text{부하 용량} = \left(\frac{3300 - 3000}{3300}\right) \times 1000 = 90.9\,[\text{kVA}]$$

02 직류 전동기를 기동할 때 전기자전류를 제한하는 가감 저항기를 무엇이라 하는가?

㉮ 단속기　　㉯ 제어기　　㉰ 가속기　　㉱ 기동기

◆ 풀이 기동시 전류를 제한하는 것 : 기동 저항기 　　답 ㉱

03 계자철심에 잔류자기가 없어도 발전되는 직류기는?

㉮ 분권기　　㉯ 직권기　　㉰ 복권기　　㉱ 타여자기

◆ 풀이 •발전기의 종류 　　답 ㉱

① 타여자 발전기 : 외부에서 전원을 공급받기 때문에 잔류자기가 필요없다.

② 자여자 발전기 : 스스로 발전하기 때문에 잔류자기가 존재하야 한다.

04 변압기에서 퍼센트 저항강하 3 [%], 리액턴스 강하 4 [%]일 때 역률 0.8(지상)에서의 전압 변동률은?

㉮ 2.4 [%] ㉯ 3.6 [%] ㉰ 4.8 [%] ㉱ 6 [%]

◆ 풀이 전압 변동률 **답** ㉰

$\epsilon = p\cos\theta + q\sin\theta = 3\times0.8 + 4\times0.6 = 4.8$

05 3상 유도 전동기의 출력이 4 [kW], 효율 80 [%]의 기계적 손실은 몇[kW]인가?

㉮ 0.5 ㉯ 1.0 ㉰ 1.5 ㉱ 1.75

◆ 풀이 • 출력 : 4 [kW], 효율 : 80 [%]일 때의 손실 **답** ㉯

손실 = 입력 − 출력 = 5 − 4 = 1 [kW]

$\eta = \frac{출력}{입력}\times100$

$입력 = \frac{출력}{\eta}\times100 = \frac{4}{80}\times100 = 5\,[kW]$

06 동기 전동기의 기동 토크는 몇 [N · m]인가?

㉮ 0 ㉯ 100 ㉰ 150 ㉱ 200

◆ 풀이 동기 전동기의 기동 토크는 0이다. **답** ㉮

07 구동 전기량이 커질수록 동작시한이 짧아지고, 구동전기량이 작을수록 동작시한이 길어지는 계전기는?

㉮ 계단형 한시 계전기 ㉯ 정한시 계전기
㉰ 순한시 계전기 ㉱ 반한시 계전기

◆ 풀이 반한시 계전기 : 동작시한이 구동전기량에 반비례하는 계전기 **답** ㉱

08 주파수가 60[Hz]인 3상 4극의 유도 전동기가 있다. 슬립이 3[%]일 때 이 전동기의 회전수는 몇 [rpm]인가?

㉮ 1200　　㉯ 1526　　㉰ 1746　　㉱ 1800

◆ 풀이　$f=60[\text{Hz}],\ P=4,\ S=3[\%]$　　답 ㉰

$$N=(1-S)N_s=(1-0.03)\times 1800=1746[\text{rpm}]$$

$$N_s=\frac{120}{P}f=\frac{120}{4}\times 60=1800[\text{rpm}]$$

09 3상 동기기의 제동권선의 효용은?

㉮ 난조 방지　　㉯ 역률 개선　　㉰ 출력 증가　　㉱ 전압 조정

◆ 풀이　제동 권선 ➡ 난조 방지　　답 ㉮

10 전동기의 온도 상승에 대한 보호는?

㉮ 비율 차동 계전기　　㉯ 부족 전압 계전기
㉰ 과전류 계전기　　㉱ 열동 계전기

◆ 풀이　열동 계전기 : 전동기 과부하시 온도가 상승하면 동작하는 계전기　　답 ㉱

11 다음 중 유도 전동기에서 비례추이를 할 수 있는 것은?

㉮ 출 력　　㉯ 2차동손　　㉰ 효 율　　㉱ 역 률

◆ 풀이　유도 전동기에서 비례추이할 수 없는 것 : 출력, 효율, 2차 동손　　답 ㉱

12 변압기 명판에 나타내는 정격에 대한 설명이다. 틀린 것은?

㉮ 변압기의 정격출력 단위는 [kW]이다.
㉯ 변압기 정격은 2차측을 기준으로 한다.
㉰ 변압기의 정격은 용량, 전류, 전압, 주파수 등으로 결정된다.
㉱ 정격이란 정해진 규정에 적합한 범위 내에서 사용할 수 있는 한도이다.

◆ 풀이 변압기의 출력 단위는 [V · A] [K · VA] [MVA]이다. 답 ㉮

13 단락비가 큰 동기기는?

㉮ 안정도가 높다. ㉯ 기기가 소형이다.
㉰ 전압변동률이 크다. ㉱ 전기자반작용이 크다.

◆ 풀이 • 단락비가 큰 동기기 답 ㉮
① 안정도가 높다.
② 기기는 대형이다.
③ 전압 변동율이 작다.
④ 전기가 반작용이 작다.

14 유도 전동기에서 회전방향을 바꿀 수 없고, 구조가 극히 단순하며, 기동 토크가 대단히 작아서 운전 중에도 코일에 전류가 계속 흐르므로 소형 선풍기 등 출력이 매우 작은 0.05 마력 이하의 소형 전동기에 사용되고 있는 것은?

㉮ 셰이딩 코일형 유도 전동기
㉯ 영구 콘덴서형 단상 유도 전동기
㉰ 콘덴서 기동형 단상 유도 전동기
㉱ 분상 기동형 단상 유도 전동기

◆ 풀이 세이딩 코일형 : 기동 토크가 아주 작다. 답 ㉮

15 동기발전기의 3상 단락곡선은 무엇과 무엇의 관계 곡선인가?

㉮ 계자 전류와 단락 전류　　㉯ 정격 전류와 계자 전류
㉰ 여자 전류와 계자 전류　　㉱ 정격 전류와 단락 전류

◆ 풀이　동기발전기의 3상 단락곡선 : 계자 전류와 단락 전류의 관계 곡선　　답 ㉮

16 트라이액(triac) 기호는?

㉮
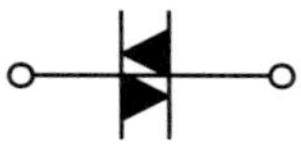
㉯
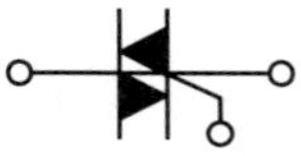
㉰
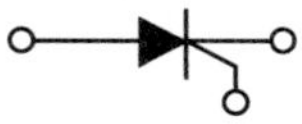
㉱
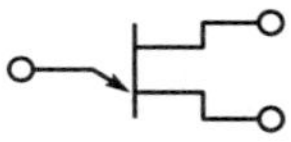

◆ 풀이　triac : 쌍방향성 3단자 소자　　답 ㉯

17 3상 유도 전동기의 운전 중 급속 정지가 필요할 때 사용하는 제동방식은?

㉮ 단상제동　　㉯ 회생제동　　㉰ 발전제동　　㉱ 역상제동

◆ 풀이　역상제동 : 급제동　　답 ㉱

18 직류 분권 전동기에서 운전 중 계자권선의 저항이 증가하면 회전속도는 어떻게 되는가?

㉮ 감소한다.
㉯ 증가한다.
㉰ 일정하다.
㉱ 증가하다가 계자저항이 무한대가 되면 감소한다.

◆ 풀이　$n = k\dfrac{E}{\phi} = k\dfrac{V - I_a(R_a + R_s)}{\phi}$　　답 ㉯

여기서, $\phi = I_f = \dfrac{V}{R_f}$

$R_f \uparrow \Rightarrow I_f \downarrow \Rightarrow \phi \downarrow \Rightarrow N \uparrow$

19 3300/220[V] 변압기의 1차에 20[A]의 전류가 흐르면 2차 전류는 몇 [A]인가?

㉮ $\frac{1}{30}$ ㉯ $\frac{1}{3}$ ㉰ 30 ㉱ 300

◆ 풀이 $a = \frac{V_1}{V_2} = \frac{3300}{220} = 15$

답 ㉱

$a = \frac{I_2}{I_1}$, $I_2 = aI_1 = 15 \times 20 = 300$[A]

20 전파 정류회로의 브리지 다이오드 회로를 나타낸 것은? (단, 보기항의 브리지 회로에서 왼쪽은 입력, 오른쪽은 출력이다.)

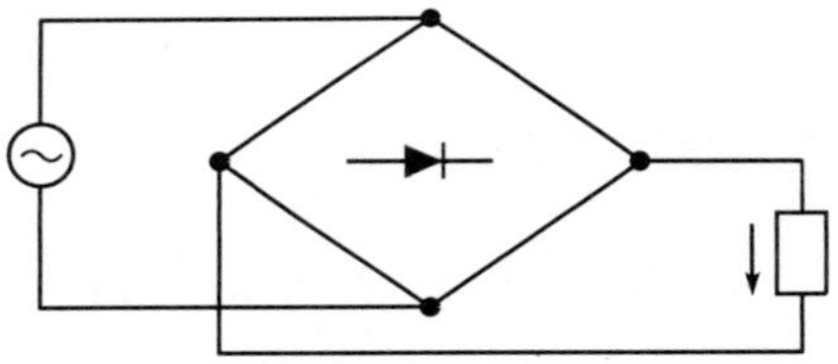

㉮ 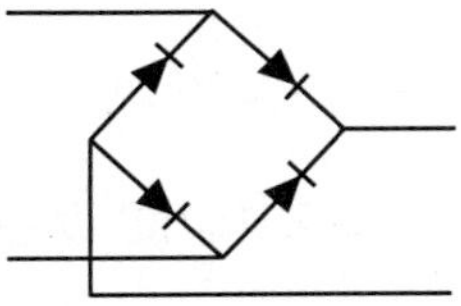

㉯ 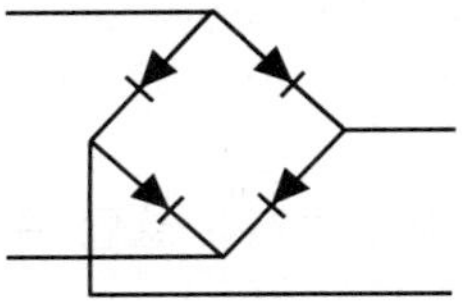

㉰ 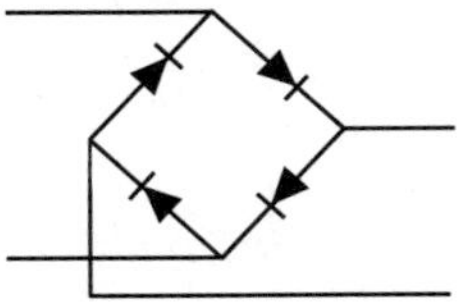

㉱ 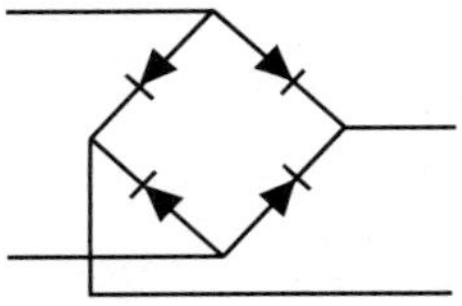

답 ㉮

4회 실전연습문제

01 직류 분권 발전기를 역회전하면 어떻게 되는가?

㉮ 섬락이 일어난다.
㉯ 과전압이 일어난다.
㉰ 정회전 때와 마찬가지이다.
㉱ 발전되지 않는다.

◆ 풀이 •분권 발전기
역회전 → 잔류자기 소멸 → 발전되지 않는다.
답 ㉱

02 변압기유의 열화 방지를 위해 사용하는 장치는?

㉮ 부 싱 ㉯ 방열기 ㉰ 주름 철판 ㉱ 콘서베이터

◆ 풀이 열화 방지 : 콘서베이터 설치
답 ㉱

03 유도 전동기의 회전자에 슬립 주파수의 전압을 공급하여 속도 제어를 하는 방법은?

㉮ 주파수 변환법
㉯ 2차 여자법
㉰ 극수변환법
㉱ 2차 저항법

◆ 풀이 2차 여자법 : 회전자에 슬립 주파수의 전압을 공급하여 속도 제어
답 ㉯

04 동기발전기의 돌발 단락 전류를 주로 제한하는 것은?

㉮ 누설 리액턴스
㉯ 역상 리액턴스
㉰ 동기 리액턴스
㉱ 권선저항

◆ 풀이 • 순간(돌발) 단락 전류 제한 : 누설 리액턴스
• 지속 단락 전류 제한 : 동기 리액턴스

답 ㉮

05 다음 기소 중 DIAC의 기호는?

㉮
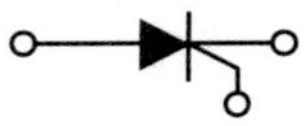
㉯
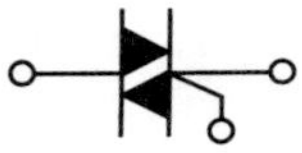
㉰
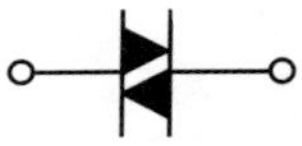
㉱
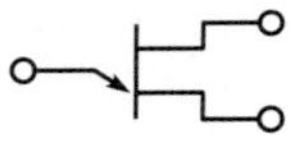

◆ 풀이 ㉮ : SCR, ㉯ : TRIAC, ㉱ : FET

답 ㉰

06 선풍기, 드릴, 믹서, 재봉틀 등에 주로 사용되는 전동기는?

㉮ 단상 유도 전동기
㉯ 권선형 유도 전동기
㉰ 동기 전동기
㉱ 직류 직권 전동기

◆ 풀이 단상 유도 전동기 : 가전제품에 주로 사용

답 ㉮

07 직류 분권 전동기의 계자 저항을 운전 중에 증가시키는 경우 일어나는 현상으로 옳은 것은?

㉮ 자속 증가 ㉯ 속도 감소 ㉰ 부하 증가 ㉱ 속도 증가

◆ 풀이 $n = k\dfrac{E}{\phi}$ 여기서 $\phi = If = \dfrac{V}{Rf}$ 답 ㉱

Rf (계자 저항) 증가 ⇒ $If \cdot \phi$ (계자 전류 · 자속) 감소 ⇒ n (회전수 · 속도) 증가

08 무부하 전압 137[V], 정격 전압 100 [V]인 발전기의 전압 변동률은 몇 [%]인가?

㉮ 21 ㉯ 37 ㉰ 54 ㉱ 63

◆ 풀이 $\epsilon = \dfrac{V_0 - V_n}{V_{n \times 100}} = \dfrac{137-100}{100} \times 100 = 37\,[\%]$ 답 ㉯

09 3상 전원에서 2상 전원을 얻기 위한 변압기의 결선 방법은?

㉮V ㉯ △ ㉰Y ㉱T

◆ 풀이 $3\phi \Rightarrow 2\phi$: 스콧트(T) 결선 답 ㉱

10 9.8[kW], 1200[rpm]인 유도 전동기의 토크는 약 몇 [kg · m]인가?

㉮ 8.4 ㉯ 8.2 ㉰ 7.9 ㉱ 7.5

◆ 풀이 $T = 0.975\dfrac{P}{N} = 0.975\dfrac{9.8 \times 10^3}{1200} \fallingdotseq 7.9\,[\mathrm{kg \cdot m}]$ 답 ㉰

11 변압기에 철심의 두께를 2배로 하면 와류손은 약 몇 배가 되는가?

㉮ 2배로 증가한다.
㉯ 1/2배로 증가한다.
㉰ 1/4배로 증가한다.
㉱ 4배로 증가한다.

◆ 풀이 $P_e \propto t^2$(철심의 두께) $P_e \propto 2^2 = 4$ 답 ㉱

12 변압기의 퍼센트 저항강하 2 [%], 리액턴스 강하 3 [%], 부하역률 80 [%], 늦음일 때 전압 변동률은 몇 [%]인가?

㉮ 1.6 ㉯ 2.0 ㉰ 3.4 ㉱ 4.6

◆ 풀이 $\epsilon = p\cos\theta \pm q\sin\theta$ 답 ㉰
$\epsilon(+)$: 지역률 $\epsilon(-)$: 진역률
$\therefore \epsilon = p\cos\theta + q\sin\theta = 2\times0.8 + 3\times0.6 = 3.4$ [%]

13 다음 중 토크(회전력)의 단위는?

㉮ [rpm] ㉯ [W] ㉰ [N · m] ㉱ [N]

◆ 풀이 T(토크)의 단위 [N · m], [kg · m] 답 ㉰

14 극수가 10, 주파수가 50[Hz]인 동기기의 매분 회전수는 몇 [rpm]인가?

㉮ 300 ㉯ 400 ㉰ 500 ㉱ 600

◆ 풀이 $N_s = \frac{120f}{p} = \frac{120\times50}{10} = 600$ [rpm] 답 ㉱

15 부호홀츠 계전기로 보호되는 것은?

㉮ 변압기 ㉯ 발전기 ㉰ 전동기 ㉱ 회전 변류기

◆ 풀이 부호홀츠 계전기 : 변압기의 내부 고장 보호

답 ㉮

16 동기발전기의 단락비가 크다는 것은?

㉮ 기계가 작아진다.
㉯ 효율이 좋아진다.
㉰ 전압 변동률이 나빠진다.
㉱ 전기자 반작용이 작아진다.

◆ 풀이 • 단락비가 큰 것의 특징

① 기계가 크다.
② 효율이 나쁘다.
③ 전압변동률이 작다.
④ 전기자 반작용이 작다.

답 ㉱

17 우산형 발전기의 용도는?

㉮ 저속도 대용량기
㉯ 고속도 소용량기
㉰ 저속도 소용량기
㉱ 고속도 대용량기

◆ 풀이 우산형 발전기는 저속, 대용량 수차 발전기

답 ㉮

18 슬립 링이 있는 유도전동기는?

㉮ 농 형 ㉯ 권선형 ㉰ 심흠형 ㉱ 2중농형

답 ㉯

19 직류 전압을 직접 제어하는 것은?

㉮ 단상 인버터　　　　㉯ 3상 인버터
㉰ 초퍼형 인버터　　　㉱ 브리지형 인버터

◆ 풀이 • 직류 전압 제어 : 초퍼 제어
• 교류 전압 제어 : 위상 제어

답 ㉰

20 다음 단상 유도 전동기에서 역률이 가장 좋은 것은?

㉮ 콘덴서 기동형　　　㉯ 분상기동형
㉰ 반발기동형　　　　㉱ 셰이딩 코일형

◆ 풀이 콘덴서 기동형 : 역률이 가장 우수하다.

답 ㉮

5회 실전연습문제

01 50 [Hz]의 변압기에 60 [Hz]의 같은 전압을 가했을 때 자속밀도는 50 [Hz] 때의 몇 배인가?

㉮ $\frac{6}{5}$　㉯ $\frac{5}{6}$　㉰ $\left(\frac{6}{5}\right)^2$　㉱ $\left(\frac{6}{5}\right)^{1.6}$

◆ 풀이　$B = \frac{E}{4.44 f NS}$　$B \propto \frac{1}{f}$　답 ㉯

주파수가 $\frac{6}{5}$ 배로 증가하면, 자속밀도는 $\frac{5}{6}$ 배로 감소

02 전부하 슬립 5 [%], 2차 저항손 5.26 [kW]인 3상 유도 전동기의 2차 입력은 몇 [kW]인가?

㉮ 2.63　㉯ 5.26　㉰ 105.2　㉱ 226.5

◆ 풀이　$S = \frac{P_{2C}}{P_2}$　$P_2 = \frac{P_{2C}}{S} = \frac{5.26}{0.05} = 105.2$ [kW]　답 ㉰

03 50 [kW]의 농형 유도 전동기를 가동하려고 할 때, 다음 중 가장 적당한 기동 방법은?

㉮ 분상 기동법　㉯ 기동 보상기법
㉰ 권선형 기동법　㉱ 슬립 부하 기동법

◆ 풀이　기동 보상기법 : 15 [kW] 이상　답 ㉯

04 단상 유도 전동기를 기동하려고 할 때 다음 중 기동 토크가 가장 적은 것은?

㉮ 셰이딩 코일형　㉯ 반발기동형
㉰ 콘덴서 기동형　㉱ 분상기동형

◆ 풀이　• 단상 유도 전동기의 기동 토크 大 → 小　답 ㉮

반발기동형 → 반발유도형 → 콘덴서 기동형 → 분상기동형 → 셰이딩 코일형

05 직류 발전기에서 계자철심에 잔류자기가 없어도 발전을 할 수 있는 발전기는?

㉮ 분권 발전기　　㉯ 직권 발전기
㉰ 복권 발전기　　㉱ 타여자 발전기

◆ 풀이 • 발전기의 종류 　　답 ㉱
① 타여자 발전기 : 외부에서 전원을 공급받기 때문에 잔류자기가 필요없다.
② 자여자 발전기 : 스스로 발전하기 때문에 잔류자기가 존재해야 한다.

06 동기조상기를 부족여자로 운전하면 어떻게 되는가?

㉮ 콘덴서로 작용한다.
㉯ 리액터로 작용한다.
㉰ 여자전압의 이상 상승이 발생한다.
㉱ 일부 부하에 대하여 뒤진 역률을 보상한다.

◆ 풀이 • 위상 특성 곡선 　　답 ㉯
① 부족여자 : 유도성 부하(리액터로 작용)
② 과여자 : 용량성 부하(콘덴서로 작용)

07 단중중권의 극수가 P인 직류기에서 전기자 병렬회로수 a는 어떻게 되는가?

㉮ 극수 P와 무관하게 항상 2가 된다.
㉯ 극수 P와 같게 된다.
㉰ 극수 P의 2배가 된다.
㉱ 극수 P의 3배가 된다.

◆ 풀이 • 중권과 파권의 차이점 　　답 ㉯
① 중권(병렬권) : $a = P$
② 파권(직렬권) : $a = 2$

08 10극의 직류 파권 발전기의 전기자 도체수 400, 매극의 자속수 0.02 [Wb], 회전수 600 [rpm]일 때 기전력은 몇 [V]인가?

㉮ 200　　㉯ 220　　㉰ 380　　㉱ 400

◆ 풀이 • 직류 발전기의 유기 기전력 E　　**답** ㉱

$P=10$, 파권 $a=2$, $Z=400$, $\phi=0.02$, $N=600$ [rpm]

$$E=\frac{P}{a}Z\phi\frac{N}{60}=\frac{10}{2}\times 400\times 0.02\times\frac{600}{60}=400\,[\text{V}]$$

09 플레밍(Fleming)의 오른손 법칙에 따르는 기전력이 발생하는 기기는?

㉮ 교류 발전기　　㉯ 교류 전동기　　㉰ 교류 정류기　　㉱ 교류 용접기

◆ 풀이 • 플레밍의 오른손 법칙 ➡ 발전기　　**답** ㉮

• 플레밍의 왼손 법칙 ➡ 전동기

10 보극이 없는 직류기의 운전 중 중성점의 위치가 변하지 않는 경우는?

㉮ 무부하일 때　　㉯ 전부하일 때

㉰ 중부하일 때　　㉱ 과부하일 때

◆ 풀이 무부하시 : 보극이 없어도 중성점의 위치가 변하지 않는다.　　**답** ㉮

11 동기속도 1800 [rpm], 주파수 60 [Hz]인 동기발전기의 극수는 몇 극인가?

㉮ 2　　㉯ 4　　㉰ 8　　㉱ 10

◆ 풀이 $N_s=\frac{120f}{P}$　$P=\frac{120f}{N_s}=\frac{120\times 60}{1800}=4$ [극]　　**답** ㉯

12 3상 변압기의 병렬운전시 병렬운전이 불가능한 결선 조합은?

㉮ △—△와 Y—Y　　㉯ △—△와 △—Y
㉰ △—Y와 △—Y　　㉱ △—△와 △—△

◆ 풀이 • 변압기의 병렬운전
① 병렬운전 가능 : 결선조합이 짝수일 때
② 병렬운전 불가능 : 결선조합이 홀수일 때

답 ㉯

13 3상 유도 전동기의 원선도를 그리는 데 필요하지 않은 것은?

㉮ 저항 측정　㉯ 무부하 시험　㉰ 구속 시험　㉱ 슬립 측정

◆ 풀이 원선도를 그리는 데 필요한 시험 : 저항 측정 시험, 무부하 시험, 구속 시험

답 ㉱

14 동기발전기의 권선을 분포권으로 사용하는 이유로 옳은 것은?

㉮ 파형이 좋아진다.
㉯ 권선의 누설 리액턴스가 커진다.
㉰ 집중권에 비하여 합성 유기기전력이 높아진다.
㉱ 전기자 권선이 과열되어 소손되기 쉽다.

◆ 풀이 • 분포권의 특징
① 고조파를 제거하여 기전력의 파형 개선
② 누설 리액턴스 감소

답 ㉮

15 평행 2회선의 선로에서 단락 고장회선을 선택하는 데 사용하는 계전기는?

㉮ 선택단락 계전기　　㉯ 방향단락 계전기
㉰ 차동단락 계전기　　㉱ 거리단락 계전기

답 ㉮

16 1차 권수 6000, 2차 권수 200인 변압기의 전압비는?

㉮ 30 ㉯ 60 ㉰ 90 ㉱ 120

◆ 풀이 $a = \frac{N_1}{N_2} = \frac{6000}{200} = 30$

답 ㉮

17 동기발전기의 무부하 포화곡선에 대한 설명으로 옳은 것은?

㉮ 정격 전류와 단자 전압의 관계이다.
㉯ 정격 전류와 정격 전압의 관계이다.
㉰ 계자 전류와 정격 전압의 관계이다.
㉱ 계자 전류와 단자 전압의 관계이다.

◆ 풀이 • 동기발전기의 무부하 포화곡선
계자 전류(I_f)와 단자 전압(V)과의 관계

답 ㉱

18 정격 2차 전압 및 정격주파수에 대한 출력 [kW]과 전체 손실 [kW]이 주어졌을 때 변압기의 규약효율을 나타내는 식은?

㉮ $\frac{\text{입력 [kW]}}{\text{입력 [kW]} - \text{전체 손실 [kW]}} \times 100\ [\%]$

㉯ $\frac{\text{출력 [kW]}}{\text{출력 [kW]} + \text{전체 손실 [kW]}} \times 100\ [\%]$

㉰ $\frac{\text{출력 [kW]}}{\text{입력 [kW]} - \text{철손 [kW]} - \text{동손 [kW]}} \times 100\ [\%]$

㉱ $\frac{\text{출력 [kW]} - \text{철손 [kW]} - \text{동손 [kW]}}{\text{입력 [kW]}} \times 100\ [\%]$

◆ 풀이 • 변압기의 규약 효율 $\eta_{Fr} = \frac{\text{출력 [kW]}}{\text{출력 [kW]} + \text{전체손실 [kW]}} \times 100\ [\%]$

답 ㉯

19 직류 전동기의 회전 방향을 바꾸기 위해서는 어떻게 하면 되는가?

㉮ 전원의 극성을 바꾼다.
㉯ 전류의 방향이나 계자의 극성을 바꾸면 된다.
㉰ 차동복권을 가동복권으로 한다.
㉱ 발전기로 운전한다.

◆ 풀이 직류 전동기의 회전 방향 반대 답 ㉯
: 전류의 방향이나 계자(자속)의 극성을 바꿔주면 된다.

20 SCR 2개를 역병렬로 접속한 그림과 같은 기호의 명칭은?

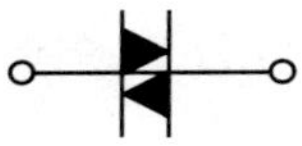

㉮ SCR
㉯ TRIAC
㉰ GTO
㉱ UJT

◆ 풀이 • TRIAC 특성 답 ㉯
SCR 2개를 역병렬로 접속한 것과 등가, 양방향으로 전류가 흐르기 때문에 교류의 스위치로 사용된다.

6회 실전연습문제

01 권수비 30의 변압기의 1차에 6600 [V]를 가할 때 2차 전압은 몇 [V]인가?

㉮ 220 ㉯ 380 ㉰ 420 ㉱ 660

◆ 풀이 권수비 $a = \frac{V_1}{V_2}$ 답 ㉮

$$V_2 = \frac{V_1}{a} = \frac{6600}{30} = 220\,[\mathrm{V}]$$

02 어느 변압기의 백분율 저항강하가 2 [%], 백분율 리액턴스 강하가 3 [%]일 때 역률(지역률) 80 [%]인 경우의 전압 변동률은 몇 [%]인가?

㉮ 0.2 ㉯ 1.6 ㉰ 1.8 ㉱ 3.4

◆ 풀이 • 전압 변동률 답 ㉱

$\epsilon = p\cos\theta + q\sin\theta = 2\times0.8 + 3\times0.6 = 3.4\,[\%]$

03 변압기의 여자 전류가 일그러지는 이유는 무엇 때문인가?

㉮ 와류(맴돌이 전류) 때문에
㉯ 자기포화와 히스테리시스 현상 때문에
㉰ 누설 리액턴스 때문에
㉱ 선간의 정전용량 때문에

답 ㉯

04 변압기유로 쓰이는 절연유에 요구되는 성질이 아닌 것은?

㉮ 점도가 클 것
㉯ 비열이 커 냉각효과가 클 것
㉰ 절연재료 및 금속재료에 화학작용을 일으키지 않을 것
㉱ 인화점이 높고 응고점이 낮을 것

◆ 풀이 • 절연유의 구비조건
① 절연 내력이 클 것
② 점도가 작을 것

답 ㉮

05 3상 유도 전동기의 공급전압이 일정하고 주파수가 정격값보다 수 [%] 감소할 때 다음 현상 중 옳지 않은 것은?

㉮ 동기속도가 감소한다.
㉯ 철손이 증가한다.
㉰ 누설 리액턴스가 증가한다.
㉱ 역률이 나빠진다.

◆ 풀이 • 주파수 감소
$X_L = \omega \cdot L = 2\pi f L$
$X_L \propto f$ 따라서 누설 리액턴스는 감소된다.

답 ㉰

06 교류 동기 서보 모터에 비하여 효율이 훨씬 좋고, 큰 토크를 발생하여 입력되는 각 전기신호에 따라 규정된 각도만큼씩 회전하며, 회전자는 축방향으로 자화된 영구자석으로서 보통 50개 정도의 톱니로 만들어져 있는 것은?

㉮ 전기 동력계 ㉯ 유도 전동기
㉰ 직류 스테핑 모터 ㉱ 동기 전동기

답 ㉰

07 다음 정류방식 중에서 맥동 주파수가 가장 많고 맥동률이 가장 작은 정류방식은 어느 것인가?

㉮ 단상 반파식 ㉯ 단상 전파식
㉰ 3상 반파식 ㉱ 3상 전파식

◆ 풀이 • 맥동율 **답** ㉱
① 1ϕ 반파 : 12 [%]
② 1ϕ 전파 : 48 [%]
③ 3ϕ 반파 : 17 [%]
④ 3ϕ 전파 : 4 [%]

08 직류기에서 전기자 반작용을 방지하기 위한 보상 권선의 전류 방향은 어떻게 되는가?

㉮ 전기자 권선의 전류 방향과 같다.
㉯ 전기자 권선의 전류 방향과 반대이다.
㉰ 계자 권선의 전류 방향과 같다.
㉱ 계자 권선의 전류 방향과 반대이다.

◆ 풀이 보상 권선의 전류 방향 : 전기자 권선의 전류의 방향과 반대 **답** ㉯

09 단중 중권의 극수 P인 직류기에서 전기자 병렬 회로수 a는 어떻게 되는가?

㉮ $a=P$ ㉯ $a=2$ ㉰ $a=2P$ ㉱ $a=3P$

◆ 풀이 • 직류기의 권선법 **답** ㉮
① 단중 중권 : $a=P$, 다중 중권 : $a=mp$
② 단중 파권 : $a=2$, 다중 파권 : $a=2m$ (m : 다중도)

10 동기 전동기에서 난조를 방지하기 위하여 자극면에 설치하는 권선을 무엇이라 하는가?

㉮ 제동 권선 ㉯ 계자 권선 ㉰ 전기자 권선 ㉱ 보상 권선

◆ 풀이 난조 방지 : 제동 권선 **답** ㉮

11 다음 중 단락비가 큰 동기발전기를 설명하는 것으로 옳은 것은?

㉮ 동기 임피던스가 작다.
㉯ 단락 전류가 작다.
㉰ 전기자 반작용이 크다.
㉱ 전압 변동률이 크다.

◆ 풀이 • 단락비가 큰 기계의 특징 답 ㉮
① 동기 임피던스가 작다.
② 단락 전류가 크다.
③ 전기자 반작용이 작다.
④ 공극이 크고 전압 변동률이 작다.

12 교류 전압의 실효값이 200 [V]일 때 단상 반파정류에 의하여 발생하는 직류 전압의 평균값은 약 몇 [V]인가?

㉮ 45 ㉯ 90 ㉰ 105 ㉱ 110

◆ 풀이 • 단상 반파 답 ㉯

$$E_d = \frac{\sqrt{2}}{\pi}E = 0.45E = 0.45 \times 200 = 90\,[\mathrm{V}]$$

(여기서, E_d : 직류 전압, E : 교류의 실효값)

13 반송보호 계전방식의 이점을 설명한 것으로 맞지 않는 것은?

㉮ 다른 방식에 비해 장치가 간단하다.
㉯ 고장 구간의 고속도 동시 차단이 가능하다.
㉰ 고장 구간의 선택이 확실하다.
㉱ 동작을 예민하게 할 수 있다.

답 ㉮

14 동기발전기의 병렬운전에 필요한 조건이 아닌 것은?

㉮ 기전력의 주파수가 같을 것
㉯ 기전력의 크기가 같을 것
㉰ 기전력의 용량이 같을 것
㉱ 기전력의 위상이 같을 것

◆ 풀이 • 동기발전기의 병렬운전 조건 **답** ㉰
① 기전력의 크기가 같을 것
② 기전력의 위상이 같을 것
③ 기전력의 주파수가 같을 것
④ 기전력의 파형이 같을 것

15 슬립 4 [%]인 유도 전동기의 등가 부하저항은 2차 저항의 몇 배인가?

㉮ 5 ㉯ 19 ㉰ 20 ㉱ 24

◆ 풀이 • 2차 저항 **답** ㉱

$$R = r_2\left(\frac{1}{S} - 1\right) \quad \left[\begin{array}{l} S = 4\,[\%] \Rightarrow 24r_2 \\ S = 5\,[\%] \Rightarrow 19r_2 \end{array}\right.$$

16 유도 전동기에서 비례추이를 적용할 수 없는 것은?

㉮ 토 크 ㉯ 1차 전류 ㉰ 부 하 ㉱ 역 률

◆ 풀이 비례추이를 할 수 없는 것 : 부하, 출력, 효율, 2차 동손 **답** ㉰

17 유도 전동기에서 원선도 작성시 필요하지 않은 시험은?

㉮ 무부하 시험 ㉯ 구속 시험 ㉰ 저항 측정 ㉱ 슬립 측정

◆ 풀이 원선도 작성시 필요한 시험 : 무부하 시험, 구속 시험, 저항 측정 시험

답 ㉱

18 동기 전동기를 송전선의 전압 조정 및 역률 개선에 사용한 것을 무엇이라 하는가?

㉮ 동기 이탈 ㉯ 동기 조상기 ㉰ 댐 퍼 ㉱ 제동 권선

◆ 풀이 동기 조상기 : 송전선의 전압 조종 및 역률 개선

답 ㉯

19 다음 중 변압기의 원리와 가장 관계가 있는 것은?

㉮ 전자유도작용 ㉯ 표피작용
㉰ 전기자반작용 ㉱ 편자작용

◆ 풀이 변압기의 원리 : 전자유도작용

답 ㉮

20 다음 중 자기소호 제어용 소자는?

㉮ SCR ㉯ TRIAC
㉰ DIAC ㉱ GTO

답 ㉱

7회 실전연습문제

01 8극 파권 직류 발전기의 전기자 권선의 병렬 회로수 a는 얼마로 하고 있는가?

㉮ 1　　㉯ 2　　㉰ 6　　㉱ 8

◆ 풀이 • 권선법 ① 중권 : $a=P$
② 파권 : $a=2$ (극수에 관계없이 항상 2)

답 ㉯

02 3상 동기기에 제동권선을 설치하는 주된 목적은?

㉮ 출력 증가　　㉯ 효율 증가　　㉰ 역률 개선　　㉱ 난조 방지

◆ 풀이 제동권선 : 난조 방지

답 ㉱

03 복권 발전기의 병렬운전을 안전하게 하기 위해서 두 발전기의 전기자와 직권 권선의 접촉점에 연결해야 하는 것은?

㉮ 균압선　　㉯ 집전환　　㉰ 안정저항　　㉱ 브러시

◆ 풀이 균압선 : 병렬운전을 안정하게 운전하기 위해 사용

답 ㉮

04 직류 전동기의 규약효율을 표시하는 식은?

㉮ $\frac{\text{출력}}{\text{출력}+\text{손실}}\times 100\,[\%]$　　㉯ $\frac{\text{출력}}{\text{입력}}\times 100\,[\%]$

㉰ $\frac{\text{입력}-\text{손실}}{\text{입력}}\times 100\,[\%]$　　㉱ $\frac{\text{입력}}{\text{출력}+\text{손실}}\times 100\,[\%]$

◆ 풀이 • 규약효율

답 ㉰

① 발전기 $\eta_G=\frac{\text{출력}}{\text{출력}+\text{손실}}\times 100\,[\%]$

② 전동기 $\eta_M=\frac{\text{입력}-\text{손실}}{\text{입력}}\times 100\,[\%]$

05 E종 절연물의 최고 허용온도는 몇 [℃]인가?

㉮ 40　　㉯ 60　　㉰ 120　　㉱ 155

◆ 풀이 절연종별에 따른 허용온도　　답 ㉰

절연종별	Y	A	E	B	F	H	C
허용온도	90°	105°	120°	130°	155°	180°	180° 초과

06 200 [V], 50 [Hz], 8극 15 [kW]의 3상 유도 전동기에서 전부하 회전수가 720 [rpm]이면 이 전동기의 2차 효율은 약 몇 [%]인가?

㉮ 86　　㉯ 96　　㉰ 98　　㉱ 100

◆ 풀이 • 2차 효율　　답 ㉯

$$\eta_2 = (1-S) \times 100 = \frac{N}{N_S} \times 100 = \frac{W}{W_S} \times 100$$

$$\eta_2 = \frac{N}{N_S} \times 100 = \frac{720}{750} \times 100 = 96\ [\%]$$

$$N_S = \frac{120f}{P} = \frac{120 \times 50}{8} = 750\ [\text{rpm}]$$

07 동기 조상기를 부족여자로 운전하면 어떻게 되는가?

㉮ 콘덴서로 작용　　㉯ 뒤진역률 보상
㉰ 리액터로 작용　　㉱ 저항손의 보상

◆ 풀이 • 위상 특성 곡선(V 곡선)　　답 ㉰

① 부족애자 : 리액터로 작용
② 과여자 : 콘덴서로 작용

08 변압기 내부 고장 보호에 쓰이는 계전기로서 가장 적당한 것은?

㉮ 차동 계전기　㉯ 접지 계전기
㉰ 과전류 계전기　㉱ 역상 계전기

◆ 풀이　변압기 내부 고장 보호 : 차동 계전기　답 ㉮

09 3상 동기발전기에 무부하 전압보다 90°뒤진 전기자 전류가 흐를 때 전기자 반작용은?

㉮ 감자작용을 한다.
㉯ 증자작용을 한다.
㉰ 교차 자화작용을 한다.
㉱ 자기 여자작용을 한다.

◆ 풀이　• 동기발전기의 전기자 반작용　답 ㉮
① 뒤진 전류 : 감자작용
② 앞선 전류 : 증자작용

10 변압기유의 열화방지와 관계가 가장 먼 것은?

㉮ 브리더　㉯ 콘서베이터　㉰ 불활성 질소　㉱ 부 싱

◆ 풀이　변압기유의 열화방지와 관계가 없는 것 : 부싱　답 ㉱

11 급정지하는 데 가장 좋은 제동법은?

㉮ 발전제동　㉯ 회생제동　㉰ 단상제동　㉱ 역전제동

◆ 풀이　급정지 : 역전(역상)제동, 플러깅 제동　답 ㉱

12 각각 계자 저항기가 있는 직류 분권 전동기와 직류 분권 발전기가 있다. 이것을 직렬하여 전동 발전기로 사용하고자 한다. 이것을 기동할 때 계자 저항기의 저항은 각각 어떻게 조정하는 것이 가장 적합한가?

㉮ 전동기 : 최대, 발전기 : 최소　　㉯ 전동기 : 중간, 발전기 : 최소
㉰ 전동기 : 최소, 발전기 : 최대　　㉱ 전동기 : 최소, 발전기 : 중간

◆ 풀이　• 분권 전동기의 기동 : 계자저항 최소
• 분권 발전기의 기동 : 계자저항 최대

답 ㉰

13 단상반파 정류회로의 전원 전압 200 [V], 부하저항이 10 [Ω]이면 부하 전류는 약 몇 [A]인가?

㉮ 4　　㉯ 9　　㉰ 13　　㉱ 18

◆ 풀이　• 단상 반파

답 ㉯

$$E_d = \frac{\sqrt{2}}{\pi}E = 0.45E$$

$$I_d = \frac{E_d}{R} = \frac{0.45E}{R} = \frac{0.45 \times 200}{10} = 9\,[\mathrm{A}]$$

(여기서, E_d : 직류 전압　E : 교류의 실효값　I_d : 직류 전류　R : 저항)

14 변압기에서 전압 변동률이 최대가 되는 부하의 역률은?
(단, p : 퍼센트 저항강하, q : 퍼센트 리액턴스 강하, $\cos\theta_m$: 역률)

㉮ $\cos\theta_m = \dfrac{p}{\sqrt{p+q}}$　　㉯ $\cos\theta_m = \dfrac{p}{\sqrt{p^2+q^2}}$

㉰ $\cos\theta_m = \dfrac{p}{\sqrt{p^2+q^2}}$　　㉱ $\cos\theta_m = \dfrac{p}{p+q}$

◆ 풀이　최대 전압 변동률시의 역률

답 ㉯

$$\cos\theta_n = \frac{P}{\%Z} = \frac{P}{\sqrt{p^2+q^2}}$$

15 농형 유도 전동기의 기동법이 아닌 것은?

㉮ 기동 보상기에 의한 기동법 ㉯ 2차 저항기법
㉰ 리액터 기동법 ㉱ Y－Δ 기동법

◆ 풀이 • 농형 유도 전동기의 기동법 **답** ㉯
① 기동 보상기법
② 리액터 기동
③ Y－Δ 기동
④ 전전압 기동(직입 기동)

16 인버터의 스위칭 주기가 1 [m · s]이면 주파수는 몇 [Hz]인가?

㉮ 20 ㉯ 60 ㉰ 100 ㉱ 1000

◆ 풀이 • 주기 $T = 1\,[\mathrm{m \cdot s}]$ **답** ㉱

$$f = \frac{1}{T} = \frac{1}{1 \times 10^{-3}} = 1000\,[\mathrm{Hz}]$$

17 제어 정류기의 용도는?

㉮ 교류 － 교류변환 ㉯ 직류 － 교류변환
㉰ 교류 － 직류변환 ㉱ 직류 － 직류변환

◆ 풀이 정류기 : AC(교류) ⇒ DC(직류) **답** ㉰

18 동기발전기를 병렬운전하는 데 필요한 조건이 아닌 것은?

㉮ 기전력의 파형이 작을 것　　㉯ 기전력의 위상이 같을 것
㉰ 기전력의 주파수가 같을 것　　㉱ 기전력의 크기가 같을 것

◆ 풀이　• 동기발전기의 병렬운전 조건　　답 ㉮
① 기전력의 크기가 같을 것
② 기전력의 위상이 같을 것
③ 기전력의 주파수가 같을 것
④ 기전력의 파형이 같을 것
⑤ 상회전의 방향이 일치할 것

19 단락비가 큰 동기발전기를 설명하는 것으로 옳지 않는 것은?

㉮ 동기 임피던스가 작다.　　㉯ 단락 전류가 크다.
㉰ 전기자 반작용이 크다.　　㉱ 공극이 크고 전압 변동률이 작다.

◆ 풀이　• 단락비가 큰 기계의 특징　　답 ㉰
① 동기 임피던스가 작다.
② 단락 전류가 크다.
③ 전기자 반작용이 작다.
④ 공극이 크고 전압변동률이 작다.

20 전기자 전압을 전원 전압으로 일정하게 유지하고, 계자 전류를 조정하여 자속 ϕ[Wb]를 변화시킴으로써 속도를 제어하는 제어법은?

㉮ 계자 제어법　　㉯ 전기자 전압 제어법
㉰ 저항 제어법　　㉱ 전압 제어법

◆ 풀이　• 직류 전동기의 속도 제어법　　답 ㉮
① 계자 제어법 : 계자 전류 제어(정출력 제어)
② 전압 제어법 : 속도 제어가 광범위하고 운전효율이 좋다.
③ 저항 제어법 : 손실이 크다.

8회 실전연습문제

01 동기기의 자기 여자 현상의 방지법이 아닌 것은?

㉮ 단락비 증대　　㉯ 리액턴스 접속
㉰ 발전기 직렬 연결　　㉱ 변압기 접속

◆ 풀이　• 자기 여자 현상 방지법　**답** ㉰
① 단락비 증대
② 리액턴스 접속
③ 변압기 접속

02 4극 60 [Hz], 슬립 5 [%]인 유도 전동기의 회전수는 몇 [rpm]인가?

㉮ 1836　㉯ 1710　㉰ 1540　㉱ 1200

◆ 풀이　• 회전자의 속도　**답** ㉯

$$N = (1-S)N_S = (1-0.05)\times 1800 = 1710\,[\text{rpm}]$$

$$N_S = \frac{120f}{P} = \frac{120}{4}\times 60 = 1800$$

03 부흐홀츠 계전기의 설치 위치로 가장 적당한 곳은?

㉮ 변압기 주탱크 내부
㉯ 콘서베이터 내부
㉰ 변압기 고압측 부싱
㉱ 변압기 주탱크와 콘서베이터 사이

◆ 풀이　• 부흐홀츠 계전기의 설치 위치 : 변압기 주탱크와 콘서베이터 사이　**답** ㉱
• 콘서베이터 : 변압기의 열화 방지

04 일정 전압 및 일정 파형에서 주파수가 상승하면 변압기 철손은 어떻게 변하는가?

㉮ 증가한다. ㉯ 감소한다.
㉰ 불변이다. ㉱ 어떤 기간 동안 증가한다.

◆ 풀이 • 변압기의 철손
철손은 주파수에 반비례, 따라서 철손은 감소

답 ㉯

05 직류기에서 보극을 두는 가장 주된 목적은?

㉮ 기동 특성을 좋게 한다.
㉯ 전기자 반작용을 크게 한다.
㉰ 정류작용을 돕고 전기자 반작용을 약화시킨다.
㉱ 전기자 자속을 증가시킨다.

◆ 풀이 직류기에서의 보극 설치 : 정류작용을 돕고, 전기자 반작용을 감소시킴

답 ㉰

06 효율 80 [%], 출력 10 [kW]일 때 입력은 몇 [kW]인가?

㉮ 7.5 ㉯ 10 ㉰ 12.5 ㉱ 20

◆ 풀이 • 효율 η

$$\eta = \frac{\text{출력}}{\text{입력}} \quad \text{입력} = \frac{\text{출력}}{\eta} = \frac{10}{0.8} = 12.5\,[\text{kW}]$$

답 ㉰

07 전기자 저항 0.1 [Ω], 전기자 전류 104 [A], 유도 기전력 110.4 [V]인 직류 분권 발전기의 단자 전압은 몇 [V]인가?

㉮ 98 ㉯ 100 ㉰ 102 ㉱ 105

◆ 풀이 • 직류 분권 발전기의 단자 전압

$$E = V + I_a R_a$$

$$\therefore V = E - I_a R_a\,[\text{V}] = 110.4 - 104 \times 0.1 = 100\,[\text{V}]$$

답 ㉯

08 그림의 기호는?

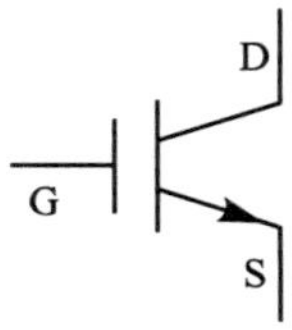

㉮ SCR
㉯ TRIAC
㉰ IGBT
㉱ GTO

답 ㉮

09 동기발전기의 권선을 분포권으로 하면 어떻게 되는가?

㉮ 권선의 리액턴스가 커진다.
㉯ 파형이 좋아진다.
㉰ 난조를 방지한다.
㉱ 집중권에 비하여 합성유도 기전력이 높아진다.

◆ 풀이 • 분포권의 특징
① 고조파를 제거하여 기전력의 파형 개선
② 누설 리액턴스 감소

답 ㉯

10 1차 권수 3000, 2차 권수 100인 변압기에서 이 변압기의 전압기는 얼마인가?

㉮ 20 ㉯ 30 ㉰ 40 ㉱ 50

◆ 풀이 • 권수비(전압비) $a = \dfrac{V_1}{V_2} = \dfrac{N_1}{N_2} = \dfrac{3000}{100} = 30$

답 ㉯

11 동기발전기의 돌발 단락 전류를 주로 제한하는 것은?

㉮ 권선 저항 ㉯ 동기 리액턴스
㉰ 누설 리액턴스 ㉱ 역상 리액턴스

◆ 풀이 ① 순간(돌발) 단락 전류 제한 : 누설 리액턴스
② 지속 단락 전류 제한 : 동기 리액턴스

답 ㉰

12 전압 제어에 의한 속도 제어가 아닌 것은?

㉮ 정지형 레너드식　　㉯ 일그너식
㉰ 직병렬 제어　　㉱ 회생제어

◆ 풀이 • 직류 전동기의 속도 제어　　답 ㉱
전압 제어
① 정지형 레너드식
② 일그너식
③ 직 · 병렬 제어

13 변압기유가 구비해야 할 조건은?

㉮ 절연 내력이 클 것　　㉯ 인화점이 낮을 것
㉰ 응고점이 높을 것　　㉱ 비열이 작을 것

◆ 풀이 • 변압기유의 구비조건　　답 ㉮
① 절연 내력이 클 것
② 점도(점성)가 낮을 것
③ 인화점이 높고 응고점이 낮을 것

14 반도체 사이리스터에 의한 전동기의 속도제어 중 주파수 제어는?

㉮ 초퍼 제어　　㉯ 인버터 제어
㉰ 컨버터 제어　　㉱ 브리지 정류 제어

◆ 풀이 인버터 제어 : 전동기의 속도 제어 중 주파수 제어　　답 ㉯

15 3상 유도 전동기의 회전방향을 바꾸기 위한 방법으로 가장 옳은 것은?

㉮ △−Y 결선
㉯ 전원의 주파수를 바꾼다.
㉰ 전동기에 가해지는 3개의 단자 중 어느 2개의 단자를 서로 바꾸어 준다.
㉱ 기동 보상기를 사용한다.

◆ 풀이 3상 유도 전동기의 회전 방향 변경 : 3선 중 2선의 접속을 반대로 접속 **답** ㉰

16 6극 전기자도체수 400, 매극 자속수 0.01 [Wb], 회전수 600 [rpm]인 파권 직류기의 유기 기전력은 몇 [V]인가?

㉮ 120 ㉯ 140 ㉰ 160 ㉱ 180

◆ 풀이 • 직류 발전기의 유기기전력(파권 $a=2$) **답** ㉮

$$E=\frac{P}{a}Z\phi\frac{N}{60}=\frac{6}{2}\times 400\times 0.01\times\frac{600}{60}=120\,[\mathrm{V}]$$

17 다음 중 역률이 가장 좋은 단상 유도 전동기는?

㉮ 셰이딩 코일형 ㉯ 분산형 전동기
㉰ 반발형 전동기 ㉱ 콘덴서형 전동기

◆ 풀이 콘덴서형 전동기 : 역률이 가장 우수 **답** ㉱

18 단락비가 1.2인 동기발전기의 % 동기 임피던스는 약 몇 [%]인가?

㉮ 68 ㉯ 83 ㉰ 100 ㉱ 120

◆ 풀이 • % 동기 임피던스(%Z_s) $=\dfrac{1}{\text{단락비}(k_s)}\times 100$ **답** ㉯

$$=\frac{1}{1.2}\times 100=83.3\,[\%]$$

19 2극 3600 [rpm]인 동기발전기와 병렬 운전하려는 12극 발전기의 회전수는 몇 [rpm]인가?

㉮ 600　　㉯ 1200　　㉰ 1800　　㉱ 3600

◆ 풀이 • 동기속도 N_s 　　답 ㉮

$$N_s = \frac{120}{p}f, \quad f = \frac{N_s \cdot p}{120} = \frac{3600 \times 2}{120} = 60\,[\text{Hz}]$$

$$N_s' = \frac{120}{p'}f = \frac{120}{12} \times 60 = 600\,[\text{rpm}]$$

20 분권 발전기는 잔류 자속에 의해서 잔류 전압을 만들고 이때 여자 전류가 잔류 자속을 증가시키는 방향으로 흐르면, 여자 전류가 점차 증가하면서 단자 전압이 상승하게 된다. 이 현상을 무엇이라 하는가?

㉮ 자기 포화　　㉯ 여자 조절　　㉰ 보상 전압　　㉱ 전압 확립

◆ 풀이 전압 확립 : 자속을 증가시키면 여자 전류가 증가, 단자 전압이 상승 　　답 ㉱

9회 실전연습문제

01 직류기에서 브러시의 역할은?

㉮ 기전력 유도
㉯ 자속 생성
㉰ 정류 작용
㉱ 전기자 권선과 외부회로 접속

◆ 풀이 브러시 : 내부 회로와 외부 회로의 연결 답 ㉱

02 직류 전동기의 출력이 50 [kW], 회전수가 1800 [rpm]일 때 토크는 약 몇 [kg · m]인가?

㉮ 12 ㉯ 23 ㉰ 27 ㉱ 31

◆ 풀이 $T = 0.975\frac{P}{N} = 0.975\frac{50\times10^3}{1800} = 27\,[\text{kg}\cdot\text{m}]$ 답 ㉰

03 자동 제어 장치의 특수전기기기로 사용되는 전동기는?

㉮ 전기 동력계 ㉯ 3상 유도 전동기
㉰ 직류 스테핑 모터 ㉱ 초동기 전동기

◆ 풀이 직류 스테핑 모터 : 자동 제어 장치의 특수 기기에 사용 답 ㉰

04 다음 중 단상 유도 전동기의 기동 방법에 따른 분류에 속하지 않는 것은?

㉮ 분상 기동형 ㉯ 저항 기동형
㉰ 콘덴서 기동형 ㉱ 세이딩 코일형

◆ 풀이 • 단상 유도 전동기의 종류
① 반발 기동형
② 반발 유도형
③ 콘덴서 기동형
④ 분상 기동형
⑤ 세이딩 코일형

답 ㉯

05 단상 전파정류회로에서 $\alpha = 60°$일 때 정류 전압은 약 몇 [V]인가? (단, 전원측 실효값 전압은 100 [V]이다.)

㉮ 15 ㉯ 22 ㉰ 35 ㉱ 45

답 ㉱

06 3상 변압기의 병렬운전이 불가능한 결선은?

㉮ Y－Y와 Y－Y ㉯ Y－△와 Y－△
㉰ △－△와 Y－Y ㉱ △－△와 △－Y

◆ 풀이 • 변압기의 병렬운전 가능 : 짝수
변압기의 병렬운전 불가능 : 홀수

답 ㉱

07 직류 분권 전동기의 기동방법 중 가장 적당한 것은?

㉮ 기동 저항기를 전기자와 병렬접속한다.
㉯ 기동 토크를 작게 한다.
㉰ 계자 저항기의 저항값을 크게 한다.
㉱ 계자 저항기의 저항값을 0으로 한다.

◆ 풀이 • 분권 전동기의 기동 답 ㉱
① 기동 전류 작게
② 기동 저항 크게
③ 계자 전류 크게
④ 계자 저항 최소($RF=0$)

08 교류 정류자 전동기가 아닌 것은?

㉮ 만능 전동기 ㉯ 콘덴서 전동기
㉰ 시라게 전동기 ㉱ 반발 전동기

◆ 풀이 • 교류 정류자 전동기 답 ㉯
① 만능 전동기
② 시라게 전동기
③ 반발 전동기

09 유도 기전력 110 [V], 전기자 저항 및 계자 저항이 각각 0.05 [Ω]인 직권 발전기가 있다. 부하 전류가 100 [A]이면, 단자 전압 [V]은?

㉮ 95 ㉯ 100 ㉰ 105 ㉱ 110

◆ 풀이 • 직류 발전기의 유기 기전력 답 ㉯
$E=110[\mathrm{V}]$, $R_a=0.05$, $R_s=0.05$, $I=100[\mathrm{A}]$일 때 V는?
$E=V+I_a(R_a+R_s)$
$V=E-I_a(R_a+R_s)=110-100(0.05+0.05)$
$=110-10=100[\mathrm{V}]$

10 반도체 내에서 정공은 어떻게 생성되는가?

㉮ 결합전자의 이탈　　　㉯ 자유전자의 이동
㉰ 접합불량　　　㉱ 확산용량

◆ 풀이　반도체 내에서 정공은 결합전자의 이탈로 생성된다.　**답** ㉮

11 유도 전동기의 동기속도 n_s, 회전속도 n일 때 슬립은?

㉮ $s=\frac{n_s-n}{n}$　　　㉯ $s=\frac{n-n_s}{n}$
㉰ $s=\frac{n_s-n}{n_s}$　　　㉱ $s=\frac{n_s+n}{n_s}$

◆ 풀이　슬립 $S=\frac{n_s-n}{n_s}$　**답** ㉰

12 3상 유도 전동기의 회전원리를 설명한 것 중 틀린 것은?

㉮ 회전자의 회전속도가 증가할수록 도체를 관통하는 자속수가 감소한다.
㉯ 회전자의 회전속도가 증가할수록 슬립은 증가한다.
㉰ 부하를 회전시키기 위해서는 회전자의 속도는 동기속도 이하로 운전되어야 한다.
㉱ 3상 교류 전압을 고정자에 공급하면 고정자 내부에서 회전 자기장이 발생된다.

◆ 풀이　회전자의 회전속도가 증가할수록 슬립은 감소된다.　**답** ㉯

13 다음 변압기의 냉각 방식 종류가 아닌 것은?

㉮ 건식 자랭식　　㉯ 유입 자랭식　　㉰ 유입 예열식　　㉱ 유입 송유식

◆ 풀이　• 변압기의 냉각 방식　**답** ㉰
① 건식 자랭식
② 유입 자랭식
③ 유입 송유식

14 워드 레오나드 속도 제어는?

㉮ 저항 제어 ㉯ 계자 제어 ㉰ 전압 제어 ㉱ 직·병렬 제어

◆ 풀이 • 속도 제어법 답 ㉰

① 계자 제어법 : 정출력 제어

② 전압 제어법 : 속도 제어가 광범위, 운전효율이 좋다.

- 워드 레오나드 방식
- 일그너 방식 : 부하 변동이 심한 곳(fly-wheel 설치)

③ 저항 제어법

④ 직·병렬 제어

15 주파수 60 [Hz]의 전원에 2극의 동기 전동기를 연결하면 회전수는 몇 [rpm]인가?

㉮ 3600 ㉯ 1800 ㉰ 60 ㉱ 12

◆ 풀이 $N_s = \dfrac{120f}{P} = \dfrac{120 \times 60}{2} = 3600\,[\text{rpm}]$ 답 ㉮

16 동기발전기를 계통에 병렬로 접속시킬 때 관계없는 것은?

㉮ 주파수 ㉯ 위 상 ㉰ 전 압 ㉱ 전 류

◆ 풀이 • 동기발전기의 병렬 운전 조건 답 ㉱

① 기전력의 크기가 같을 것

② 기전력의 위상이 같을 것

③ 기전력의 주파수가 같을 것

④ 기전력의 파형이 같을 것

⑤ 상회전 방향이 일치

17 일반적으로 10 [kW] 이하 소용량인 전동기는 동기속도의 몇 [%]에서 최대 토크를 발생시키는가?

㉮ 2 [%]　　㉯ 5 [%]　　㉰ 80 [%]　　㉱ 98 [%]

◆ 풀이　소용량인 전동기는 동기 속도의 80 [%]에서 최대 토크를 발생　　답 ㉰

18 동기발전기에서 난조 현상에 대한 설명으로 옳지 않은 것은?

㉮ 부하가 급격히 변화하는 경우 발생할 수 있다.
㉯ 제동 권선을 설치하여 난조 현상을 방지한다.
㉰ 난조 정도가 커지면 동기 이탈 또는 탈조라고 한다.
㉱ 난조가 생기면 바로 멈춰야 한다.

◆ 풀이　• 난조 발생　　답 ㉱
① 부하가 급격히 변화할 경우
② 방지법 : 제동 권선
③ 난조 ➡ 동기 이탈(탈조)

19 급전선의 전압강하 보상용으로 사용되는 것은?

㉮ 분권기　　㉯ 직권기　　㉰ 과복권기　　㉱ 차동복권기

◆ 풀이　과복권기 : 급전선의 전압강하 보상용　　답 ㉰

20 선택 지락 계전기의 용도는?

㉮ 단일회선에서 접지 전류의 대소의 선택
㉯ 단일회선에서 접지 전류의 방향의 선택
㉰ 단일회선에서 접지 사고 지속시간의 선택
㉱ 다회선에서 접지 고장회선의 선택

◆ 풀이　선택 지락 계전기(SG) ➡ 다회선에서 접지고장 회선의 선택　　답 ㉱

10회 실전연습문제

01 다음 중 유도 전동기의 속도 제어에 사용되는 인버터 장치의 약호는?

㉮ CVCF　　㉯ VVVF　　㉰ CVVF　　㉱ VVCF

◆ 풀이　VVVF : 유도 전동기의 속도 제어에 사용되는 인버터　　답 ㉯

02 직류 복권 전동기를 분권 전동기로 사용하려면 어떻게 하여야 하는가?

㉮ 분권계자를 단락시킨다.　　㉯ 부하단자를 단락시킨다.
㉰ 직권계자를 단락시킨다.　　㉱ 전기자를 단락시킨다.

◆ 풀이　복권 전동기 ➡ 분권 전동기 : 직권 계자 권선 단락　　답 ㉰

03 게이트(gate)에 신호를 가해야만 동작되는 소자는?

㉮ SCR　　㉯ MPS　　㉰ UJT　　㉱ DIAC

◆ 풀이　SCR : 게이트에 신호를 가해야 동작　　답 ㉮

04 다음 중 전기 용접기용 발전기로 가장 적당한 것은?

㉮ 직류 분권형 발전기　　㉯ 차동 복권형 발전기
㉰ 가동 복권형 발전기　　㉱ 직류 타여자식 발전기

◆ 풀이　차동 복권 발전기 : 전기 용접기용 발전기　　답 ㉯

05 회전수 1728 [rpm]인 유도 전동기의 슬립 [%]은? (단, 동기 속도는 1800 [rpm]이다.)

㉮ 2 ㉯ 3 ㉰ 4 ㉱ 5

◆ 풀이 $S=\frac{N_s-N}{N_s}=\frac{1800-1728}{1800}\times 100=4\,[\%]$

답 ㉰

06 동기기에서 난조(hunting)를 방지하기 위한 것은?

㉮ 계자 권선 ㉯ 제동 권선 ㉰ 전기자 권선 ㉱ 난조 권선

◆ 풀이 난조 방지 ➡ 제동 권선

답 ㉯

07 동기발전기의 전기자 반작용 중에서 전기자 전류에 의한 자기장의 축이 항상 주자속의 축과 수직이 되면서 자극편 왼쪽에 있는 주자속은 증가시키고, 오른쪽에 있는 주자속은 감소시켜 편자작용을 하는 전기자 반작용은?

㉮ 증자작용 ㉯ 감자작용 ㉰ 교차 자화작용 ㉱ 작축 반작용

◆ 풀이 • 동기발전기의 전기자 반작용
편자 작용 = 교차 자화 작용

답 ㉰

08 용량이 작은 변압기의 단락 보호용으로 주 보호방식으로 사용되는 계전기는?

㉮ 차동전류 계전 방식 ㉯ 과전류 계전 방식
㉰ 비율차동 계전 방식 ㉱ 기계적 계전 방식

◆ 풀이 변압기의 단락 보호용 : 과전류 계전 방식

답 ㉯

09 다음 중 단상 유도 전동기의 기동 방법 중 기동 토크가 가장 큰 것은?

㉮ 분상 기동형 ㉯ 반발 유도형 ㉰ 콘덴서 기동형 ㉱ 반발 기동형

◆ 풀이 • 단상 유도 전동기의 기동토크 大 → 小 **답** ㉱

반발 기동형 → 반발 유도형 → 콘덴서 기동형 → 분상 기동형 → 세이딩 코일형

10 동기발전기 2대를 병렬 운전하고자 할 때 필요로 하는 조건이 아닌 것은?

㉮ 발생 전압의 주파수가 서로 같아야 한다.
㉯ 각 발전기에서 유도되는 기전력의 크기가 같아야 한다.
㉰ 발전기에서 유도된 기전력의 위상이 일치해야 한다.
㉱ 발전기의 용량이 같아야 한다.

◆ 풀이 • 동기발전기의 병렬운전 조건 **답** ㉱

① 기전력의 크기가 같을 것
② 기전력의 위상이 같을 것
③ 기전력의 주파수가 같을 것
④ 기전력의 파형이 같을 것
⑤ 상회전 방향이 일치할 것

11 동기발전기의 병렬 운전에서 한 쪽의 계자 전류를 증대시켜 유기 기전력을 크게 하면 어떤 현상이 발생하는가?

㉮ 주파수가 변화되어 위상각이 달라진다.
㉯ 두 발전기의 역률이 모두 낮아진다.
㉰ 속도 조정률이 변한다.
㉱ 무효 순환 전류가 흐른다.

◆ 풀이 기전력의 크기가 다를 경우 ➡ 무효 순환 전류 발생 **답** ㉱

12 다음 중 변압기의 온도 상승 시험법으로 가장 널리 사용되는 것은?

㉮ 단락 시험법 ㉯ 유도 시험법
㉰ 절연전압 시험법 ㉱ 고조파 억제법

◆ 풀이 단락 시험법 : 변압기의 온도 상승 시험법 답 ㉮

13 인버터의 용도로 가장 적합한 것은?

㉮ 교류 – 직류 변환 ㉯ 직류 – 교류 변환
㉰ 교류 – 증폭교류 변환 ㉱ 직류 – 증폭직류 변환

◆ 풀이 인버터 : 직류를 교류로 변환 답 ㉯

14 속도가 일정하고 구조가 간단하며 동기 이탈이 없는 전동기로서 전기시계, 오실로그래프 등에 많이 사용되는 전동기는?

㉮ 유도동기 전동기 ㉯ 초동기 전동기
㉰ 단상동기 전동기 ㉱ 반동 전동기

◆ 풀이 • 반동 전동기 답 ㉱
속도가 일정하고 구조가 간단, 전기 시계 · 오실로 그래프 등에 많이 사용

15 동기기의 전기자 권선법이 아닌 것은?

㉮ 2층 분포권 ㉯ 단절권 ㉰ 중 권 ㉱ 전절권

◆ 풀이 동기기의 전기자 전선법이 아닌 것 ➡ 전절권, 집중권 답 ㉱

16 철심에 권선을 감고 전류를 흘려서 공극(air gap)에 필요한 자속을 만드는 것은?

㉮ 정류자 ㉯ 계 자 ㉰ 회전자 ㉱ 전기자

◆ 풀이 계자(F) : 자속을 만든다. 답 ㉯

17 발전기의 전압 변동률을 표시하는 식은? (단, V_0 : 무부하 전압, V_n : 정격 전압)

㉮ $\epsilon = \left(\frac{V_0}{V_n} - 1\right) \times 100\ [\%]$

㉯ $\epsilon = \left(1 - \frac{V_0}{V_n}\right) \times 100\ [\%]$

㉰ $\epsilon = \left(\frac{V_n}{V_0} - 1\right) \times 100\ [\%]$

㉱ $\epsilon = \left(1 - \frac{V_n}{V_0}\right) \times 100\ [\%]$

◆ 풀이 • 전압 변동률 $\epsilon = \frac{V_o - V_n}{V_n} \times 100 = \left(\frac{V_o}{V_n} - 1\right) \times 100$ 답 ㉮

18 회전자 입력 10 [kW], 슬립 4 [%]인 3상 유도 전동기의 2차 동손은 몇 [kW]인가?

㉮ 0.4 ㉯ 1.8 ㉰ 4.0 ㉱ 9.6

◆ 풀이 • $P_2 = 10\,[\text{kW}]$, $S = 4\,[\%]$, $P_{2C}[\text{kW}]$는? 답 ㉮

$$P_o = (1-S)P_2 = \left(\frac{1-S}{S}\right)P_{2C}$$

$$P_o = (1-0.04) \times 10 = 9.6\,[\text{kW}],\ P_{2C} = \left(\frac{S}{1-S}\right)P_o = \left(\frac{0.04}{1-0.04}\right) \times 9.6 = 0.4\,[\text{kW}]$$

19 변압기의 콘서베이터의 사용 목적은?

㉮ 일정한 유압의 유지
㉯ 과부하로부터의 변압기 보호
㉰ 냉각 장치의 효과를 높임
㉱ 변압 기름의 열화 방지

◆ 풀이 변압기의 콘서베이터 : 변압기유의 열화 방지 답 ㉱

20 다음 제동 방법 중 급정지하는 데 가장 좋은 제동 방법은?

㉮ 발전제동 ㉯ 회생제동 ㉰ 역전제동 ㉱ 단상제동

◆ 풀이 역전 제동 : 급정지(플러깅 제동) 답 ㉰

11회 실전연습문제

01 변압기유로 쓰이는 절연유에 요구되는 성질이 아닌 것은?

㉮ 점도가 클 것
㉯ 비열이 커 냉각 효과가 클 것
㉰ 절연 재료 및 금속 재료에 화학 작용을 일으키지 않을 것
㉱ 인화점이 높고 응고점이 낮을 것

◆ 풀이 • 변압기유의 성질 **답** ㉮
① 절연 내력이 클 것
② 점도가 낮을 것

02 다음 중 변압기의 온도 상승 시험법으로 가장 널리 사용되는 것은?

㉮ 단락 시험 ㉯ 극성 시험
㉰ 절연 내력 시험 ㉱ 무부하 시험

◆ 풀이 변압기의 온도 상승 시험 : 단락 시험 **답** ㉮

03 4극의 3상 유도 전동기가 60 [Hz]의 전원에 연결되어 4 [%]의 슬립으로 회전할 때 회전수는 몇 [rpm]인가?

㉮ 1656 ㉯ 1700 ㉰ 1728 ㉱ 1880

◆ 풀이 • 회전자의 속도 N **답** ㉰

$$N=(1-s)N_s=(1-0.04)\times 1800=1728\,[\text{rpm}]$$

$$N_s=\frac{120f}{P}=\frac{120\times 60}{4}=1800\,[\text{rpm}]$$

04 4극 24층 표준 농형 3상 유도 전동기의 매극 매상당의 홈수는?

㉮ 6 ㉯ 3 ㉰ 2 ㉱ 1

◆ 풀이 • 매극 매상당 슬롯수 q 답 ㉰

$$q=\frac{s}{p\times m}=\frac{24}{4\times 3}=2$$

05 6극 60 [Hz] 3상 유도 전동기의 동기 속도는 몇 [rpm]인가?

㉮ 200 ㉯ 750 ㉰ 1200 ㉱ 1800

◆ 풀이 • 동기속도 N_s 답 ㉰

$$N_s=\frac{120f}{P}=\frac{120\times 60}{6}=1200\,[\text{rpm}]$$

06 다음 중 농형 유도 전동기의 기동법이 아닌 것은?

㉮ Y-△ 기동법 ㉯ 리액터 기동법
㉰ 2차 저항법 ㉱ 기동 보상기법

◆ 풀이 • 농형 유도 전동기의 기동법 답 ㉰

① 전전압 기동(직입 기동)
② Y-△ 기동
③ 기동 보상기법
④ 리액터 기동

07 동기발전기의 돌발 단락 전류를 주로 제한하는 것은?

㉮ 누설 리액턴스 ㉯ 역상 리액턴스
㉰ 동기 리액턴스 ㉱ 권선저항

◆ 풀이 • 단락전류 답 ㉮

① 순간(돌발) 단락 전류 제한 : 누설 리액턴스
② 지속 단락 전류 제한 : 동기 리액턴스

08 단락비가 큰 동기기는?

㉮ 안정도가 높다.
㉯ 기계가 소형이다.
㉰ 전압 변동률이 크다.
㉱ 전기자 반작용이 크다.

◆ 풀이 • 단락비가 큰 기계(철기계)의 특징 **답** ㉮

① 안정도가 높다.
② 전압 변동률이 작다.
③ 효율이 나쁘다.
④ 충전용량이 크다.

09 직류 발전기의 부하 포화 곡선은 다음 어느 것의 관계인가?

㉮ 부하 전류와 여자 전류
㉯ 단자 전압과 부하 전류
㉰ 단자 전압과 계자 전류
㉱ 부하 전류와 유기 기전력

◆ 풀이 **답** ㉰

• 부하 포화 곡선 : 단자 전압(V)과 계자 전류(I_f)의 관계
• 무부하 포화 곡선 : 위기 기전력(E)과 계자 전류(I_f)의 관계
• 외부 특성 곡선 : 단자 전압(V)과 부하 전류(I)의 관계

10 플레밍(Fleming)의 오른손 법칙에 따르는 기전력이 발생하는 기기는?

㉮ 교류 발전기
㉯ 교류 전동기
㉰ 교류 정류기
㉱ 교류 용접기

◆ 풀이 **답** ㉮

① 플레밍의 오른손 법칙 : 교류 발전기
② 플레밍의 왼손 법칙 : 교류 전동기

11 유입 변압기에 기름을 사용하는 목적이 아닌 것은?

㉮ 열 방산을 좋게 하기 위하여　　㉯ 냉각을 좋게 하기 위하여
㉰ 절연을 좋게 하기 위하여　　㉱ 효율을 좋게 하기 위하여

◆ 풀이 • 유입 변압기에 기름을 사용하는 목적 **답** ㉱
① 열 방산을 좋게 하기 위하여
② 냉각을 좋게 하기 위하여
③ 절연을 좋게 하기 위하여

12 다음 중 SCR 기호는?

㉮
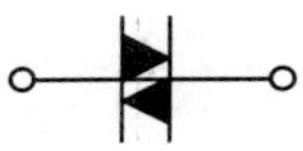
㉯

㉰

㉱
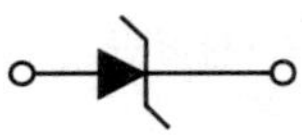

◆ 풀이 • SCR의 기호 **답** ㉯
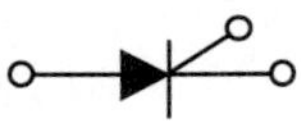

13 계기용 변압기의 2차측 단자에 접속하여야 할 것은?

㉮ OCR　　㉯ 전압계　　㉰ 전류계　　㉱ 전열부하

◆ 풀이 계기용 변압기의 2차측에는 전압계를 접속한다. **답** ㉯

14 보극이 없는 직류기의 운전 중 중성점의 위치가 변하지 않는 경우는?

㉮ 무부하일 때　　㉯ 전부하일 때
㉰ 중부하일 때　　㉱ 과부하일 때

◆ 풀이 보극이 없을 때 중성점의 위치가 변하지 않는 경우는 무부하일 때이다. **답** ㉮

15 다음 그림의 전동기는 어떤 전동기인가?

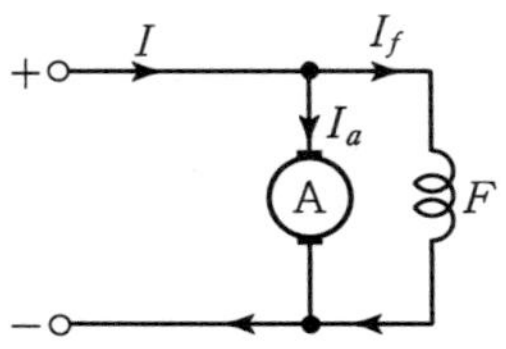

㉮ 직권 전동기
㉯ 타여자 전동기
㉰ 분권 전동기
㉱ 복권 전동기

◆ 풀이 ① 계자 권선과 전기자 권선이 병렬 연결 : 분권 전동기
② 계자 권선과 전기자 권선이 직렬 연결 : 직권 전동기

답 ㉰

16 직류 전동기의 속도 제어법에서 정출력 제어에 속하는 것은?

㉮ 계자 제어법 ㉯ 전기자 저항 제어법
㉰ 전압 제어법 ㉱ 워드 레오나드 제어법

◆ 풀이 • 속도 제어법
① 계자 제어법 : 정출력 제어법
② 전압 제어법 : 속도 제어가 광범위, 운전효율이 좋다.
- 워드 레오나드 방식
- 일그너 방식(fly-wheel 설치)
③ 저항 제어법

답 ㉮

17 60 [Hz] 3상 반파 정류 회로의 맥동 주파수 [Hz]는?

㉮ 360 ㉯ 180 ㉰ 120 ㉱ 60

◆ 풀이 3상 반파 정류 회로의 맥동 주파수 : 180 [Hz]

답 ㉯

18 다음 중 토크(회전력)의 단위는?

㉮ [rpm] ㉯ [W] ㉰ [N · m] ㉱ [N]

◆ 풀이 토크의 단위 T[N · m], [kg · m]

답 ㉰

19 동기발전기의 병렬운전에 필요한 조건이 아닌 것은?

㉮ 기전력의 크기가 같을 것
㉯ 기전력의 위상차가 최대가 될 것
㉰ 기전력의 주파수가 같을 것
㉱ 기전력의 파형이 같을 것

◆ 풀이 • 동기발전기의 병렬운전 조건
① 기전력의 크기가 같을 것
② 기전력의 위상이 같을 것
③ 기전력의 주파수가 같을 것
④ 기전력의 파형이 같을 것
⑤ 상회전 방향이 일치할 것

답 ㉯

20 다음 중 자기 소호 제어용 소자는?

㉮ SCR ㉯ TRIAC ㉰ DIAC ㉱ GTO

◆ 풀이 자기 소호 제어용 소자 : GTO

답 ㉱

12회 실전연습문제

01 아크 용접용 발전기로 가장 적당한 것은?

㉮ 타여자기　　㉯ 분권기
㉰ 차동 복권기　　㉱ 화동 복권기

◆ 풀이　차동 복권 : 아크 용접용 발전기　　답 ㉰

02 역저지 3단자에 속하는 것은?

㉮ SCR　　㉯ SSS
㉰ SCS　　㉱ TRIAC

◆ 풀이
- SCR : 역저지 3단자
- SSS : 쌍방향 2단자
- SCS : 단방향 4단자
- TRIAC : 쌍방향 3단자

답 ㉮

03 보호를 요하는 회로의 전류가 어떤 일정한 값(정정값) 이상으로 흘렀을 때 동작하는 계전기는?

㉮ 과전류 계전기　　㉯ 과전압 계전기
㉰ 차동 계전기　　㉱ 비율 차동 계전기

◆ 풀이　과전류 계전기 : 과전류가 흘렀을 때 동작하는 계전기　　답 ㉮

04 직류를 교류로 변환하는 장치는?

㉮ 정류기 ㉯ 충전기 ㉰ 순변환 장치 ㉱ 역변환 장치

◆ 풀이 역변환 장치 : 직류 ⇒ 교류 답 ㉱

05 동기발전기의 돌발 단락 전류를 주로 제한하는 것은?

㉮ 누설 리액턴스 ㉯ 동기 임피던스
㉰ 권선 저항 ㉱ 동기 리액턴스

◆ 풀이 • 단락 곡선 답 ㉮
① 순간(돌발) 단락 전류 제한 : 누설 리액턴스
② 지속 단락 전류 제한 : 동기 리액턴스

06 다음 중 변압기의 온도 상승 시험법으로 가장 널리 사용되는 것은?

㉮ 무부하 시험법 ㉯ 절연 내력 시험법
㉰ 단락 시험법 ㉱ 실 부하법

◆ 풀이 단락 시험법 : 변압기의 온도 상승 시험 답 ㉰

07 다음 중 접지저항을 측정하는 방법은?

㉮ 휘스톤 브리지법 ㉯ 캘빈 더블 브리지법
㉰ 콜라우시 브리지법 ㉱ 테스터법

◆ 풀이 콜라우시 브리지법 : 접지 저항 측정 답 ㉰

08 최소 동작값 이상의 구동 전기량이 주어지면 일정 시한으로 동작하는 계전기는?

㉮ 반한시 계전기 ㉯ 정한시 계전기
㉰ 역한시 계전기 ㉱ 반한시 – 정한시 계전기

◆ 풀이 정한시 계전기 : 일정 시한으로 동작하는 계전기 **답** ㉯

09 변압기의 무부하 시험, 단락 시험에서 구할 수 없는 것은?

㉮ 동 손 ㉯ 철 손
㉰ 전압 변동률 ㉱ 절연 내력

◆ 풀이
• 무부하 시험 : 여자 전류, 여자 어드미턴스, 철손
• 단락 시험 : 변압기의 임피던스, 동손, 전압 변동율

답 ㉱

10 3상 동기기의 제동 권선의 역할은?

㉮ 난조 방지 ㉯ 효율 증가
㉰ 출력 증가 ㉱ 역률 개선

◆ 풀이 제동 권선 : 난조 방지 **답** ㉮

11 단락비가 1.25인 발전기의 % 동기 임피던스 [%]는 얼마인가?

㉮ 70 ㉯ 80 ㉰ 90 ㉱ 100

◆ 풀이 $\% Z_s = \frac{1}{k_s} = \frac{1}{1.25} = 0.8 \times 100 = 80\ [\%]$ **답** ㉯

12 3상 동기발전기를 병렬운전시키는 경우 고려하지 않아도 되는 조건은?

㉮ 주파수가 같을 것 ㉯ 회전수가 같을 것
㉰ 위상이 같을 것 ㉱ 전압 파형이 같을 것

◆ 풀이 • 동기발전기의 병렬 운전 조건 **답** ㉯
① 기전력의 크기가 같을 것
② 기전력의 위상이 같을 것
③ 기전력의 주파수가 같을 것
④ 기전력의 파형이 같을 것
⑤ 상회전의 방향이 일치할 것

13 직류 전동기를 기동할 때 전기가 전류를 제한하는 가감 저항기를 무엇이라 하는가?

㉮ 단속기 ㉯ 제어기 ㉰ 가속기 ㉱ 기동기

◆ 풀이 기동기 : 전기자 전류를 제한하는 가감 저항기 **답** ㉱

14 출력 10 [kW], 효율 90 [%]인 기기의 손실은 약 몇 [kW]인가?

㉮ 0.6 ㉯ 1.1 ㉰ 2 ㉱ 2.5

◆ 풀이 • 출력 10 [kW], $\eta = 0.9$일 때 손실 [kW]은? **답** ㉯
손실 = 입력 − 출력 = 11.11 − 10 = 1.11 [kW]

$$\eta = \frac{\text{출력}}{\text{입력}},$$

$$\text{입력} = \frac{\text{출력}}{\eta} = \frac{10}{0.9} = 11.11\,[\text{kW}]$$

15 동기 전동기의 용도로 적당하지 않은 것은?

㉮ 분쇄기　　㉯ 압축기　　㉰ 송풍기　　㉱ 크레인

◆ 풀이　동기 전동기 : 속도가 일정한 전동기　　답 ㉱

16 유도 전동기의 무부하시 슬립은 얼마인가?

㉮ 4　　㉯ 3　　㉰ 1　　㉱ 0

◆ 풀이　유도 전동기의 무부하시 슬립=0　　답 ㉱

17 정격 전압 230 [V], 정격 전류 28 [A]에서 직류 전동기의 속도가 1680 [rpm]이다. 무부하에서의 속도가 1733 [rpm]이라고 할 때 속도 변동률 [%]은 약 얼마인가?

㉮ 6.1　　㉯ 5.0　　㉰ 4.6　　㉱ 3.2

◆ 풀이　• 속도 변동률 ϵ　　답 ㉱

$$\epsilon = \frac{N_o - N_n}{N_{n \times 100}} = \frac{1733 - 1680}{1680} \times 100 \fallingdotseq 3.15\ [\%]$$

18 전기자 저항 0.1 [Ω], 전기자 전류 104 [A], 유도 기전력 110.4 [V]인 직류 분권 발전기의 단자 전압 [V]은?

㉮ 98　　㉯ 100　　㉰ 102　　㉱ 106

◆ 풀이　• $R_a = 0.1\ [\Omega]$, $I_a = 104\ [\text{A}]$,　　답 ㉯

$E = 110.4\ [\text{V}]$, $V = ?$

분권 발전기 $E = V + I_a R_a$

$V = E - I_a R_a = 110.4 - (104 \times 0.1) = 100\ [\text{V}]$

19 4극 60 [Hz], 200 [kW]의 유도 전동기의 전부하 슬립이 2.5 [%]일 때 회전수는 몇 [rpm]인가?

㉮ 1600 ㉯ 1755 ㉰ 1800 ㉱ 1965

◆ 풀이 • $P=4$, $f=60$ [Hz], $S=0.025$, $N=?$ 답 ㉯

$$N=(1-S)N_s=(1-s)\frac{120f}{P}=(1-0.025)\frac{120\times 60}{4}$$

$$=(1-0.025)\times 1800=1755\text{ [rpm]}$$

20 권선형에서 비례 추이를 이용한 기동법은?

㉮ 리액터 기동법 ㉯ 기동 보상기법
㉰ 2차 저항법 ㉱ Y－△ 기동법

◆ 풀이 • 권선형 유도 전동기의 기동법 답 ㉰

① 게르게스법
② 2차 저항 기동법

13회 실전연습문제

01 직류 전동기의 규약 효율을 표시하는 식은?

㉮ 출력/(출력+손실) × 100%
㉯ 출력/입력 × 100%
㉰ (입력−손실)/입력 × 100%
㉱ 입력/(출력+손실) × 100%

◆ 풀이 전동기는 전기 에너지를 인가하여 동작시키는 전기 기기이므로, 규약 효율은 입력으로 표시한다. **답** ㉰

$$\text{전동기의 규약 효율} = \frac{\text{입력} - \text{손실}}{\text{입력}} \times 100[\%]$$

02 부하의 변동에 대하여 단자전압의 변화가 가장 적은 직류 발전기는?

㉮ 직권 ㉯ 분권 ㉰ 평복권 ㉱ 과복권

◆ 풀이 부하의 변동에 대하여 단자 전압이 거의 일정한 발전기는 가동 복권 발전기 중 평복권 발전기이다. **답** ㉰

03 부하의 저항을 어느 정도 감소시켜도 전류는 일정하게 되는 수하특성을 이용하여 정전류를 만드는 곳이나 아크용접 등에 사용되는 직류발전기는?

㉮ 직권발전기 ㉯ 분권발전기
㉰ 가동복권발전기 ㉱ 차동복권발전기

◆ 풀이 수하 특성을 이용하여 용접용 발전기로 사용되는 발전기는 직류 차동 복권 발전기이다. **답** ㉱

04 변압기유가 구비해야 할 조건 중 맞는 것은?

㉮ 절연 내력이 작고 산화하지 않을 것
㉯ 비열이 작아서 냉각 효과가 클 것
㉰ 인화점이 높고 응고점이 낮을 것
㉱ 절연재료나 금속에 접촉할 때 화학작용을 일으킬 것

◆ 풀이 변압기유의 구비 조건으로서 인화점(불붙는 온도)은 높고, 응고점(고체가 되는 온도)은 낮아야 한다. 답 ㉰

05 다음 단상 유도 전동기 중 기동 토크가 큰 것부터 옳게 나열한 것은?

㉠ 반발 기동형	㉡ 콘덴서 기동형
㉢ 분상 기동형	㉣ 셰이딩 코일형

㉮ ㉠>㉡>㉢>㉣ ㉯ ㉠>㉣>㉡>㉢
㉰ ㉠>㉢>㉣>㉡ ㉱ ㉠>㉡>㉣>㉢

◆ 풀이 단상 유도 전동기의 기동 토크 크리 순서
반발 기동형>반발 유도형>콘덴서 기동형>분상 기동형>셰이딩 코일형 답 ㉮

06 유도전동기의 제동법이 아닌 것은?

㉮ 3상제동 ㉯ 발전제동 ㉰ 회생제동 ㉱ 역상제동

◆ 풀이 유도 전동기의 제동법에는 발전 제동, 회생 제동, 역상 제동법 등이 있다. 답 ㉮

07 변압기, 등기기 등의 층간 단락 등의 내부 고장보호에 사용되는 계전기는?

㉮ 차동 계전기 ㉯ 접지 계전기 ㉰ 과전압 계전기 ㉱ 역상 계전기

◆ 풀이 변압기, 동기기 등의 층간 단락 등의 내부 고장 보호에 사용되는 계전기는 차동계전기이다. 답 ㉮

08 단상 전파 정류회로에서 전원이 220V 이면 부하에 나타나는 전압의 평균값은 약 몇 V인가?

㉮ 99 ㉯ 198 ㉰ 257.4 ㉱ 297

◆ 풀이 단상 전파 정류 회로의 직류분(평균값) 답 ㉯

$E_d = 0.9E = 0.9 \times 220 = 198[V]$

09 PN 접합 정류소자의 설명 중 틀린 것은? (단, 실리콘 정류소자인 경우이다.)

㉮ 온도가 높아지면 순방향 및 역방향 전류가 모두 감소한다.
㉯ 순방향 전압은 P형에 (+), N형에 (−) 전압을 가함을 말한다.
㉰ 정류비가 클수록 정류특성은 좋다.
㉱ 역방향 전압에서는 극히 작은 전류만이 흐른다.

◆ 풀이 PN 접합 실리콘 정류 소자의 특징 답 ㉮

① 순방향 전압은 P형에 (+), N형에 (−)전압을 가함을 말한다.
② 정류비가 클수록 정류 특성은 좋다.
③ 역방향 전압에서는 극히 작은 전류만이 흐른다.

10 회전자 입력 10kW, 슬립 3%인 3상 유도전동기의 2차 동손 W은?

㉮ 300 ㉯ 400 ㉰ 500 ㉱ 700

◆ 풀이 유도 전동기의 2차 동손 답 ㉮

$P = s \cdot P_2 = 0.03 \times 10[kW] = 0.3[kW] = 300[W]$

11 변압기의 효율이 가장 좋을 때의 조건은?

㉮ 철손 = 동손 ㉯ 철손 = 1/2동손
㉰ 동손 = 1/2철손 ㉱ 동손 = 2철손

◆ 풀이 변압기의 효율은 '질손=동손'일 때 가장 좋다. 답 ㉮

12 동기발전기의 전기자 권선을 단절권으로 하면?

㉮ 고조파를 제거한다. ㉯ 절연이 잘 된다.
㉰ 역률이 좋아진다. ㉱ 기전력을 높인다.

◆ 풀이 동기발전기의 전기자 권선을 단절권으로 하면,
고조파가 제거되어 파형이 개선된다. 답 ㉮

13 전력계통에 접속되어 있는 변압기나 장거리 송전 시 정전용량으로 인한 충전특성 등을 보상하기 위한 기기는?

㉮ 유도 전동기 ㉯ 동기발전기 ㉰ 유도 발전기 ㉱ 동기 조상기

◆ 풀이 전력 계통에 접속되어 있는 변압기나 장거리 송전 시 정전 용량으로 인한 충전 특성 등을 보상하기 위한 동기 조상기로는 동기 전동기를 이용한다 (우리나라는 계주 발전소에 설치되어 HVDC 송전세서 사용 중에 있다). 답 ㉱

14 전력 변환 기기가 아닌 것은?

㉮ 변압기 ㉯ 정류기 ㉰ 유도 전동기 ㉱ 인버터

◆ 풀이 유도 전동기는 회전기(전기 에너지를 기계적 에너지로 변환하는 에너지 변환기)이다. 답 ㉰
① 변압기 : 전압을 변성하는 전력 변환 기기
② 정류기 : AC를 DC로 변환하는 전력 변환기
③ 인버터 : DC를 AC로 변환하는 전력 변환기

15 직류전동기의 속도제어법이 아닌 것은?

㉮ 전압제어법 ㉯ 계자제어법
㉰ 저항제어법 ㉱ 주파수제어법

◆ 풀이 직류 전동기의 속도 제어법에는 전압 제어법, 계자 제어법, 저항 제어법 등이 있다. 답 ㉱
주파수 제어법은 유도 전동기의 속도 제어법이다.

16 동기발전기의 병렬운전에서 기전력의 크기가 다를 경우 나타나는 현상은?

㉮ 주파수가 변한다.
㉯ 동기화 전류가 흐른다.
㉰ 난조 현상이 발생한다.
㉱ 무효순환 전류가 흐른다.

◆ 풀이 동기발전기의 병렬 운전에서 기전력의 크기가 다를 경우에는 무효 순환 전류가 흐른다. 답 ㉱

17 변압기에서 2차측이란?

㉮ 부하측 ㉯ 고압측 ㉰ 전원측 ㉱ 저압측

◆ 풀이 변압기의 1차측은 전원측, 2차측은 부하측이다. 답 ㉮

18 8극 파권 직류발전기의 전기자 권선의 병렬 회로수 a는 얼마로 하고 있는가?

㉮ 1 ㉯ 2 ㉰ 6 ㉱ 8

◆ 풀이 직류 발전기의 전기자 권선 중 파권의 병렬 회로수 a=2이다. 답 ㉯

19 변압기의 절연내력 시험법이 아닌 것은?

㉮ 유도시험 ㉯ 가압시험 ㉰ 단락시험 ㉱ 충격전압시험

◆ 풀이 변압기의 절연 내력 시험법
유도 시험, 가압 시험, 충격 전압 시험법 등이 있다. 답 ㉰

20 동기전동기 중 안정도 증진법으로 틀린 것은?

㉮ 전기자 저항 감소　　㉯ 관성 효과 증대
㉰ 동기 임피던스 증대　　㉱ 속응 여자 채용

◆ 풀이　동기 전동기의 안정도 증진 방법　**답** ㉰

① 단락비를 크게 한다.
② 동기 임피던스(리액턴스)를 작게 한다.
③ 관성 모멘트를 크게 한다.
④ 조속기의 동작을 신속하게 한다.
⑤ 속응 여자 방식을 채택한다.

14회 실전연습문제

01 변압기의 임피던스 전압이란?

㉮ 정격전류가 흐를 때의 변압기 내의 전압 강화
㉯ 여자전류가 흐를 때의 2차측 단자 전압
㉰ 정격전류가 흐를 때의 2차측 단자 전압
㉱ 2차 단락 전류가 흐를 때의 변압기 내의 전압 강하

◆ 풀이 변압기의 임피던스 전압 　　답 ㉮
: 정격전류가 흐를 때의 변압기 내의 전압강하를 말한다.

02 그림은 전력제어 소자를 이용한 위상제어 회로이다. 전동기의 속도를 제어하기 위해서 '가' 부분에 사용되는 소자는?

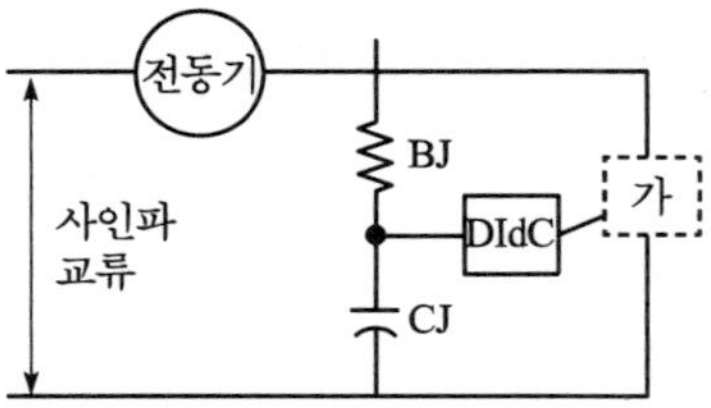

㉮ 전력용 트랜지스터
㉯ 제너 다이오드
㉰ 트라이악
㉱ 레귤레이터 78XX 시리즈

◆ 풀이 트라이액은 교류회로의 위상제어에 사용한다. 　　답 ㉰

03 정격이 10000V, 500A, 역률 90%의 상동기발전기의 단락전류 IsA는? (단, 단락비는 1.3으로 하고, 전기자저항은 무시한다.)

㉮ 450 　　㉯ 550 　　㉰ 650 　　㉱ 750

◆ 풀이 단락비 : $K_s = \frac{I_s}{I_n}$ 　　답 ㉰

단락전류 : $I_s = K_s \cdot I_n = 1.3 \times 500 = 650[A]$

04 2대의 동기발전기 A, B가 병렬 운전하고 있을 때 A기의 여자 전류를 증가 시키면 어떻게 되는가?

㉮ A기의 역률은 낮아지고 B기의 역률은 높아진다.
㉯ A기의 역률은 높아지고 B기의 역률은 낮아진다.
㉰ A, B 양 발전기의 역률이 높아진다.
㉱ A, B 양 발전기의 역률이 낮아진다.

◆ 풀이 동기발전기 병렬운전 답 ㉮
① A기의 여자전류 증가 : A기의 역률은 낮아지고 B기의 역률은 놓아진다.
② B기의 여자전류 증가 : A기의 역률은 높아지고 B기의 역률은 낮아진다.

05 다음의 정류곡선 중 브러시의 후단에서 불꽃이 발생하기 쉬운 것은?

㉮ 직선정류 ㉯ 정현파정류 ㉰ 과정류 ㉱ 부족정류

◆ 풀이 정류곡선 답 ㉱
① 직선정류, 정현파 정류 : 불꽃이 발생하지 않는 양호한 정류
② 과정류 : 브러시의 앞에서 불꽃 발생
③ 부족정류 : 브러시의 후단에서 불꽃발생

06 슬립이 일정한 경우 유도정동기의 공급 전압이 1/2 로 감소되면 토크는 처음에 비해 어떻게 되는가?

㉮ 2배가 된다. ㉯ 1배가 된다.
㉰ 1/2로 줄어든다. ㉱ 1/4로 줄어든다.

◆ 풀이 유도전동기의 토크 : $T \propto V^2$ 답 ㉱

$$T = \left(\frac{1}{2}\right)^2 = \frac{1}{4}\text{배}$$

07 권선형에서 비례추이를 이용한 기동법은?

㉮ 리액터 기동법 ㉯ 기동 보상기법 ㉰ 2차 저항기동법 ㉱ Y-Δ 기동법

◆ 풀이 유도전동기의 기동법 답 ㉰

① 농형 : 전전압기동, Y-Δ 기동법, 기동보상기법 리액터 기동

② 권선형 : 2차 저항 기동(비례추이 이용)

08 동기발전기에서 역률각이 90도 늦을 때의 전기자 반작용은?

㉮ 증자 작용 ㉯ 편자 작용 ㉰ 교차 작용 ㉱ 감자 작용

◆ 풀이 동기발전기의 전기자 반작용 답 ㉱

㉮ 역률각이 90° 빠를 때(진상) : 증자작용

㉯ 역률가이 90° 늦을 때(지상) : 감자작용

09 유도 전동기가 회전하고 있을 때 생기는 손실중에서 구리손이란?

㉮ 브러시의 마찰손 ㉯ 베어링의 마찰손 ㉰ 표유 부하손 ㉱ 1차, 2차 권선의 저항손

◆ 풀이 유도전동기의 손실에서 답 ㉱

동손 = 구리손 = 저항손

10 그림에서와 같이 ①②의 약 자극 사이에 정류자를 가진 코일을 두고 ③④에 직류를 공급하여 X, X'를 축으로 하여 코일을 시계 방향으로 회전시키고자 한다. ①②의 자극성과 ③④의 전원극성을 어떻게 해야 되는가?

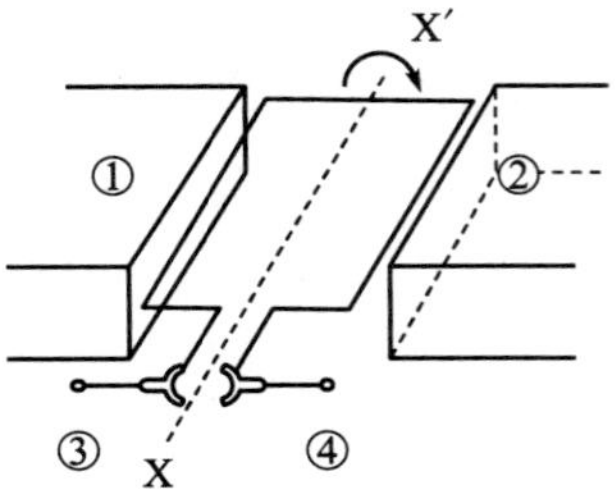

㉮ ① N ② S ③ + ④ −

㉯ ① N ② S ③ − ④ +

㉰ ① S ② N ③ + ④ −

㉱ ① S ② N ③ ④ 극성에 무관

◆ 풀이 플레밍의 왼손법칙 : 전동기의 회전방향 답 ㉯

11 그림과 같은 분상 기동형 단상 유도 전동기를 역회전시키기 위한 방법이 아닌 것은?

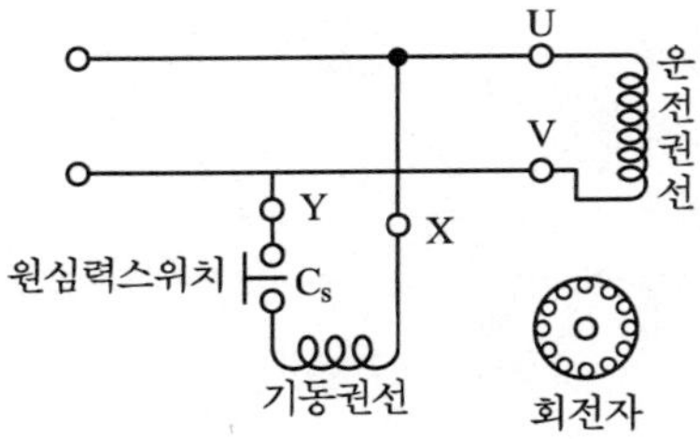

㉮ 원심력스위치를 개로 또는 폐로 한다.
㉯ 기동권선이나 운전권선의 어느 한 권선의 단자접속을 반대로 한다.
㉰ 기동권선의 단자접속을 반대로 한다.
㉱ 운전권선의 단자접속을 반대로 한다.

◆ 풀이 역회전을 할 때는 운전권선과 기동권선 중 어느 한쪽의 접속을 반대로 하면 된다. 답 ㉮

12 다음 그림은 단상 변압기 결선도이다. 1,2차는 각각 어떤 결선인가?

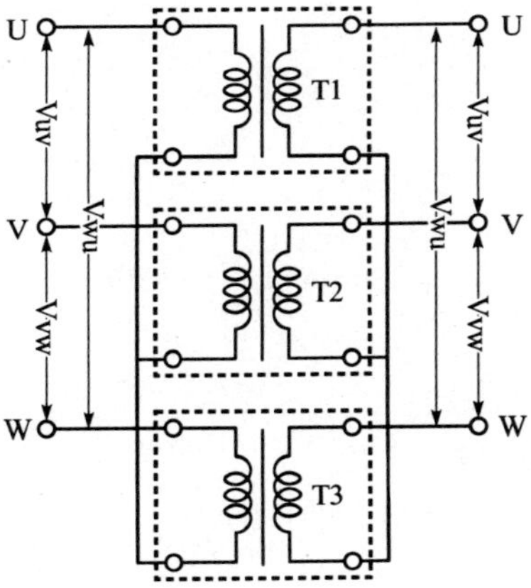

㉮ Y – Y 결선
㉯ Δ – Y 결선
㉰ Δ – Δ 결선
㉱ Y – Δ 결선

◆ 풀이 변압기 1차는 Δ결선 2차는 Y결선이다. 답 ㉯

13 다음 그림의 직류 전동기는 어떤 전동기 인가?

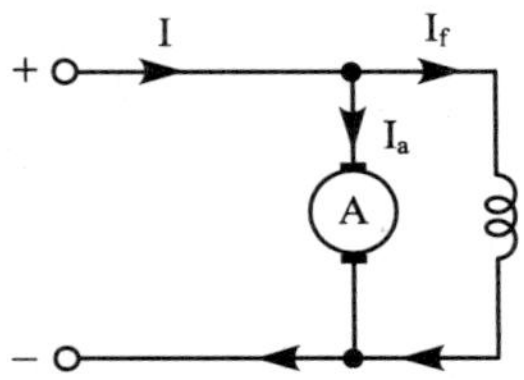

㉮ 직권 전동기
㉯ 타여자 전동기
㉰ 분권 전동기
㉱ 복권 전동기

◆ 풀이 분권전동기 : 계자권선이 전기자에 병렬로만 연결된 직류기 답 ㉰

14 전력용 변압기의 내부 고장 보호용 계전 방식은?

㉮ 역상 계전기 ㉯ 차동 계전기 ㉰ 접지 계전기 ㉱ 과전류 계전기

◆ 풀이 차동계전기 : 전력용 변압기 내부고장 보호용 답 ㉯

15 다음 중 병렬운전시 균압선을 설치해야 하는 직류 발전기는?

㉮ 분권 ㉯ 차동복권 ㉰ 평복권 ㉱ 부족복권

◆ 풀이 균압선 답 ㉰
① 설치목적 : 직류 발전기 병렬운전시 안정운전목적
② 직권 발전기 및 복권 발전기(평복권, 과복권)의 병렬운전시 필요하다.

16 다음의 변압기 극성에 관한 설명에서 틀린 것은?

㉮ 우리나라는 감극성이 표준이다.
㉯ 1차와 2차권선에 유기되는 전압의 극성이 서로 반대이면 감극성이다.
㉰ 3상결선시 극성을 고려해야 한다.
㉱ 병렬운전시 극성을 고려해야 한다.

◆ 풀이 변압기의 극성은 1차와 2차 단자간에 나타나는 유기전력의 상대적 방향을 나타내는 것으로 결정한다. 답 ㉯

17 애벌런치 항복 전압은 온도 증가에 따라 어떻게 변화하는가?

㉮ 감소한다. ㉯ 증가한다.
㉰ 증가했다 감소한다. ㉱ 무관하다.

◆ 풀이 온도가 증가하면 애벌런치 항복 전압은 증가한다. 답 ㉯

18 용량이 작은 유도 전동기의 경우 전부하에서의 슬립(%)은?

㉮ 1 - 2.5 ㉯ 2.5 - 4 ㉰ 5 - 10 ㉱ 10 - 20

◆ 풀이 유도전동기의 전부하에서의 슬립 답 ㉰
① 소용량 : 5~10%
② 중, 대용량 : 2.5~5%

19 60㎐, 2000kVA의 발전기의 회전수가 1200rpm이라면 이 발전기의 극수는 얼마인가?

㉮ 6극 ㉯ 8극 ㉰ 12극 ㉱ 14극

◆ 풀이 동기속도 : NS(rpm) 답 ㉮
$N_s = \frac{120f}{P}[rpm]$에서 $P = \frac{120f}{N_s} = \frac{120 \times 60}{1200} = 6$극

20 변압기를 △-Y로 연결할 때 1, 2차간의 위상차는?

㉮ 30° ㉯ 45° ㉰ 60° ㉱ 90°

◆ 풀이 1차와 2차간의 위상차는 $\frac{\pi}{6}[rad] = 30°$ 이다. 답 ㉮

15회 실전연습문제

01 동기기의 전기자 권선법이 아닌 것은?

㉮ 전절권 ㉯ 분포권 ㉰ 2층권 ㉱ 중권

◆ 풀이 동기기의 전기자 권선법 중 2층 분포권, 단절권 및 중권이 주로 쓰이고 결선은 Y결선으로 한다.
※ 전절권은 단절권에 비하여 단점이 많아 사용하지 않는다.

답 ㉮

02 변압기의 전격출력으로 맞는 것은?

㉮ 정격 1차 전압 × 정격 1차 전류
㉯ 정격 1차 전압 × 정격 2차 전류
㉰ 정격 2차 전압 × 정격 1차 전류
㉱ 정격 2차 전압 × 정격 2차 전류

◆ 풀이 ① 변기압의 정격은 2차측을 기준으로 한다.
② 변압기의 정격출력 = 정격 2차 전압 × 정격 2차 전류
※ 단위는 $V \cdot A, kV \cdot A$ 또는 $MV \cdot A$

답 ㉱

03 직류기에서 정류를 좋게 하는 방법 중 전압정류의 역할은?

㉮ 보극 ㉯ 탄소 ㉰ 보상권선 ㉱ 리액턴스 전압

◆ 풀이 정류를 좋게 하는 방법
① 전압 정류 : 보극을 설치하여 정류 코일 내에 유기되는 리액턴스 전압과 반대방향으로 정류전압을 유기시켜 양호한 정류를 얻는 방법이다.
② 저항 정류 : 접촉저항이 큰 전기 흑연질 또는 탄소질 브러시를 사용하여 정류시키는 방법이다.

답 ㉮

04 역률이 좋아 가정용 선풍기, 세탁기, 냉장고 등에 주로 사용되는 것은?

㉮ 분상 기동형　　㉯ 콘텐서 기동형
㉰ 반발 기동형　　㉱ 셰이딩 코일형

◆ 풀이 콘덴서(condenser) 기동형 전동기 : 단상 유도 전동기로서 역률(90% 이상)과 효율이 좋아서 가전제품에 주로 사용된다.
※ 단상 유도 전동기의 특성 비교 본문 표 2-7 참조

답 ㉯

05 기중기, 전기 자동차, 전기 철도와 가은 곳에 가장 많이 사용되는 전동기는?

㉮ 가동 복권 전동기　　㉯ 차동 복권 전동기
㉰ 분권 전동기　　㉱ 직권 전동기

◆ 풀이 직권 전동기는 기중기, 전기 자동차, 전기 철도와 같이 가동 횟수가 빈번하고 토크 변동도 심한 부하에 가장 많이 사용된다.
※ 본문 표 2-2 참조

답 ㉱

06 동기전동기의 공급전압이 앞선 전류는 어떤 작용을 하는가?

㉮ 역률작용　　㉯ 교차자화작용
㉰ 증자작용　　㉱ 감자작용

◆ 풀이 동기전동기의 전기자 반작용 : 앞선 전류는 감자 작용을,
뒤진 전류는 증자 작용을 하며 역률 1, 즉 동위상에서는 교차 자화 작용을 한다.

답 ㉱

07 농형 유도전동기의 기동법이 아닌것은?

㉮ 전전압 기동　　㉯ △-△ 기동
㉰ 기동보상기에 의한 기동　　㉱ 리액터 기동

◆ 풀이 문제 22, 해설 참조

답 ㉯

08 동기조상기를 과여자로 사용하려면?

㉮ 리액터로 작용 ㉯ 저항손의 보상
㉰ 일반부하의 뒤진 전류 보상 ㉱ 콘덴서로 작용

◆ 풀이 동기조상기의 운전 답 ㉱
① 부족여자 : 유도성 부하로 동작 → 리액터로 작용
② 과여자 : 용량성 부하로 동작 → 콘덴서로 작용
※ 그림 2-87 위상 특성 곡선 참조

09 직류를 교류로 변환하는 기기는?

㉮ 변류기 ㉯ 정류기 ㉰ 초퍼 ㉱ 인버터

◆ 풀이 인버터와 컨버터 답 ㉱
① 인버터(inverter) : 전력용 반도체 소자를 이용하여 직류를 교류로 변환하는 장치
② 컨버터(converter) : 교류전력을 직류전력으로 변환하는 장치
※ 어떤 직류전압을 입력으로 하여 크기가 다른 직류를 얻기 위한 회로가 직류 초퍼(DC chopper) 회로이다.

10 그림의 정류회로에서 다이오드의 전압강하를 무시할 때 콘덴서 양단의 최대 전압은 약 몇 V 까지 충전 되는가?

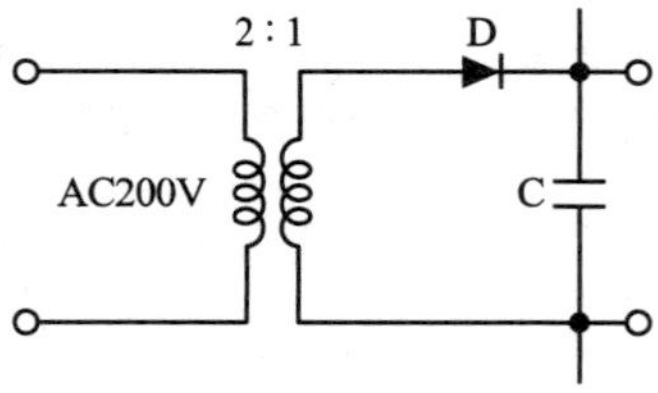

㉮ 70
㉯ 144
㉰ 280
㉱ 352

◆ 풀이 답 ㉯

$$V_2 = \frac{V_1}{a} = \frac{200}{\frac{1}{2}} = 100\,V$$

$$\therefore V_m = \sqrt{2}\,V_2 = 1.41 \times 100 = 141\,V$$

11 회전수 540 rpm, 12극, 3상 유도전동기의 슬립(%)은? (단, 주파수는 60 Hz 이다.)

㉮ 1 ㉯ 4 ㉰ 6 ㉱ 10

◆ 풀이 $N_s = \frac{120f}{p} = \frac{120 \times 60}{12} = 600rpm$

$\therefore$ 슬립$(slip)$ $s = \frac{N_s - N}{N_s} \times 100 = \frac{600-540}{600} \times 100 = 10\%$

답 ㉱

12 직류 분권전동기의 회전방향을 바꾸기 위해 일반적으로 무엇의 방향을 바꾸어야 하는가?

㉮ 전원 ㉯ 주파수 ㉰ 계저자항 ㉱ 전기자전류

◆ 풀이 직류 전동기의 회전방향의 변경(분권)

① 계자 또는 전기자 접속을 반대로 바꾸면 회전방향은 반대가 된다.

②일반적으로 전기자 접속을 바꾸어 전기자 전류 방향이 반대가 되게 한다.

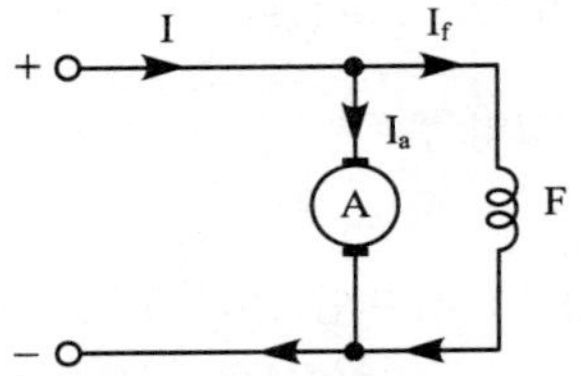

분권전동기

답 ㉱

13 다음 중 변압기의 원리와 관계있는 것은?

㉮ 전기자 반작용 ㉯ 전자 유도 작용

㉰ 플레밍의 오른손 법칙 ㉱ 플레밍의 왼손 법칙

◆ 풀이 변압기는 1차 측에 일정 크기의 교류전압을 받아 전자유도(electromagnetic induction) 작용에 의하여 2차 측에 다른 크기의 교류전압을 부하에 공급하는 역할을 한다.

답 ㉯

14 동기기 운전시 안정도 증진법이 아닌 것은?

㉮ 단락비를 크게 한다.
㉯ 회전부의 관성을 크게 한다.
㉰ 속응여자방식을 채용한다.
㉱ 역상 및 영상임피던스를 작게 한다.

◆ 풀이 안전도의 증진 방법 **답** ㉱

① 속응 여자 방식을 채용할 것
② 조속기의 동작을 신속히 할 것
③ 동기 리액턴스를 작게 할 것
④ 플라이휠 효과를 크게 할 것
⑤ 회전자의 관성을 크게 할 것
⑥ 단락비를 크게 할 것

15 다음 중 변압기의 1차측이란?

㉮ 고압측 ㉯ 저압측 ㉰ 전원측 ㉱ 부하측

◆ 풀이 **답** ㉰

1) 변압기의 1차측 : 전원측
2) 변압기의 2차측 : 부하측

16 3상 유도전동기의 토크는?

㉮ 2차 유도기전력의 2승에 비례한다.
㉯ 2차 유도기전력에 비례한다.
㉰ 2차 유도기전력과 무관하다.
㉱ 2차 유도기전력의 0.5승에 비례한다.

◆ 풀이 3상 유도 전동기의 토크 T **답** ㉮

$$T = K \cdot \frac{sE_2^2 \cdot r^2}{r_2^2 + (sx_2)^2} = K_0 \cdot E_2^2 [N \cdot m]$$

여기서, sE_2 : 슬립 s일 때 2차 유도 기전력

sx_2 : 슬립 s일 때 2차 리액턴스

r_2 : 2ck 도선 저항

∴ 토크는 2차 유도 기전력의 2승에 비례한다.

17 50 kW의 농형 유도전동기를 기동하려고 할 때, 다음 중 가장 적당한 기동 방법은?

㉮ 분상기동법 ㉯ 기동보상기법
㉰ 권선형기동법 ㉱ 2차저항기동법

◆ 풀이 농형 유도전동기의 기동법 답 ㉯
① 전전압 기동법 : 보통 10kW 이하
② 리액터 기동법 : 보통 15kW 이하
③ $Y-\Delta$ 기동법 : 보통 10~15 kW
④ 기동 보상기법 : 보통 15kW 이상

18 보극이 없는 직규가 운전 중 중성점의 위치가 변하지 않는 경우는?

㉮ 과부하 ㉯ 전부하 ㉰ 중부하 ㉱ 무부하

◆ 풀이 보극(inter pole) : 본문 그림 2-10 참조 답 ㉱
보극이 없는 직류기는 무부하 운전일 때만 전기자 전류가 흐르지 않아
전기자 반작용이 발생하지 않으므로 중성점의 위치가 변하지 않는다.

19 1차 전압 13200 V, 2차 전압 220 V 인 단상 변압기의 1차에 6000 V의 전압을 가하면 2차 전압은 몇 V 인가?

㉮ 100 ㉯ 200 ㉰ 50 ㉱ 250

◆ 풀이 권수비 $a=\dfrac{V_1}{V_2}=\dfrac{13200}{220}=60$ 답 ㉮
$\therefore V_2'=\dfrac{V_1'}{a}=\dfrac{6000}{60}=100\,V$

20 자속밀도 0.8Wb/m^2인 자계에서 길이 50 cm인 도체가 30 m/s로 회전할 때 유기되는 기전력(V)은?

㉮ 8 ㉯ 12 ㉰ 15 ㉱ 24

◆ 풀이 유기되는 기전력 $e=Blv=0.8\times50\times10^{-2}\times30=12\,V$ 답 ㉯

16회 실전연습문제

01 3상 농령유도전동기의 Y-Δ 기동시의 기동전류를 전전압 기동시와 비교하면?

㉮ 전전압 기동전류의 1/3 로 된다.
㉯ 전전압 기동전류의 √3배로 된다.
㉰ 전전압 기동전류의 3배로 된다.
㉱ 전저압 기동전류의 9배로 된다.

◆ 풀이 3상 유도 전동기의 $Y-\triangle$ 기동 방법 **답** ㉮
: 기동할 때 Y결선으로 각 상의 권선에는 정격전압의 $\frac{1}{\sqrt{3}}$ 의 전압이 가해지므로,
기동전류는 전전압 기동에 비하여 $\frac{1}{3}$ 로 감소된다.

02 선풍기, 가정용 펌프, 헤어드라이기 등에 주로 사용되는 전동기는?

㉮ 단상 유도전동기 ㉯ 권선형 유도전동기
㉰ 동기전동기 ㉱ 직류 직권전동기

◆ 풀이 단상 유도전동기(본문 표 2-7 참조) **답** ㉮

03 3상 전파 정류회로에서 전원 250V일 때 부하에 나타나는 전압(V)의 최대값은?

㉮ 약 177 ㉯ 약 292 ㉰ 약 354 ㉱ 약 433

◆ 풀이 $V_m = \sqrt{2}\,V = \sqrt{2} \times 250 \fallingdotseq 354\,V$ **답** ㉰

04 3단자 사이리스터가 아닌 것은?

㉮ SCS ㉯ SCR ㉰ TRIAC ㉱ GTO

◆ 풀이 사이리스터 (thyristor)의 분류 **답** ㉮

① 단일 방향성 소자

(가) 3단자 : SCR(silicon controlled rectifier)
GTO(gate turn-off thyristor)

(나) 4단자: SCR(silicon controlled switch)

② 양방향성 소자

(가) 2단자 : DIAC(diode Ac switch)
SSS(silicon symmertrical switch)

(나) 3단자 : TRIAC(triode Ac switch)
SBS(silicon bilateral switch)

05 직류 직권전동기의 특징에 대한 설명으로 틀린 것은?

㉮ 부하전류가 증가하면 속도가 크게 감소된다.

㉯ 기동토크가 작다.

㉰ 무부하 운전이나 벨트를 연결한 운전은 위험하다.

㉱ 계자권선과 전기자권선이 직렬로 접속되어 있다.

◆ 풀이 직류 직권전동기는 기동 토크가 크고 입력이 작으므로
전차, 권상기, 크레인 등에 사용된다. **답** ㉯

06 3상 유도전동기의 회전 방향을 바꾸려면?

㉮ 전원의 극수를 바꾼다.

㉯ 전원의 주파수를 바꾼다.

㉰ 3상 전원 35선 중 두선의 접속을 바꾼다.

㉱ 기동 보상기를 이용한다.

◆ 풀이 3개 단자 중 어느 2개의 단자를 서로 바꾸어주면 회전자장의 방향이
반대가 되므로 전동기는 역회전된다. **답** ㉰

07 동기전동기의 직류 여자전류가 증가될 때의 현상으로 옳은 것은?

㉮ 진상 역률을 만든다. ㉯ 지상 역률을 만든다.
㉰ 동상 역률을 만든다. ㉱ 진상 · 지상 역률을 만든다.

◆ 풀이 동기전동기의 V곡선 (위상 특성 곡선) 답 ㉮
① 부족 여자, 즉 뒤진 전류로 하면 리액터로 작용,
유도성 부하로 늦은(지상) 역률이 된다.
② 계자전류를 조정하여 과여자, 즉 앞선 전류로 하면 콘덴서로 작용,
용량성 부하로 앞선(진상) 역률이 된다.

08 슬립이 4%인 유도전동기에서 동기속도가 1200rpm일 때 전동기의 회전속도(rpm)은?

㉮ 697 ㉯ 1051 ㉰ 1152 ㉱ 1321

◆ 풀이 $N = (1-s) \cdot N_s = (1-0.04) \times 1200 = 1152rpm$ 답 ㉰

09 브흐홀츠 계전기로 보호되는 기기는?

㉮ 변압기 ㉯ 유도 전동기 ㉰ 직류 발전기 ㉱ 교류 발전기

◆ 풀이 부흐홀츠 계전기(BHR) 답 ㉮
① 변압기 내부 고장으로 2차적으로 발생하는 기름의 분해 가스 증기
또는 유류를 이용하여 부표(뜨는 물건)를 움직여 계전기의 접점을 닫는 것이다.
② 변압기의 주탱크와 콘서베이터의 연결관 도중에 설치한다.

10 34극 60MVA, 역률 0.8, 60Hz, 22.9kV 수차발전기의 전부하 손실이 1600kW이면 전부하 효율은(%)은?

㉮ 90 ㉯ 95 ㉰ 97 ㉱ 99

◆ 풀이 $\eta = \dfrac{출력}{출력+손실} \times 100 = \dfrac{60 \times 10^3}{60 \times 10^3 + 1600} \times 100 \fallingdotseq 97.4\%$ 답 ㉰

11 주상변압기의 고압측에 여러 개의 탭을 설치하는 이유는?

㉮ 선로 고장대비　　㉯ 선로 전압조정
㉰ 선로 역률개선　　㉱ 선로 과부하 방지

◆ 풀이 탭 절환 변압기 (본문 그림 2-101 참조)
: 주상변압기에 여러 개의 탭을 만드는 것은,
부하 변동에 따른 선로 전압을 조정하기 위해서이다.

답 ㉯

12 낮은 전압을 높은 전압으로 승압할 때 일반적으로 사용되 는 변압기의 3상 결선방식은?

㉮ △-△　　㉯ △-Y　　㉰ Y-Y　　㉱ Y-△

◆ 풀이 ① $\Delta - Y$ 결선은 낮은 전압을 높은 전압으로 올릴 때 사용한다.
② $Y - \Delta$ 결선은 높은 전압을 낮은 전압으로 낮추는 데 사용한다.

답 ㉯

13 정류자와 접촉하여 전기자 권선과 외부 회로를 연결하는 역할을 하는 것은?

㉮ 계자　　㉯ 전기자　　㉰ 브러시　　㉱ 계자철심

◆ 풀이 브러시 (brush)의 역할 : 전기자 권선이 접속되어 있는 정류자와 외부회로를 접속하여 전류를 흐르게 한다.

답 ㉰

14 사용 중인 변류기의 2차를 개방하면?

㉮ 1차 전류가 감소한다.
㉯ 2차 권선에 110V 가 걸린다.
㉰ 개방단의 전압은 불변하고 안전하다.
㉱ 2차 권선에 고압이 유도된다.

◆ 풀이 사용 중인 변류기의 2차 측을 개방하면, 2차 전류는 흐르지 않으나
1차 측에 부하전류가 전부 여자전류로 사용되어 2차 측에 고전압이 유기되어
절연이 파괴될 우려가 있다.

답 ㉱

15 변압기유의 구비 조건으로 옳은 것은?

㉮ 절연 내력이 클 것　　㉯ 인화점이 낮을 것
㉰ 응고점이 높을 것　　㉱ 비열이 작을 것

◆ 풀이　변압기유의 구비조건　**답** ㉮
① 점도가 낮을 것
② 인화점이 높을 것
③ 응고점이 낮을 것
④ 절연내력이 클 것
⑤ 냉각 작용이 좋고, 비열과 열전도도가 클 것

16 동기기에 제동권선을 설치하는 이유로 옳은 것은?

㉮ 역률 개선　　㉯ 출력증가　　㉰ 전압 조정　　㉱ 난조 방지

◆ 풀이　동기전동기의 단점 중에서, 난조가 일어나기 쉬우므로 이를 방지하기 위하여 제동권선을 설치한다. (본문 그림 2-8 참조).　**답** ㉱

17 동기전동기에 관한 내용으로 틀린 것은?

㉮ 기동토크가 작다.　　㉯ 역률을 조정할 수 없다.
㉰ 난조가 발생하기 쉽다.　　㉱ 여자기가 필요하다.

◆ 풀이　동기전동기의 특징　**답** ㉯
① 장점
(가) 역률을 조정할 수 있다. (본문 그림 2-87 참조.)
(나) 속도가 일정 불변이다.
(다) 기계적으로 튼튼하다.
② 단점 : ㉮, ㉰, ㉱ 이외에 값이 비싸다.

18 유도전동기의 무부하시 슬립은?

㉮ 4 ㉯ 3 ㉰ 1 ㉱ 0

◆ 풀이 슬립(slip)의 범위 : $0<s<1$ 답 ㉱

① 무부하 시 동기속도로 회전하는 경우 : $s=0$

② 기동 시 회전자가 정지하고 있는 경우 : $s=1$

19 직류 발전기의 정격전압 100V, 무부하 전압 109V 이다 이 발전기의 전압 변동률 ε (%)은?

㉮ 1 ㉯ 3 ㉰ 6 ㉱ 9

◆ 풀이 $\epsilon = \dfrac{V_0 - V_n}{V_n} \times 100 = \dfrac{109-100}{100} \times 100 = 9\%$ 답 ㉱

20 직류 스테핑 모터(DC stepping moter)의 특징이다. 다음 중 가장 옳은 것은?

㉮ 교류 동기 서보 모터에 비하여 효율이 나쁘고 토크 발생도 작다.

㉯ 입력되는 전기신호에 따라 계속하여 회전한다.

㉰ 일반적인 공작 기계에 많이 사용된다.

㉱ 출력을 이용하여 특수기계의 속도, 거리, 방향 등을 정확하게 제어할 수 있다.

◆ 풀이 직류 스테핑 모터 (DC-stepping moter) 답 ㉱

① 자동 제어장치를 제어하는 데 사용되는 특수 직류 전동기로 정밀한 서보(servo) 기구에 많이 사용된다.

② 특수 기계의 속도, 거리, 방향 등의 정확한 제어가 가능하다.

③ 전기신호를 받아 회전운동으로 바꾸고 규정된 각도만큼씩 회전한다.

실전응용문제

1회 실전응용문제

01 다이오드를 사용한 정류 회로에서 여러 개를 직렬로 연결하여 사용할 경우 얻는 효과는 ?

① 다이오드를 과전류로부터 보호
② 다이오드를 과전압으로부터 보호
③ 부하 출력의 맥동률 감소
④ 전력 공급의 증대

◆ 풀이 다이오드의 보호방법 답 ②

1) 직렬연결 : 과전압으로부터 보호
2) 병렬연결 : 과전류로부터 보호

02 15[kW] 3상 유도 전동기의 기계손이 350[W], 전부하시의 슬립이 3[%] 이다. 전부하시의 2차 동손[W] 은 ?

① 275 ② 395 ③ 426 ④ 475

◆ 풀이 $P_{c2} = \frac{S}{1-S}(P_0 + P_m)$, $P_m =$ 기계손 답 ④

$= \frac{0.03}{1-0.03} \times (15000 + 350)$ [W] $=$ 475 [W]

03 3상 권선형 유도 전동기의 전부하 슬립이 5[%], 2차 1상의 저항이 0.5[Ω] 이다. 이 전동기의 기동 토크를 전부하 토크와 같도록 하려면 외부에서 2차에 삽입할 저항은 몇 [Ω] 인가 ?

① 10 ② 9.5 ③ 9 ④ 8.5

◆ 풀이 $\frac{\sqrt{2}}{St} = \frac{r_2 + R'}{S'}$ 답 ②

$\frac{0.5}{0.05} = \frac{0.5 + R'}{1}$ $R = 9.5$ [Ω]

04 직류기의 효율이 최대가 되는 경우는 다음 중 어느 것인가 ?

① 고정손 = 부하손 ② 기계손 = 전기자 동손
③ 와류손 = 히스테리시스손 ④ 전부하 동손 = 철손

답 ①

05 단상 50[kVA] 1차 3300[V], 2차 210[V] 60[Hz], 1차 권회수 550, 철심의 유효단면적 150 [cm^2] 의 변압기 철심의 자속밀도[Wb/m^2] 는 ?

① 약 2.0 ② 약 1.5 ③ 약 1.2 ④ 약 1.0

◆ 풀이 답 ②

$$E_1 = 4.44\, f\, \phi_m\, N_1 = 4.44 f\, B_m\, A N_1 \ \ [\mathrm{V}]$$

$$B_m = \frac{E_1}{4.44 f A N_1}$$

$$= \frac{3300}{4.44 \times 60 \times 150 \times 10^{-4} \times 550} = 1.5\ [\mathrm{Wb/\,m^2}]$$

06 보통 전기기계에서는 규소강판을 성층하여 사용하는 경우가 많다. 성층하는 이유는 다음 중 어느 것을 줄이기 위한 것인가 ?

① 히스테리시스손 ② 와류손 ③ 동손 ④ 기계손

◆ 풀이 답 ②

철손 – P_h 감소 : 규소강판 사용
– P_e 감소 : 성층철심

07 동기 조상기를 부족 여자로 사용하면 다음 상수의 어떤 특성과 같은가 ?

① C ② R ③ L ④ 공진

◆ 풀이 답 ③

위상특성곡선(V곡선)
1) 부족여자 : 리액터로 작용(L)
2) 과여자 : 콘덴서로 작용(C)

08 동기발전기의 돌발 단락 전류를 주로 제한하는 것은 ?

① 동기 리액턴스 ② 권선 저항
③ 누설 리액턴스 ④ 동기 임피던스

◆ 풀이 3상 단락곤선 답 ③

1) 순간(돌발) 단락 전류 제한 : 누설 리액턴스
2) 지속 단락 전류 제한 : 동기 리액턴스

09 보통 농형에 비하여 2중 농형 전동기의 특징인 것은 ?

① 최대 토크가 크다. ② 손실이 적다.
③ 기동 토크가 크다. ④ 슬립이 크다.

답 ③

10 교류기에서 유기 기전력의 특정 고조파분을 제거하고 또 권선을 절약하기 이하여 자주 사용되는 권선법은 ?

① 전절권 ② 분포권 ③ 집중권 ④ 단절권

◆ 풀이 단절권 답 ④

1) 동량이 감소(권선이 절약)
2) 고조파를 제거하여 기전력의 파형개선

11 직류 복권 발전기를 병렬 운전할 때 반드시 필요한 것은 ?

① 과부하 계전기 ② 균압모선
③ 용량이 같을 것 ④ 외부 특성 곡선이 일치할 것

◆ 풀이 균압선 : 병렬 운전을 안정하게 운전하기 위하여 답 ②

12 단상 유도 전동기의 기동에 브러시를 필요로 하는 것은 ?

① 분상 기동형 ② 반발 기동형
③ 콘덴서 분상 기동형 ④ 셰이딩 코일 기동형

답 ②

13 동기전동기의 전기자 반작용에 있어 맞는 것은 ?

① 전압보다 90˚ 앞선 전류는 주자속을 감자한다.
② 전압보다 90˚ 느린 전류는 주자속을 감자한다.
③ 전압과 동상인 전류는 주자속을 감자한다.
④ 전압보다 90˚ 느린 전류는 주자속을 교차 자화한다.

◆ 풀이 • 전기자 반작용 답 ①

- 발전기 : E와 I의 관계
- 전동기 : V와 I의 관계

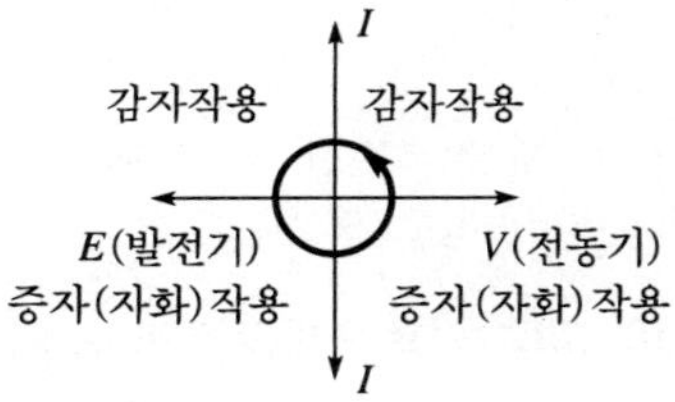

14 그림과 같은 정합 변압기(matching transformer) 가 있다. R_2에 주어지는 전력이 최대가 되는 권선비 a는 ?

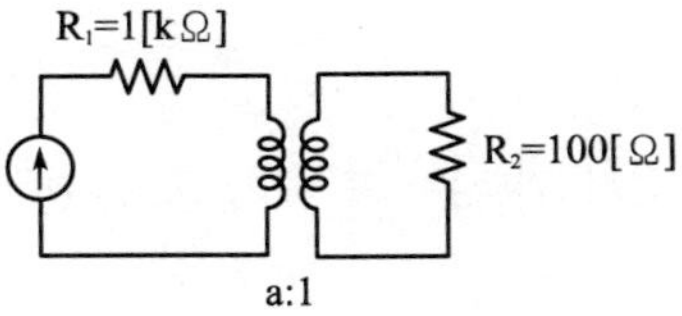

① 약 2
② 약 1.16
③ 약 2.16
④ 약 3.16

◆ 풀이 $R_1 = a^2 R_2$ 답 ④

$$a = \sqrt{\frac{R_1}{R_2}} = \sqrt{\frac{1000}{100}} = \sqrt{10} = 3.16$$

15 그림과 같은 단상 전파 제어 회로의 전원 전압의 최대값이 2300 [V] 이다. 저항 2.3 [Ω], 유도 리액턴스가 2.3 [Ω]인 부하에 전력을 공급하고자 한다. 제어 범위는 ?

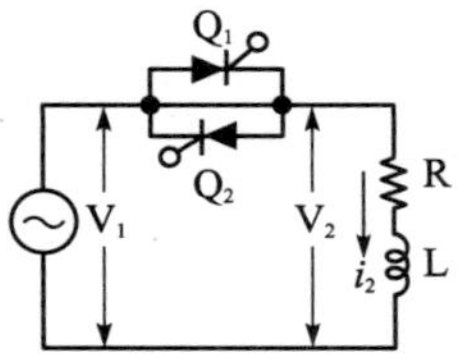

① $0 \leq \alpha \leq \frac{\pi}{2}$

② $\frac{\pi}{2} \leq \alpha \leq \pi$

③ $0 \leq \alpha \leq \pi$

④ $\frac{\pi}{4} \leq \alpha \leq \pi$

답 ④

16 3상 배전선에 접속된 V 결선의 변압기에서 전부하시의 출력을 P[kVA] 라 하면, 같은 변압기 한 대를 증설하여 △ 결선하였을 때의 정격출력[kVA] 는 ?

① $\frac{3}{2}P$ ② $\frac{2}{\sqrt{3}}P$ ③ $\sqrt{3}\,P$ ④ $2P$

◆ 풀이 V → △결선, 즉 한 대 증설하면 용량이 $\sqrt{3}$ 증가

답 ③

17 교류 직류 양용 전동기(Universal motor) 또는 만능 전동기라고 하는 전동기는 ?

① 단상 반발 전동기 ② 3상 직권 전동기
③ 단상 직권 정류자 전동기 ④ 3상 분권 정류자 전동기

답 ③

18 동기 속도를 2배로 하였을 때 3상 유도 전동기의 동기 와트는 몇 배가 되는가 ?

① 1 ② 2 ③ 3 ④ 4

◆ 풀이 $T = 0.975\frac{P_2}{N_s}$ [kg · m]

답 ②

$P_2 = \frac{N_s \cdot T}{0.975}$ 이므로 $P_2 \propto N_s$ ∴ 2 배

19 변압기에서 역률 100[%] 일 때의 전압 변동률 ϵ은 어떻게 표시되는가 ?

① % 저항 강하 ② % 리액턴스 강하
③ % 서셉턴스 강하 ④ % 임피던스 전압

◆ 풀이 $\epsilon = P\cos\theta + q\sin\theta \quad \cos\theta = 100$ [%],
$\sin\theta = 0$ [%] $\epsilon = P$

답 ①

20 정격 출력시 부하손/고정손의 비는 2 이고, 효율 0.8 인 어느 발전기의 1/2 정격 출력시의 효율은 ?

① 0.7 ② 0.75 ③ 0.8 ④ 0.83

◆ 풀이 $\dfrac{\text{부하손}}{\text{고정손}} = 2\ ,\ \dfrac{P_c}{P_i} = 2\ ,\ P_c = 2P_i\ ,\ \eta = 0.8$

답 ③

$$\eta = \frac{P_n\cos\theta}{P_n\cos\theta + P_i + P_c} = \frac{P_n}{P_n + P_i + 2P_i}$$

$$= \frac{P_n}{P_n + 3P_i} = 0.8$$

$$\eta_{\frac{1}{m}} = \frac{\frac{1}{m}P_n\cos\theta}{\frac{1}{m}P_n\cos\theta + P_i + \left(\frac{1}{m}\right)^2 P_c}$$

$$= \frac{\frac{1}{2}P_n}{\frac{1}{2}P_n + P_i + \left(\frac{1}{2}\right)^2 P_c} = \frac{P_n}{P_n + 3P_i} = 0.8$$

2회 실전응용문제

01 병렬운전 중의 3상 동기발전기에 무효순환전류가 흐르는 경우는 ?

① 여자의 변화　　② 부하의 증가
③ 부하의 감소　　④ 원동기 출력변화

◆ 풀이　동기발전기의 병렬운전 조건

1) 기전력의 크기가 같을 것 ≠ 무효순환전류 발생(무효횡류)
2) 기전력의 위상이 같을 것 ≠ 유효순환전류 발생(동기화전류 = 유효횡류)
3) 기전력의 주파수가 같을 것 ≠ 난조 발생 ➡ 제동권선 방지
4) 기전력의 파형이 같을 것
5) 상회전방향이 일치

답 ①

02 다음은 3상 유도전동기의 슬립이 $S < 0$ 인 경우를 설명한 것이다. 잘못된 것은 ?

① 동기속도 이상이다.
② 유도발전기로 사용된다.
③ 유도전동기 단독으로 동작이 가능하다.
④ 속도를 증가시키면 출력이 증가한다.

답 ③

03 단상 정류자 전동기의 일종인 단상 반발 전동기에 해당되는 것은 ?

① 시라게 전동기　　② 아트킨손형 전동기
③ 단상 직권정류자전동기　　④ 반발유도전동기

답 ②

04 변압기의 부하전류 및 전압이 일정하고, 주파수가 낮아졌을 때의 현상으로 옳은 것은 ?

① 철손 감소 ② 철손 증가 ③ 동손 감소 ④ 동손 증가

◆ 풀이 $B_m \propto \frac{1}{f}$ (철기계) 철손 증가, 여자전규 증가, %Z 감소

$\uparrow \quad \downarrow$

답 ②

05 3상 유도전동기에서 동기 와트로 표시되는 것은?

① 토크 ② 동기 각속도 ③ 1차 입력 ④ 2차 출력

◆ 풀이 동기 와트 : 동기 속도에서의 토크를 동기 와트라 한다.

답 ①

06 3300/210[V], 10[kVA] 의 단상변압기가 있다. % 저항강하는 3[%], % 리액턴스 강하는 4[%] 이다. 이 변압기가 무부하인 경우의 2차 단자전압은 약 몇 [V] 인가 ? (단, 변압기는 지역률 80[%]일 때 정격출력을 낸다고 한다.)

① 168 ② 216 ③ 220 ④ 228

◆ 풀이 전압변동률 $\epsilon = \frac{V_{20} - V_{2n}}{V_{2n}}$

$V_{20} = (\epsilon + 1)\, V_{2n} = (0.048 + 1) \times 210 \fallingdotseq 220[V]$

$\epsilon = P\cos\theta + q\sin\theta = (3 \times 0.8) + (4 \times 0.6) = 4.8\,[\%]$

답 ③

07 병렬운전 중의 A, B 두 동기발전기 중 A 발전기의 여자를 B 발전기보다 강하게 하면 A 발전기는 ?

① 90° 진상전류가 흐른다.
② 90° 지상전류가 흐른다.
③ 동기화 전류가 흐른다.
④ 부하전류가 증가한다.

답 ②

08 3상 유도 전동기의 회전자 입력이 P_2 이고 슬립이 S 일 때 2차 동손을 나타내는 식은 ?

① $(1-S)P_2$
② $\dfrac{P_2}{S}$
③ $\dfrac{(1-S)P_2}{S}$
④ SP_2

◆ 풀이 $P_{c2} = sP_2$ 답 ④

09 직류 발전기의 외부 특성곡선에서 나타내는 관계로 옳은 것은 ?

① 계자전류와 단자전압
② 계자전류와 부하전류
③ 부하전류와 유기기전력
④ 부하전류와 단자전압

◆ 풀이 외부특성곡선 : 부하전류(I)와 단자전압(V)의 관계곡선 답 ④

10 직류 전동기의 속도 제어법에서 정출력 제어에 속하는 것은 ?

① 계자 제어법
② 전기자 저항 제어법
③ 전압 제어법
④ 워드 레오나드 제어법

◆ 풀이 속도제어법 $n = k\dfrac{V - I_a R_a}{\phi}$ 답 ①

① 저항 제어법 - 효율 불량
② 계자 제어법 - 정출력 제어
③ 전압 제어법 - 가장 광범위한 속도 제어
㉠ 워어드레오너드 방식 - 소형 부하
㉡ 일그너 방식 - 부하변동이 심한 곳의 속도제어
플라이 휠 효과 이용
제강, 제철, 압연 등에 사용

11 3상 유도전동기에서 2차측 저항을 2배로 하면 그 최대토크는 어떻게 되는가 ?

① 2배로 된다. ② $\frac{1}{2}$ 로 줄어든다.

③ $\sqrt{2}$ 배가 된다. ④ 변하지 않는다.

정답 ④

12 계자권선이 전기자에 병렬로만 연결된 직류기는?

① 분권기 ② 직권기 ③ 복권기 ④ 타여자기

◆ 풀이 발전기의 종류 답 ①

1) 직권 : 계자권선이 전기자와 직렬로 연결

2) 분권 : 계자권선이 전기자와 병렬로 연결

13 직류기의 전기자 권선을 중권(重卷)으로 하였을 때 다음 중 틀린 것은 ?

① 전기자 권선의 병렬 회로수는 극수와 같다.

② 브러시 수는 항상 2 개다.

③ 전압이 낮고, 비교적 전류가 큰 기기에 적합하다.

④ 균압선 접속을 할 필요가 있다.

◆ 풀이 • 직류기의 권선법 답 ②

	중권(병렬권)	파권(직렬군)
• 병렬회로수 a	a=P	a=2
• 브러쉬수 b	b=P	b=2
• 용도	저전압·대전류	고전압·소전류
• 다중도(m)	a=mp	a=2m
• 균압선	필요하다.	필요 없다.

14 동기발전기의 돌발 단락전류를 주로 제한하는 것은 ?

① 누설 리액턴스 ② 동기 리액턴스
③ 권선저항 ④ 역상 리액턴스

◆ 풀이 3상 단락곤선 답 ①
1) 순간(돌발) 단락 전류 제한 : 누설 리액턴스
2) 지속 단락 전류 제한 : 동기 리액턴스

15 3,300[V], 60[Hz] 용 변압기의 와류손이 360[W] 이다. 이 변압기를 2,750[V], 50[Hz]에서 사용할 때 이 변압기의 와류손은 약 몇 [W] 가 되는가 ?

① 200 ② 225 ③ 250 ④ 275

◆ 풀이 와류손 $P_e \propto V^2$, f 무관 답 ③

$360 : (3300)^2$

$P_e' : (2750)^2 \qquad P_e' = \left(\dfrac{2750}{3300}\right)^2 \times 360 = 250$ [W]

16 SCR 에 관한 설명이다. 적당하지 않은 것은 ?

① 3단자 소자이다.
② 적은 게이트 신호로 대전력을 제어한다.
③ 직류 전압만을 제어한다.
④ 스위칭 소자이다.

답 ③

17 동기발전기의 기전력의 파형을 정현파로 하기 위한 방법으로 틀린 것은 ?

① 매극 매상의 슬롯 수를 많게 한다.
② 단절권 및 분포권으로 한다.
③ 전기자 철심을 사(斜)슬롯으로 한다.
④ 공극의 길이를 작게 한다.

답 ④

18 전원전압이 200[V] 이고, 부하가 20[Ω] 인 단상반파 정류회로의 부하전류는 약 몇 [A] 인가 ?

① 125　　② 4.5　　③ 17　　④ 8.2

답 ②

◆ 풀이　반파 부하전류

$$I_d = \frac{E_d}{R} = \frac{0.45E}{R} = \frac{0.45 \times 200}{20} = 4.5 \quad [A]$$

19 변압기의 단락시험과 관계가 없는 것은 ?

① 누설 리액턴스　　② 전압 변동률
③ 임피던스 와트　　④ 여자 어드미턴스

답 ④

◆ 풀이　변압기의 등가회로 작성시 필요한 시험
1) 무부하시험(개방시험) : 철손, 여자전류, 여자 어드미턴스
2) 단락시험 : 동손, 임피던스(전압, 와트)

20 직류전압을 직접 제어하는 것은 ?

① 초퍼형 인버터　　② 3상 인버터
③ 단상 인버터　　④ 브리지형 인버터

답 ①

◆ 풀이　전압 제어
1) 직류 : 초퍼 제어
2) 교류 : 위상 제어

3회 실전응용문제

01 동기발전기의 단자 부근에서 단락사고가 발생했다. 이 때 단락전류에 대한 설명으로 가장 옳은 것은 ?

① 서서히 증가해서 일정한 전류가 된다.
② 급격히 증가한 후 일정한 전류로 감소한다.
③ 서서히 감소해서 일정 전류가 된다.
④ 서서히 감소하다가 다시 일정 전류 이상으로 증가한다.

답 ②

02 인가전압과 여자가 일정한 동기전동기에서 전기자 저항과 동기 리액턴스가 같으면 최대출력을 내는 부하각은 몇 도인가 ?

① 30°　　② 45°　　③ 60°　　④ 90°

◆ 풀이　최대 출력의 부하각 $\theta = \tan^{-1}$ 가 1이므로 45°

답 ②

03 변압기 보호장치의 주된 목적으로 볼 수 없는 것은 ?

① 다른 부분으로서의 사고 확산 방지
② 절연내력 저하 방지
③ 변압기 자체 사고의 최소화
④ 전압 불평형 개선

답 ④

04 변압기에서 발생하는 손실 중 1차측 전원에 접속되어 있으면 부하의 유무에 관계없이 발생하는 손실은 ?

① 동손 ② 표유부하손 ③ 철손 ④ 부하손

◆ 풀이 변압기의 등가회로 작성시 필요한 시험

1) 무부하시험(개방시험) : 철손, 여자전류, 여자 어드미턴스

2) 단락시험 : 동손, 임피던스(전압, 와트)

답 ③

05 전기기기에서 절연의 종류 중 B 종 절연물의 최고 허용 온도는 몇 [℃] 인가 ?

① 90 ② 105 ③ 120 ④ 130

◆ 풀이 절연 종별에 따른 허용온도(야! 배추씨)

절연 종별	Y	A	E	B	F	H	C
허용온도	90	105	120	130	155	180	180℃ 초과

답 ④

06 권선형 유도 전동기를 급격히 정지시키려 할 때 가장 적합한 방식은 ?

① 2차 저항법 ② 역상제어법

③ 고정자 단상법 ④ 불평형법

답 ②

07 4극, 회전수 1,800[rpm] 인 직류 발전기가 있다. 축방향의 길이가 0.4[m], 전기자 지름이 0.6[m], 전기자 코일수가 24, 한 개의 코일 권수가 18, 공극의 평균 자속밀도가 0.1[Wb/m^2]일 때 유기 기전력은 약 몇 [V] 인가 ? (단, 권선법은 다중 파권일 때이다.)

① 204 ② 244 ③ 407 ④ 488

◆ 풀이 $E = \frac{PZ\phi N}{60a} = \frac{Z}{a}P\phi\frac{N}{60}$ [V] 답 ①②③④

$P\phi = \pi D\ell B$ 이므로 $\frac{Z}{a}\pi D\ell B\frac{N}{60}$

$= \frac{24\times18\times2}{2}\times3.14\times0.6\times0.4\times0.1\times\frac{1800}{60} = 976.6$ [V]

전기자 도체수 $Z =$ 슬롯(홈수) × 권수 × 2

08 2대의 변압기로 V 결선하여 3상 변압하는 경우 변압기 이용률은 약 몇 [%]인가 ?

① 57.8 ② 66.6 ③ 86.6 ④ 100

◆ 풀이 V 결선 답 ③

1) 이용률 : 86.6[%]

2) 출력비 : 57.7[%]

09 4극, 60[Hz] 의 3상 동기발전기가 있다. 회전자의 주변속도를 200[m/s] 이하로 하려면 회전자의 최대지름을 약 몇 [m] 로 하여야 하는가 ?

① 1.5 ② 1.8 ③ 2.1 ④ 2.8

◆ 풀이 회전자 속도 $v = \pi D\frac{N_s}{60}$ [m/s] 답 ③

$D = \frac{60v}{\pi\cdot N_s} = \frac{60\times200}{3.14\times1800} = 2.1$ [m]

10 회전변류기의 직류측 전압을 조정하는 방법이 아닌 것은 ?

① 직류 리액턴스를 의한 방법
② 부하시 전압 조정 변압기를 사용하는 방법
③ 동기 승압기를 사용하는 방법
④ 여자전류를 조정하는 방법

답 ④

11 그림과 같은 변압기에서 1차 전류는 몇 [A] 인가 ?

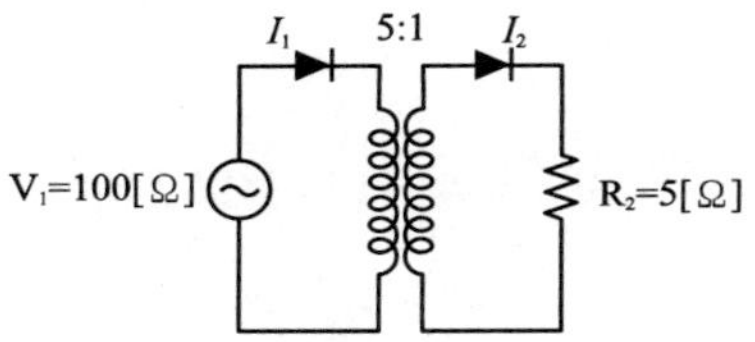

① 0.8
② 8
③ 10
④ 20

◆ 풀이 $I_1 = \dfrac{V_1}{R_1} = \dfrac{100}{125} = 0.8$ [A]

$R_1 = a^2 R_2 = 5^2 \times 5 = 125$ [Ω]

답 ①

12 반도체 다이리스터에 의한 속도제어에서 제어가 되지 않는 것은 ?

① 토크 ② 전압 ③ 위상 ④ 주파수

답 ①

13 상전압 200[V] 인 3상 반파정류회로에 SCR을 사용하여 위상 제어를 할 때 제어각이 60 ° 이면 직류 출력 전압은 약 몇 [V] 인가 ?

① 117 ② 187 ③ 216 ④ 234

◆ 풀이 3상 반파 $E_d = 1.17E \cdot \cos\alpha = 1.17 \times 200 \times \cos 60^\circ = 117$ [V]

답 ①

14 다음 중 직류 발전기의 계자철심에 잔류자기가 없어도 발전을 할 수 있는 발전기는 ?

① 타여자발전기 ② 분권발전기 ③ 직권발전기 ④ 복권발전기

◆ 풀이 발전기의 종류 답 ①

1) 타여자 발전기 : 잔류자기가 필요없다.
2) 자여자 발전기 : 잔류자기가 존재한다.

15 100[kW] 4극, 3300[V], 주파수 60[Hz]의 3상 유도전동기의 효율이 92[%], 역률이 90[%] 일 때 입력은 약 몇 [kVA]인가 ?

① 42.8 ② 220.8 ③ 21.1 ④ 120.8

◆ 풀이 전동기 입력 $= \dfrac{\text{출력}}{\eta \times \cos\theta} = \dfrac{100}{0.92 \times 0.9} = 120.77\ [\text{kVA}]$ 답 ④

16 100[V], 10[kW], 1,000[rpm]의 분권 전동기를 부하전류 102[A]의 정격 속도로 운전하고 있다. 지금 전기자에 직렬로 저항 0.4[Ω]를 접속하고, 전과 동일한 토크로 운전하면 약 몇 [rpm]으로 회전하겠는가 ? (단, 전기자 및 분권 계자회로의 저항은 각각 0.05[Ω]와 50[Ω]이다.)

① 560 ② 570 ③ 580 ④ 590

◆ 풀이 분권전동기 답 ③

$$N = k \cdot \frac{V - I_a R_a}{\phi} = k \cdot \frac{100 - (100 \times 0.05)}{\phi} = k \cdot \frac{95}{\phi}$$

$$I_a = I - I_f = I - \frac{V}{R_f} = 102 - \frac{100}{50} = 100\ [\text{A}]$$

전기자에 직렬로 저항 0.4[Ω]을 접속하고, 전과 동일 조건이므로 $I_a = I_a' = 100$ [A]

$$N' = k \cdot \frac{V - I_a'(R_a + R_s)}{\phi} = k \cdot \frac{100 - I_a'(0.05 + 0.4)}{\phi} = k \cdot \frac{100 - 0.45 I_a}{\phi}$$

$$= k \cdot \frac{100 - (0.45 \times 100)}{\phi} = k \cdot \frac{55}{\phi}$$

따라서, $1000 : k \cdot \dfrac{95}{\phi}\ \ N' : k \cdot \dfrac{55}{\phi}$

$$N' = \frac{55}{95} \times 1000 = 578.95\ \ [\text{rpm}]$$

17 8극과 4극 2개 유도전동기를 직렬 종속법으로 속도 제어를 할 때 전원 주파수가 60[Hz]인 경우 무부하 속도는 몇 [rpm]인가 ?

① 600 ② 900 ③ 1,200 ④ 1,800

◆ 풀이 직렬종속법 답 ①

$$N = \frac{120}{P_1 + P_2} f = \frac{120}{8+4} \times 60 = 600 \quad [\text{rpm}]$$

18 동기발전기에서 유기 기전력과 전기자 전류가 동상인 경우의 전기자 반작용은 ?

① 교차자화작용 ② 증자작용
③ 감자작용 ④ 직축반작용

◆ 풀이 전기자 반작용 답 ①

1) 교차자화작용(횡축 반작용) : 동위상

19 직류전동기 중 전기철도에 가장 적합한 전동기는 ?

① 분권식 전동기 ② 직권식 전동기
③ 복권식 전동기 ④ 자여자분권전동기

◆ 풀이 직권전동기(전차용) $T \propto I_a^2 \propto \frac{1}{N^2}$ 답 ②

20 무부하의 경우 분권 전동기의 설명 중 가장 옳은 것은 ?

① 공급전압의 극성을 반대로 하면 회전방향이 바뀐다.
② 공급전압을 증가시켜도 회전속도는 별로 변하지 않는다.
③ 분권 계자권선의 계자 조정기의 저항을 감소시키면 회전속도는 증가한다.
④ 발전제동을 하는 경우에 분권 계자권선의 접속을 반대로 접속한다.

답 ②

4회 실전응용문제

01 직류기의 권선법에 관한 설명으로 틀린 것은 ?

① 단중 파권으로 하면 단중 중권의 P/2 배의 유기전압이 발생한다.
② 중권으로 하면 균압환이 필요 없다.
③ 단중 중권의 병렬회로수는 극수와 같다.
④ 중권이나 파권의 권선법은 모두 진권(進卷) 및 여권(廬卷)을 할 수 있다.

◆ 풀이 • 직류기의 권선법 답 ②

	중권(병렬권)	파권(직렬군)
• 병렬회로수 a	a=P	a=2
• 브러쉬수 b	b=P	b=2
• 용도	저전압·대전류	고전압·소전류
• 다중도(m)	a=mp	a=2m
• 균압선	필요하다.	필요 없다.

02 전동기 축의 벨트 축 지름이 28[cm], 매분 1140[rpm]에서 20[kW]를 전달하고 있다. 벨트에 작용하는 힘은 약 몇 [kgf]인가 ?

① 122 ② 168 ③ 212 ④ 234

◆ 풀이 • 토크 T [N·m](kg·m) 답 ①

$$T=0.975\frac{P}{N}=F\cdot r$$

$$T=0.975\frac{20\times10^3}{1140}=17.1(kg\cdot m)=F\cdot r$$

$$F=\frac{T}{r}=\frac{17.1}{0.14}=122.18 \fallingdotseq 122[kg]$$

03 유도전동기의 슬립(slip) S의 범위는 ?

① 1 > S > 0　　② 0 > S > -1　　③ 2 > S > 1　　④ -1 < S < 1

◆ 풀이　• 슬립의 범위　　답 ①

① 전동기 0 < S < 1

② 발전기 S < 0

③ 제동기 1 < S < 2

04 사이클로컨버터(cycloconverter)란 ?

① 실리콘 양방향성 소자이다.

② 제어정류기를 사용한 주파수 변환기이다.

③ 직류 제어소자이다.

④ 전류 제어소자이다.

◆ 풀이　• 사이클로 컨버터: 교류전력을 교류전압으로 변환　　답 ②

(주파수 변환기)

05 3상 유도기에서 출력의 변환식으로 옳은 것은 ?

① $P_0 = P_2 - P_{2c} = P_2 - sP_2 = \frac{N}{N_s}P_2 = (1-s)P_2$

② $P_0 = P_2 + P_{2c} = P_2 + sP_2 = \frac{N_s}{N}P_2 = (1+s)P_2$

③ $P_0 = P_2 + P_{2c} = \frac{N}{N_s}P_2 = (2-s)P_3$

④ $(1-s)P_2 = \frac{N}{N_s}P_2 = P_0 - P_{2c} = P_0 - sP_2$

◆ 풀이　• P_0 : 출력,　P_2 : 입력,　P_{2C} : 동손　　답 ①

$P_0 = P_2 - P_{2c} = P_2 - sP_2 = (1-S)P_2$

$* P_{2c} = sP_2$

06 단상 유도전압조정기에서 1차 전원전압을 V_1 이라 하고, 2차의 유도전압을 E_2 라고 할 때 부하 단자전압을 연속적으로 가변할 수 있는 조정 범위는 ?

① 0 − V_1 까지
② $V_1 + E_2$ 까지
③ $V_1 - E_2$ 까지
④ $V_1 + E_2$ 에서 $V_1 - E_2$ 까지

◆ 풀이 • 단상 유도 전압 조정기의 조정범위
$V_1 + E_2$에서 $V_1 - E_2$까지

답 ④

07 그림과 같은 정류회로에서 전류계의 지시값은 약 몇 [mA] 인가 ? (단, 전류계는 가동코일형이고 정류기 저항은 무시한다.)

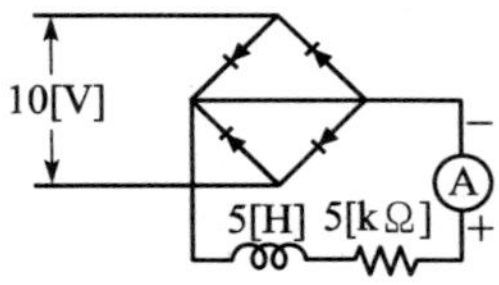

① 1.8
② 4.5
③ 6.4
④ 9.0

◆ 풀이 • 단상전파 $Ed = 0.9E = 0.9 \times 10 = 9$[V]

$$Id = \frac{Ed}{R} = \frac{9}{5 \times 10^3} \times 10^3 = 1.8[\mathrm{mA}]$$

답 ①

08 유도 전동기의 공급전압이 일정하고, 전원 주파수만 낮아질 때 일어나는 현상으로 옳은 것은 ?

① 여자전류가 감소한다.
② 철손이 감소한다.
③ 온도상승이 커진다.
④ 회전속도가 증가한다.

◆ 풀이 • 여자전류 증가, 철선 증가, 회전속도 감소, 온도상승

답 ③

09 AC 서보전동기(AC servomoter)의 설명 중 틀린 것은 ?

① AC 서보전동기는 그다지 큰 회전력이 요구되지 않는 시스템에 사용되는 전동기이다.
② 이 전동기에는 기준권선과 제어권선의 두 고정자 권선 이 있으며, 90° 위상차가 있는 2상 전압을 인가하여 회전자계를 만든다.
③ 고정자의 기준권선에는 정전압을 인가하며, 제어권선에는 제어용 전압을 인가한다.
④ 이 전동기는 속도 회전력 특성을 선형화하고 제어전압을 입력으로 회전자의 회전각을 출력으로 보았을 때 이 전동기의 전달함수는 미분요소와 2차 요소의 직렬 결합으로 볼 수 있다.

답 ④

10 동기기의 전기자 저항을 r, 전기자 반작용 리액턴스를 x_a, 누설 리액턴스를 x_ℓ 이라고 하면 동기 임피던스를 표시하는 식은 ?

① $\sqrt{r^2+\left(\frac{x_a}{x_\ell}\right)^2}$　　② $\sqrt{r^2+x_\ell^2}$
③ $\sqrt{r^2+x_a^2}$　　④ $\sqrt{r^2+(x_a+x_\ell)^2}$

답 ④

풀이 • 동기 임피던스 Z_S

$$Z_S=r_a+jx_s=r_a+j(x_a+x_\ell)=\sqrt{r_a^2+(X_a+X_\ell)^2}\ [\Omega]$$

r_a: 전기자 저항, x_a: 전기자 반작용 리액턴스, x_ℓ: 누설 리액턴스

11 변압기에 사용되는 절연유의 특성으로 틀린 것은?

① 점도가 낮을 것　　② 절연내력이 작을 것
③ 인화점이 높을 것　　④ 변질되지 않을 것

답 ②

풀이 • 절연유의 구비조건
① 절연 내력이 클 것
② 점도가 낮을 것

12 출력 50[MVA], 정격전압 11[kV]의 3상 교류발전기에서 무부하 단자전압이 11[kV]일 때, 단락전류는 1,987[A]이다. 단위법[P.U]으로 표시한 동기임피던스는 약 얼마인가 ?

① 0.76　　② 0.98　　③ 1.32　　④ 1.57

◆ 풀이 • $\%Z_s = \frac{1}{k_s[\text{p}\cdot\text{u}]} = \frac{P \cdot Z_s}{V^2} \times 100$　　답 ③

$$= \frac{\sqrt{3}\, I_n \cdot Z_s}{V} \times 100 = \frac{I_n}{I_s} \times 100$$

$$Z_s[\text{p}\cdot\text{u}] = \frac{I_n}{I_s} = \frac{\frac{P}{\sqrt{3}\, V}}{I_s}$$

$$= \frac{\frac{50 \times 10^6}{\sqrt{3} \times 11 \times 10^3}}{1987} = 1.32(\text{p}\cdot\text{u})$$

13 직류기를 경부하 또는 과부하로 운전하면 효율은 어떻게 되는가 ?

① 효율이 떨어진다.
② 효율과 부하와는 무관하다.
③ 효율이 최대가 된다.
④ 초기에는 떨어지나 시간이 지나면 증가한다.

◆ 풀이 • 전부하시 효율이 최대이지만,
경부하 또는 과부하로 운전하면 효율이 떨어진다.　　답 ①

14 60[Hz] 인 3상 8극 및 2극의 유도전동기를 차동 종속으로 접속하여 운전할 때의 무부하 속도는 몇 [rpm] 인가 ?

① 720 ② 900 ③ 1,000 ④ 1,200

◆ 풀이 • 차동 종속법 답 ④

$$N=\frac{120f}{P_1-P_2}=\frac{120\times 60}{8-2}=1200[\text{rpm}]$$

15 동기발전기의 병렬운전 조건으로 적합하지 않은 것은 ?

① 상회전 방향이 같을 것
② 기전력의 위상이 같을 것
③ 부하 전류가 같을 것
④ 기전력의 주파수가 같을 것

◆ 풀이 • 동기발전기의 병렬운전 조건 ≠ 용량, 출력 답 ③

① 기전력의 크기가 같을 것
② 기전력의 위상이 같을 것
③ 기전력의 주파수가 같을 것
④ 기전력의 파형이 같을 것
⑤ 상 회전 방향이 일치

16 3,300[V], 60[Hz] 용 변압기의 와류손이 360[W]이다. 이 변압기를 2,750[V], 50[Hz]에서 사용할 때 이 변압기의 와류손은 몇 [W]인가 ?

① 250 ② 330 ③ 418 ④ 518

◆ 풀이 • $P_e \propto V^2$, f무관 답 ①

$360 : (3300)^2$

$Pe' : (2750)^2$

$$Pe' = \left(\frac{2750}{3300}\right)^2 \times 360 = 250[\text{W}]$$

17 변압기의 병렬운전에서 필요조건이 아닌 것은 ?

① 극성이 같을 것
② 정격전압이 같을 것
③ % 임피던스 강하가 같을 것
④ 출력이 같을 것

◆ 풀이 • 변압기의 병렬 운전 조건 ≠ 용량, 출력 답 ④
① 극성, 권수비, 단자전압 일치
② %Z 일치(P, g 일치)
③ 상 회전 방향과 각 변위가 일치

18 직류기의 결선방식 중 분권 계자권선과 직권 계자권선이 전기자권선에 연결된 방식은 ?

① 타여자방식 ② 분권방식
③ 직권방식 ④ 복권방식

◆ 풀이 • 복권: 직권 계자전선과 분권계자 전선을 전기자에 연결 답 ④

19 변압기의 등가회로 작성에 필요한 사항은 ?

① 구속시험 ② 단락시험
③ 유도시험 ④ 반환부하시험

◆ 풀이 • 변압기 등가회로 작성 시 필요한 시험 답 ②
① 권선의 저항 측정 시험
② 무부하(개방) 시험
③ 단락 시험

20 4극 60[Hz]의 3상 동기발전기가 있다. 회전자 주변속도를 200[m/s] 이하로 하려면 회전자의 지름을 약 몇 [m]로 하여야 하는가 ?

① 2.1 ② 2.6 ③ 3.1 ④ 3.5

◆ 풀이 • 동기발전기의 회전자 속도 답 ①

$$V = \pi D \frac{N_s}{60}$$

$$D = \frac{60 \cdot V}{\pi \cdot N_s} = \frac{60 \times 200}{\pi \times 1800} = 2.12 \fallingdotseq 2.1(\mathrm{cm})$$

$$N_s = \frac{120f}{P} = \frac{120 \times 60}{4} = 1800[\mathrm{rpm}]$$

5회 실전응용문제

01 3상 동기발전기의 여자전류 10[A] 에 대한 단자전압이 $1000\sqrt{3}$ [V], 3상 단락전류는 50[A] 이다. 이 때의 동기임피던스는 몇 [Ω] 인가 ?

① 5 ② 11 ③ 20 ④ 34

◆ 풀이 동기 임피던스 답 ③

$$Z_s = \frac{E}{I_s} = \frac{\frac{V}{\sqrt{3}}}{I_s} = \frac{\frac{1000\sqrt{3}}{\sqrt{3}}}{50} = 20 \quad [\Omega]$$

02 다음 중 서보모터가 갖추어야 할 조건이 아닌 것은?

① 기동토크가 클 것
② 토크 – 속도곡선이 수하특성을 가질 것
③ 회전자를 굵고 짧게 할 것
④ 전압이 0 이 되었을 때 신속하게 정지할 것

답 ③

03 부하가 변하면 속도가 현저하게 변하는 직류 전동기는 ?

① 직권 전동기 ② 분권 전동기
③ 차동 복권 전동기 ④ 가동 복권 전동기

◆ 풀이 속도변도률 大 → 小 답 ①
직 → 가 → 분 → 차

04 변압기의 전압 변동률에 대한 설명 중 잘못된 것은?

① 일반적으로 부하변동에 대하여 2차 단자전압의 변동이 작을수록 좋다.
② 전부하시와 무부하시의 2차 단자전압이 서로 다른 정도를 표시하는 것이다.
③ 전압 변동률은 전등의 광도, 수명, 전동기의 출력 등에 영향을 미치는 중요한 성질이다.
④ 인가 전압이 일정한 상태에서 무부하 2차 단자 전압에 반비례한다.

답 ④

05 다음 단상 유도전동기 중 기동토크가 가장 큰 것은 ?

① 콘덴서 기동형　② 반발 기동형
③ 분상 기동형　④ 셰이딩 코일형

답 ②

06 다음 중 3단자 사이리스터가 아닌 것은 ?

① SCS　② SCR　③ GTO　④ TRIAC

◆ 풀이　TRIAC – 2 방향성 3단자 사이리스터
SCS – 역저지 4단자 사이리스터

답 ①

07 전압 변동률이 작은 동기발전기의 특성으로 옳은 것은 ?

① 동기 리액턴스가 크다.
② 전기자 반작용이 크다.
③ 속도변동률이 크다.
④ 단락비가 크다.

답 ④

08 브러시리스 DC 서보 모터의 특징으로 틀린 것은?

① 단위 전류당 발생 토크가 크고 역기전력에 의해 불필요한 에너지를 귀환하므로 효율이 좋다.
② 토크 맥동이 작고, 안정된 제어가 용이하다.
③ 기계적 시간상수가 크고 응답이 느리다.
④ 기계적 접점이 없고 신뢰성이 높다.

답 ③

09 변압기유로 사용되는 절연유에 요구되는 특성이 아닌 것은 ?

① 절연내력이 클 것　　② 인화점이 높을 것
③ 점도가 클 것　　④ 응고점이 낮을 것

답 ③

10 4극 중권 직류전동기의 전기자 도체수가 160, 1극당 자속수 0.01[Wb], 전기자 전류가 100[A] 라면 발생 토크는 약 몇 [N · m] 인가 ?

① 12.8　　② 25.5　　③ 38.4　　④ 43.2

◆ 풀이 $T = \dfrac{PZ}{2\pi a}\phi I_a$ [N · m] 중권일 때 $a = P = b$

$= \dfrac{160}{2\pi} \times 0.01 \times 100 = 25.5$ [N · m]

답 ②

11 임피던스 전압강하가 5[%]인 변압기가 운전 중 단락되었을 때 단락전류는 정격전류의 몇 배가 되는가 ?

① 2　　② 5　　③ 10　　④ 20

◆ 풀이 $I_s = \dfrac{100}{\%Z} I_n = \dfrac{100}{5} I_n = 20\, I_n$

답 ④

12 3상 직권정류자 전동기의 특성으로 틀린 것은 ?

① 직권성의 변속도 전동기이다.
② 토크는 거의 전류의 제곱에 비례하고 기동토크가 크다.
③ 역률은 동기속도 이상에서 나빠지며 80[%] 정도이다.
④ 효율은 고속에서는 거의 일정하며 동기속도 근처에서 가장 좋다.

답 ③

13 6극 60[Hz] 3상 동기발전기가 있다. 회전자의 주변속도를 400[m/s] 이하로 하려면 회전자의 최대 지름은 약 몇 [m] 로 하여야 하는가 ?

① 4.35 ② 5.24 ③ 6.37 ④ 7.86

◆ 풀이 회전자 속도 $v = \pi D \frac{N_s}{60}$ [m/s] 답 ③

$$N_s = \frac{120f}{P} = \frac{120 \times 60}{6} = 1200 \,[\text{rpm}]$$

$$D = \frac{60 \cdot v}{\pi \cdot N_s} = \frac{60 \times 400}{3.14 \times 1200} = 6.37 \quad [\text{m}]$$

14 50[Hz], 슬립 0.2 인 경우의 회전자 속도가 600 [rpm] 일 때 유도전동기의 극수는 몇 극인가 ?

① 6 ② 8 ③ 12 ④ 16

◆ 풀이 $N_s = \frac{120}{P} f$ [rpm], 답 ②

$$P = \frac{120}{N_s} f = \frac{120}{750} \times 50 = 8 \quad [\text{극}]$$

$$N = (1-S) N_s, \quad N_s = \frac{N}{1-S} = \frac{600}{1-0.2} = 750 \quad [\text{rpm}]$$

15 전압을 일정하게 유지하기 위해서 이용되는 다이오드는 ?

① 전류용 다이오드 ② 바랙터 다이오드
③ 바리스터 다이오드 ④ 제너 다이오드

답 ④

16 동기발전기의 병렬운전에서 한쪽의 계저전류를 증대시켜 유기기전력을 크게 하면 어떻게 되는가 ?

① 무효 순환전류가 흐른다.
② 두 발전기의 역률이 모두 낮아진다.
③ 주파수가 변화되어 위상각이 달라진다.
④ 속도 조정률이 변한다.

답 ①

17 변압기에 컨서베이터를 설치하는 가장 중요한 목적은 ?

① 통풍 장치 ② 열화 방지 ③ 코로나 방지 ④ 강제 순환

답 ②

18 4극 60[Hz] 의 유도전동기가 슬립 5[%]로 전부하 운전하고 있을 때 2차 권선의 손실이 94.25[W] 라고 하면 토크는 약 몇 [N · m] 인가 ?

① 1.02 ② 2.04 ③ 10 ④ 20

◆ 풀이 $T = \dfrac{60P_2}{2\pi N_s}$ [N · m] $= \dfrac{60 \times 1885}{2\pi \times 1800} \fallingdotseq 10$ [N · m] 답 ③

$N_s = \dfrac{120f}{P} = \dfrac{120 \times 60}{4} = 1800$ [rpm]

$P_2 = \dfrac{P_{2c}}{S} = \dfrac{94.25}{0.05} = 1885$ [W]

19 3상 전원을 이용하여 2상 전압을 얻고자 할 때 사용하는 결선 방법은 ?

① Scott 결선　　② Fork 결선
③ 환상 결선　　④ 2중 3각 결선

답 ①

20 100[HP], 600[V], 1200[rpm] 의 직류 분권 전동기가 있다. 분권 계자저항이 400[Ω], 전기자저항이 0.22[Ω] 이고, 정격부하에서의 효율이 90[%] 일 때 전부하시의 역기전력은 약 몇 [V] 인가 ?

① 550　　② 570　　③ 590　　④ 610

◆ 풀이 분권전동기 역기전력　　답 ②

$$E = V - I_a R_a = 600 - (136.6 \times 0.22) = 569.9\ [V]$$

$$I_a = I - I_f = \frac{P}{V} - \frac{V}{R_f}\ [A] = \frac{82889}{600} - \frac{600}{400} = 136.6$$

100 [HP] 이 90 [%] 효율이므로

$$\frac{100 \times 746}{0.9} = 82889\ [W]$$

6회 실전응용문제

01 효율 80[%], 출력 10[kW] 인 직류발전기의 고정손실이 1300[W] 라 한다. 이 때 발전기의 가변손실은 몇 [W] 인가 ?

① 1000 ② 1200 ③ 1500 ④ 2500

◆ 풀이 발전기 효율 답 ②

$$\eta = \frac{\text{출력}}{\text{출력} + \text{손실}} = \frac{\text{출력}}{\text{출력} + \text{고정손} + \text{가변손}}$$

$$0.8 = \frac{10 \times 10^3}{(10 \times 10^3) + 1300 + \text{가변손}}$$

∴ 가변손 : 1200 [W]

02 3000[V], 60[Hz], 8극 100[kW]의 3상 유도 전동기가 있다. 전부하에서 2차 구리손이 3[kW], 기계손이 2[kW]이라면 전부하 회전수는 약 몇 [rpm]인가 ?

① 498 ② 593 ③ 874 ④ 984

◆ 풀이 $N = (1 - S)N_s = (1 - 0.0286) \times 900 = 874\,[\text{rpm}]$ 답 ③

$$S = \frac{P_{c2}}{P_2} = \frac{P_{c2}}{P_0 + P_m + P_{c2}} = \frac{3}{100 + 2 + 3} = 0.0286$$

$$N_s = \frac{120f}{P} = \frac{120 \times 60}{8} = 900\,[\text{rpm}]$$

03 동기 전동기의 진상 전류는 어떤 작용을 하는가?

① 증자작용　　② 감자작용
③ 교차 자화 작용　　④ 아무 작용도 없음

◆ 풀이 • 전기자 반작용

- 발전기 : E와 I의 관계
- 전동기 : V와 I의 관계

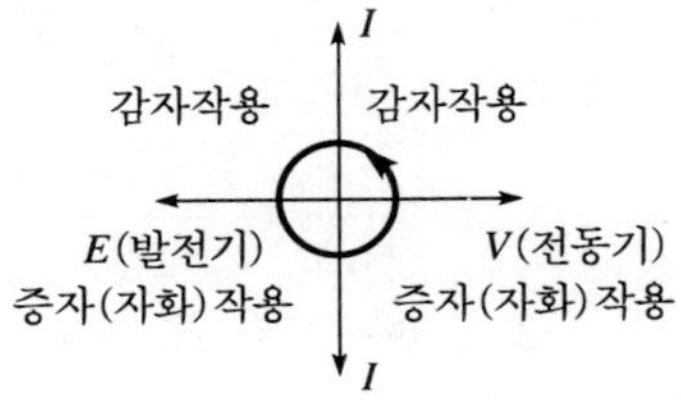

답 ②

04 직류발전기에서 회전속도가 빨라지면 정류가 힘드는 이유는 ?

① 리액턴스 전압이 커지기 때문에
② 정류 자속이 감소하기 때문에
③ 브러시 접촉저항이 커지기 때문에
④ 정류 주기가 길어지기 때문에

답 ①

05 다음 중 2방향성 3단자 사이리스터는 어느 것인가 ?

① SCR　　② SSS　　③ SCS　　④ TRIAC

◆ 풀이 TRIAC – 2방향성 3단자 사이리스터
SCS – 역저지 4단자 사이리스터

답 ④

06 10[kVA], 2000/100[V] 변압기의 1차 환산 등가 임피던스가 6 + j8[Ω] 일 때 % 리액턴스 강하는 몇 [%] 인가 ?

① 1.5 ② 2 ③ 5 ④ 10

◆ 풀이 %리액턴스 강하 답 ②

$$\%q = \frac{I_{1n}\,x_{21}}{V_{1n}} \times 100 = \frac{5\times 8}{2000} \times 100 = 2 \quad [\%]$$

$$I_{1n} = \frac{P_n}{V_{1n}} = \frac{10\times 10^3}{2000} = 5 \quad [A]$$

$Z_{21} = 6 + j8 = r_{21} + jx_2$ 이므로 $x_{21} = 8$

07 유도전동기의 2차 회로에 2차 주파수와 같은 주파수로 적당한 크기와 위상 전압을 외부에 가하는 속도 제어법은 ?

① 1차 전압 제어 ② 극수 변환 제어
③ 2차 저항 제어 ④ 2차 여자 제어

답 ④

08 다음 중 권선형 유도전동기의 기동법은 어느 것인가 ?

① 분산기동법 ② 반발기동법
③ 콘덴서 기동법 ④ 2차 저항기동법

답 ④

09 단상 변압기를 병렬 운전하는 경우 부하 분담을 용량에 비례시키는 조건 중에서 틀린 것은 ?

① 정격전압과 변압비가 같을 것 ② 각 변위가 다를 것
③ % 임피던스 강하가 같을 것 ④ 극성이 같을 것

답 ②

10 권수비가 70인 단상변압기의 전부하 2차 전압은 200[V], 전압변동률이 4[%]일 때 무부하시 1차 단자전압은 몇 [V] 인가 ?

① 11670　② 12360　③ 13261　④ 14560

◆ 풀이 1차측 전압　　답 ④

$$V_1 = a\,V_{20} = a(1+\epsilon)\ V_{2n}$$
$$= 70 \times (1+0.04) \times 200 = 14560\ \ [\mathrm{V}]$$

11 3상 전압조정기의 원리는 어느 것을 응용한 것인가 ?

① 3상 동기발전기　② 3상 변압기
③ 3상 유도 전동기　④ 3상 교류자 전동기

답 ③

12 4극 고정자 홈수 48인 3상 유도전동기의 홈 간격을 전기각으로 표시하면 어떻게 되는가 ?

① 3.75°　② 7.5°　③ 15°　④ 30°

◆ 풀이 전기각 = 4π (rad)　　답 ③

$$\theta = \frac{4\pi}{\text{slort}(=\text{홈수})} = \frac{4\pi}{48} = \frac{\pi}{12} = 15^{\circ}$$

13 3상 유도전동기의 특성에서 비례추이 하지 않는 것은 ?

① 2차 전류　② 1차 전류　③ 역률　④ 출력

답 ④

14 송전 계통에 접속한 무부하의 동기 전동기를 동기 조상기라 한다. 이 때 동기 조상기의 계자를 과여자로 해서 운전할 경우 옳지 않은 것은 ?

① 콘덴서로 작용한다.
② 위상이 뒤진 전류가 흐른다.
③ 송전선의 역률을 좋게 한다.
④ 송전선의 전압강하를 감소시킨다.

답 ②

15 다음 중 DC서보모터의 회전 전기자 구조가 아닌 것은 ?

① 슬롯(Slot) 이 있는 전기자
② 철심이 있고 슬롯(Slot) 이 없는 전기자
③ 철심이 없고 평판상 프린트 코일형
④ 전기자 권선이 없는 돌극형

답 ④

16 직류기의 철손에 관한 설명으로 옳지 않은 것은?

① 철손에는 풍손과 와전류손 및 저항손이 있다.
② 전기자 철심에는 철손을 작게 하기 위하여 규소강판을 사용한다.
③ 철에 규소를 넣게 되면 히스테리시스손이 감소한다.
④ 철에 규소를 넣게 되면 전기 저항이 증가하고 와전류손이 감소한다.

◆ 풀이 저항손은 부하손이다.

답 ①

17 변압기의 철손과 동손을 측정할 수 있는 시험은?

① 무부하시험, 단락시험 ② 부하시험, 유도시험
③ 무부하시험, 절연내력시험 ④ 단락시험, 극성시험

답 ①

18 사이클로 컨버터를 가장 올바르게 설명한 것은 ?

① 게이트 제어 소자이다.
② 실리콘 단방향성 소자이다.
③ 교류 전력의 주파수를 변환하는 장치이다.
④ 교류제어 소자이다.

답 ③

19 동기발전기에서 자기여자 방지법이 되지 않는 것은 ?

① 전기자 반작용이 적고 단락비가 큰 발전기를 사용한다.
② 발전기를 여러대 병렬로 사용한다.
③ 송전선 말단에 리액터나 변압기를 사용한다.
④ 송전선 말단에 동기조상기를 접속하고 계자권선에 과여자한다.

답 ④

20 변압기에서 콘서베이터의 용도는 ?

① 통풍장치 ② 변압유의 열화방지 ③ 강제순환 ④ 코로나 방지

답 ②

7회 실전응용문제

01 3상 유도전동기의 원선도를 그리면 등가 회로의 정수를 구할 때 몇 가지 시험이 필요하다. 그 시험이 아닌 것은 ?

① 무부하시험 ② 구속시험
③ 고정자권선의 저항측정시험 ④ 슬립측정시험

답 ④

02 단상변압기를 병렬 운전하는 경우 각 변압기의 부하 분담이 변압기의 용량에 비례하려면 각각의 변압기의 % 임피던스는 어느 것에 해당되는가 ?

① 변압기 용량에 비례하여야 한다.
② 변압기 용량에 반비례하여야 한다.
③ 변압기 용량에 관계없이 같아야 한다.
④ 어떠한 값이라도 좋다.

답 ②

03 50[Hz] 로 설계된 3상 유도 전동기를 60[Hz] 에 사용하는 경우 단자 전압을 110[%]로 올려서 사용하면 지장 없이 사용할 수 있다. 이 중에서 옳지 않은 것은 ?

① 최대 토크가 8[%] 증가
② 여자 전류 감소
③ 출력이 일정하면 유효전류는 감소
④ 철손은 거의 불변

답 ①

04 단상 전파 정류회로에서 저항부하일 때의 맥동률[%] 은 약 얼마인가 ?

① 0.45　② 0.17　③ 17　④ 48

답 ④

05 변압기의 여자 어드미턴스를 구하는 시험법은 ?

① 단락시험　② 무부하시험　③ 부하시험　④ 충격전압시험

답 ②

06 2대의 동기발전기가 병렬 운전하고 있을 때 동기화 전류가 흐르는 경우는 ?

① 기전력의 크기에 차가 있을 때
② 기전력의 위상에 차가 있을 때
③ 기전력의 파형에 차가 있을 때
④ 부하 분담에 차가 있을 때

답 ②

07 권선형 유도 전동기와 직류 분권 전동기와의 유사한 점으로 가장 옳은 것은 ?

① 정류자가 있고, 저항으로 속도조정을 할 수 있다.
② 속도 변동률이 크고, 토크가 전류에 비례한다.
③ 속도가 가변이고, 기동토크가 기동전류에 비례한다.
④ 속도 변동률이 적고, 저항으로 속도조정을 할 수 있다.

답 ④

08 변압기의 내부 고장 보호용으로 가장 널리 쓰이는 계전기는 ?

① 거리 계전기　② 과전류 계전기
③ 차동 계전기　④ 방향 단락 계전기

답 ③

09 동기전동기의 여자전류를 증가하면 어떤 현상이 발생하는가 ?

① 전기자 전류의 위상이 앞선다.
② 난조가 생긴다.
③ 토크가 증가한다.
④ 앞선 무효 전류가 흐르고 유도 기전력은 높아진다.

답 ①

10 직류 분권 발전기를 병렬운전을 하기 위해서는 발전기 용량 P 와 정격전압 V 는 ?

① P 는 임의, V 는 같아야 한다.
② P 와 V 가 임의
③ P 는 같고, V 는 임의
④ P 와 V 가 모두 같아야 한다.

답 ①

11 단상 변압기의 임피던스 왓트(impedance watt)를 구하기 위하여는 어느 시험이 필요한가 ?

① 무부하시험　② 단락시험　③ 유도시험　④ 반환부하법

답 ②

12 직류 분권 발전기의 전기자 저항이 0.05[Ω] 이다. 단자전압이 200[V], 회전수 1500[rpm] 일 때 전기자 전류가 100[A] 이다. 이것을 전동기로 사용하여 전기자 전류와 단자전압이 같을 때 회전속도는 약 몇 [rpm] 인가 ? (단, 전기자 반작용은 무시한다.)

① 1427　② 1577　③ 1620　④ 1800

◆ 풀이 분권 발전기

$E = V + I_a R_a$ [V] $= k\phi N$

$= 200 + (100 \times 0.05) = 205$ [V] $= k\phi \cdot 1500$

$\rightarrow N : 1500$ [rpm]

분권 전동기

$E = V - I_a R_a$ [V] $= k\phi N'$

$= 200 - (100 \times 0.05) = 195$ [V] $= k\phi N'$

$E \propto N$　205 : 1500

195 : N'

$N' = \left(\frac{1500}{205}\right) \times 195 = 1427$ [rpm]

답 ①

13 단상 반발전동기의 회전방향을 변경하려면 ?

① 전원의 2 선을 바꾼다.
② 브러시의 위치 조정을 한다.
③ 주권선의 2선을 바꾼다.
④ 브러시의 접속선을 바꾼다.

답 ②

14 다음 농형 유도전동기에 주로 사용되는 속도 제어법은 ?

① 극수 제어법　② 2차여자 제어법
③ 2차저항 제어법　④ 종속 제어법

답 ①

15 다음 기기 중 입력전압과 위상이 다른 전압을 얻고자 할 때 쓰이는 기기는 ?

① 3상유도전압조정기　　② 단상유도전압조정기
③ V 결선의 변압기　　④ T 결선의 변압기

답 ①

16 단락비 1.2 인 발전기의 퍼센트 동기 임피던스[%]는 약 얼마인가 ?

① 100　② 83　③ 60　④ 45

◆ 풀이 $\% Z_s = \frac{1}{k_s} = \frac{1}{1.2} = 0.83 \times 100 = 83\ [\%]$

답 ②

17 변압기의 임피던스 전압이란 ?

① 정격 전류시 2차측 단자전압이다.
② 변압기의 1차를 단락, 1차에 1차 정격전류와 같은 전류를 흐르게 하는데 필요한 1차 전압니다.
③ 정격 전류가 흐를 때의 변압기 내의 전압 강하이다.
④ 변압기의 2차측을 단락, 2차에 2차 정격전류와 같은 전류를 흐르게 하는데 필요한 2차 전압이다.

답 ③

18 극수 8, 중권직류기의 전기자 총 도체수 960, 매극 자속 0.04[Wb], 회전수 400[rpm] 이라면 유기 기전력은 몇 [V] 인가 ?

① 625　② 425　③ 327　④ 256

◆ 풀이 $E = \frac{PZ\phi N}{60a}$ [V] 중권일 때 $a = P = b$

$= \frac{Z\phi N}{60} = \frac{960 \times 0.04 \times 400}{60} = 256\ [V]$

답 ④

19 3상 배전선에 접속된 V 결선의 변압기에서 전부하시의 출력을 100[kVA] 라 하면 같은 용량의 변압기 한 대를 증설하여 △ 결선 하였을 때의 정격출력은 몇 [kVA] 인가 ?

① 50　② 50 $\sqrt{3}$　③ 100　④ 100 $\sqrt{3}$

◆ 풀이 $P_{\triangle} = \sqrt{3}\, P_V = \sqrt{3} \times 100 = 100\sqrt{3}$ [kVA]

답 ④

20 동기발전기의 권선을 분포권으로 하면 ?

① 집중권에 비하여 합성 유도 기전력이 높아진다.
② 권선의 리액턴스가 커진다.
③ 파형이 좋아진다.
④ 난조를 방지한다.

답 ③

8회 실전응용문제

01 변압기 여자 전류의 파형은 ?

① 파형이 나타나지 않는다.　　② 사인파
③ 구형파　　④ 왜형파

답 ④

02 변압기 누설 리액턴스를 줄이는 가장 효과적인 방법은 어느 것인가 ?

① 철심의 단면적을 크게 한다.
② 코일의 단면적을 크게 한다.
③ 권선을 교호(交互) 배치한다.
④ 권선을 동심 배치한다.

◆ 풀이 • $L\alpha N^2$(친선의 분할조립⇒누설 리앤턴스 감소)
∴ 권선을 교호 배치
교호 : 서로 어긋매김

답 ③

03 동기발전기의 무부하시험 및 단락시험에서 구할 수 없는 것은 ?

① 전기자 반작용　　② 철손
③ 단락비　　④ 동기 임피던스

◆ 풀이 • 단락비 k_s 　무부하 시험: 철손, 기계손
단락 시험: 동손, 동기 임피던스(리액턴스

답 ①

04 6000[V], 5[MVA]의 3상 동기발전기의 계자전류 200[A]에서의 무부하 단자전압이 6000[V]이고, 단락전류는 600[A]라고 한다. 동기 임피던스[Ω]와 %동기 임피던스는 약 얼마인가 ?

① 5.8[Ω], 80[%] ② 6.4[Ω], 85[%]
③ 6.4[Ω], 73[%] ④ 6.0[Ω], 75[%]

◆ 풀이 • $\%Z_s = \frac{1}{k_s[p \cdot u]} = \frac{P \cdot Z_s}{V^2} \times 100 = \frac{\sqrt{3}\, I_n \cdot Z_s}{V} \times 100 = \frac{I_n}{I_s} \times 100\%$ 답 ①

$$Z_s = \frac{I_n}{I_s} \times 100 = \frac{\frac{P}{\sqrt{3}\,V}}{I_s} \times 100 = \frac{\frac{5 \times 10^6}{\sqrt{3} \times 6000}}{600} \times 100 \fallingdotseq 80(\%)$$

$$\%Z = \frac{P \cdot Z_s}{V^2} \times 100,\ Z_s = \frac{\%Z_s \times V^2}{P \times 100} = \frac{80 \times (6000)^2}{5 \times 10^6 \times 100} \fallingdotseq 5.8[\Omega]$$

05 동기발전기는 회전 계자형을 사용하는 경우가 많다. 그 이유로 적합하지 않는 것은 ?

① 계자극은 기계적으로 튼튼하다.
② 전기자 권선은 고전압으로 결선이 복잡하다.
③ 기전력의 파형을 개선한다.
④ 계자회로는 직류 저전압으로 소요전력이 작다.

◆ 풀이 • 기전력의 파형을 개선하는 것은 권선법과 관련, 답 ③
회전 계자형을 사용하는 것과는 무관

46 단상 유도전압조정기의 2차 전압이 100 ± 30[V]이고, 직렬권선의 전류가 6[A]인 경우 정격 용량은 몇 [VA]인가 ?

① 780 ② 420 ③ 312 ④ 180

◆ 풀이 • 단상 유도전압 조정기의 정격용량 답 ④
$P_2 = E_2 I_2 = 30 \times 6 = 180[\text{VA}]$
E_2: 조정전압, I_2: 2차 전류

07 그림과 같은 단상 전파 정류회로에서 첨두 역전압[V]은 얼마인가 ? (단, 여기서 변압기 2차 측 a, b 간 전압은 200[V]이고 정류기의 전압강하는 20[V]이다.)

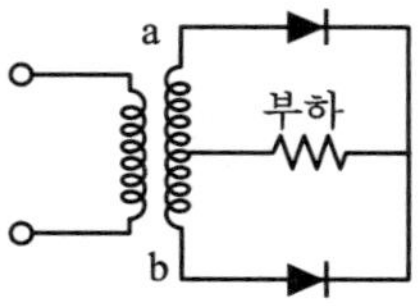

① 120
② 200
③ 262
④ 320

◆ 풀이 • 단상 전파 $PIV = 2\sqrt{2}E - e = (2\sqrt{2} \times 100 - 20) = 262.84 \fallingdotseq 262[V]$

답 ③

08 서보 전동기로 사용되는 전동기와 제어방식의 종류가 아닌 것은 ?

① 직류기의 전압 제어
② 릴럭턴스기의 전압 제어
③ 유도기의 전압 제어
④ 동기 기기의 주파수 제어

답 ②

09 직류전동기의 총도체수는 80, 단중 중권이며, 극수 2, 1극의 자속수 3.14[Wb]이다. 부하를 걸어 전기자에 10[A]가 흐르고 있을 때, 발생 토크[kg · m]는 약 얼마인가 ?

① 38.6
② 40.8
③ 42.6
④ 44.8

◆ 풀이 • $T = \frac{PZ\phi}{2\pi a} I_a [N \cdot m] \times \frac{1}{9.8} [\text{kg} \cdot \text{m}]$

$Z = 80$, 중권 $a = P$, $P = 2$, $\phi = 3.14[\text{wb}]$, $I_a = 10[A]$

$T = \frac{PZ\phi}{2\pi a} \times I_a = \frac{80 \times 3.14}{2\pi} \times 10 \times \frac{1}{9.8} \fallingdotseq 40.8[\text{kg} \cdot \text{m}]$

답 ②

10 유도전동기의 안정운전의 조건은 ? (단, T_m : 전동기 토크, T_L : 부하 토크, n : 회전수)

① $\frac{dT_m}{dn} < \frac{dT_L}{dn}$
② $\frac{dT_m}{dn} = \frac{dT_L^2}{dn}$
③ $\frac{dT_m}{dn} > \frac{dT_L}{dn}$
④ $\frac{dT_m}{dn} \neq \frac{dT_L^2}{dn}$

답 ①

11 3상 유도전압 조정기의 동작원리 중 가장 적당한 것은 ?

① 회전자계에 의한 유도작용을 이용하여 2차 전압의 위상전압 조정에 따라 변화한다.
② 교번자계의 전자유도작용을 이용한다.
③ 충전된 두 물체 사이에 작용하는 힘
④ 두 전류 사이에 작용하는 힘

◆ 풀이 • 3상유도 전동기의 원리: 회전 자계 **답** ①
단상 유도 전동기의 원리: 교번 자계

12 단상 직권 정류자 전동기에서 주자속의 최대치는 ϕ_m, 자극수를 P, 전기자 병렬 회로수를 a, 전기자 전 도체수를 Z, 전기자의 속도를 N[rpm]이라 하면 속도 기전력의 실효값 E_r [V]은 ? (단, 주자속은 정현파이다.)

① $E_r = \sqrt{2}\,\frac{P}{a}Z\frac{N}{60}\phi_m$
② $E_r = \frac{1}{\sqrt{2}}\frac{P}{a}ZN\phi_m$
③ $E_r = \frac{P}{a}Z\frac{N}{60}\phi_m$
④ $E_r = \frac{1}{\sqrt{2}}\frac{P}{a}Z\frac{N}{60}\phi_m$

◆ 풀이 • 단상 직전 정류자 전동기에서 기전력의 실효값 **답** ④

$$E_r = \frac{1}{\sqrt{2}} \cdot \frac{P}{a}Z\phi_m\frac{N}{60}$$

13 10[kW], 200[V], 전기자저항 0.15[Ω]의 타여자발전기를 전동기로 사용하여 발전기의 경우와 같은 전류를 흘렸을 때 단자전압은 몇 [V]로 하면 되는가 ?
(단, 여기서 전기자 반작용은 무시하고 회전수는 같도록 한다.)

① 200 ② 207.5 ③ 215 ④ 225.5

◆ 풀이 • 타여자 발전기 $I_a = I,\ If \quad I_a = I = \frac{P}{V} = \frac{10\times10^3}{200} = 50[\mathrm{A}]$ **답** ③

$$E = V + I_aR_a = 200 + 50\times0.15 = 207.5[\mathrm{V}]$$

• 타여자 전동기 $E = V - I_aR_a$,

$$V = E + I_aR_a = 207.5 + 50\times0.15 = 215[\mathrm{V}]$$

14 교류전력을 교류로 변화하는 것은 ?

① 정류기　② 쵸퍼　③ 인버터　④ 사이크로 컨버터

◆ 풀이　• 사이클로 컨버터 : 교류전력을 교류전압으로 변환 (주파수 변환기)　답 ④

15 어느 변압기의 백분율 저항강하가 2[%], 백분율 리액턴스 강하가 3[%] 일 때 역률(지역률) 80[%] 인 경우의 전압변동률은 얼마인가 ?

① -0.2[%]　② 3.4[%]　③ 0.2[%]　④ -3.4[%]

◆ 풀이　• 전압변동율 ε　답 ②

$\varepsilon = pcos\theta \pm qsin\theta = 2 \times 0.8 + 3 \times 0.6 = 3.4[\%]$

(+): 지역률, (−): 진역률

16 다음 중 변압기의 온도 시험을 하는데 가장 좋은 방법은 ?

① 무부하법　② 내전압법
③ 절연전압시험법　④ 반환부하법

◆ 풀이　• 반환부하법 : 온도시험　답 ④

17 유도 전동기의 회전자에 슬립 주파수의 전압을 가하는 속도제어는 ?

① 2차 저항법　② 자극수 변환법
③ 인버터주파수 변환법　④ 2차 여자법

◆ 풀이　• 2차 여자법 : 슬립 주파수의 외부 전압을 인가하여 속도를 제어　답 ④

18 직류 발전기에서 섬락이 생기는 가장 큰 원인은?

① 장시간 계속 운전　② 부하의 급변
③ 경부하 운전　④ 회전속도가 지나치게 떨어졌을 때

답 ②

19 동기발전기에서 무부하 포화 곡선과 공극선을 사용해서 산출할 수 있는 것은 ?

① 동기 임피던스　② 단락비
③ 전기자 반작용　④ 포화율

풀이 • 포화율 : 무부하 포화곡선과 공극선 사이에서 산출

답 ④

20 정류자형 주파수 변환기를 동일한 전원에 연결된 유도전동기의 축과 직결해서 사용하고 있다. 다음 설명 중 틀린 것은 ?

① 농형 유도전동기의 2차 여자를 할 수 있다.
② 권선형 유도전동기의 속도제어 및 역률개선을 할 수 있다.
③ 유도전동기의 속도제어범위가 동기속도 상하 10~ 15[%] 정도이다.
④ 유도전동기가 동기속도 이하에서는 2차 전력이 변압기를 통해 전원으로 반환된다.

답 ①

9회 실전응용문제

01 출력 300[kW], 전기자저항 0.0083[Ω]의 직류분권 발전기가 전부하에서 운전할 때 단자전압 250[V] 계자전류는 14[A] 이다. 전부하에서의 유기기전력은 약 몇 [V] 인가 ?

① 270　② 260　③ 250　④ 240

◆ 풀이　$E = V + I_a R_a = 250 + (1214 \times 0.0083) = 260$ [V]　답 ②

$$I_a = I + I_f = \frac{P}{V} + I_f = \frac{300 \times 10^3}{250} + 14 = 1214 \text{ [A]}$$

02 직류발전기에서 회전속도가 빨라지면 정류가 힘드는 이유는 ?

① 정류주기가 길어진다.
② 리액턴스 전압이 커진다.
③ 브러시 접촉저항이 커진다.
④ 정류자속이 감소한다.

◆ 풀이　양호한 정류를 얻기 위한 방지책　답 ②

① 보극, 탄소 brush 설치
② 리액턴스 전압을 낮게(인덕턴스 작게)
③ 정류주기를 길게 한다.
④ 회전속도를 작게 한다.
⑤ 단절권 사용

03 전슬롯수 24의 고정자에 단상 4극의 권선을 설치한 경우 인접한 슬롯 사이의 전기각은 ?

① 30°　② 60°　③ 90°　④ 120°

◆ 풀이　전기각 $= 4\pi$ [rad]　답 ①

$$\theta = \frac{4\pi}{\text{slort}(=\text{홈수})} = \frac{4\pi}{24} = \frac{\pi}{6} = 30°$$

04 교류 발전기의 동기 임피던스는 철심이 포화하면 어떻게 되는가 ?

① 증가한다. ② 관계없다.
③ 감소한다. ④ 증가, 감소가 불명확하다.

◆ 풀이 $L = \dfrac{N\phi}{I}$ (ϕ: 일정, I: 증가, L: 감소)

$Z_s = X_s$ (Z_s: 감소)

답 ③

05 3상 동기발전기의 매극, 매상의 슬롯수를 3이라 하면 분포 계수는 ?

① $\sin\dfrac{2}{3}\pi$ ② $\sin\dfrac{3}{2}\pi$
③ $\dfrac{1}{6\sin\dfrac{\pi}{18}}$ ④ $6\sin\dfrac{\pi}{18}$

◆ 풀이 분포권 계수

$$K_d = \frac{\sin\dfrac{\pi}{2m}}{q\sin\dfrac{\pi}{2mq}} = \frac{\sin\dfrac{\pi}{2\times 3}}{3\sin\dfrac{\pi}{2\times 3\times 3}} = \frac{1}{6\sin\dfrac{\pi}{18}}$$

q : 매극매상당 슬롯수, m : 상수

답 ③

06 광스위치, 릴레이, 카운터 회로 등에 사용되는 감광 역저지 3단자 사이리스터는 어느 것인가 ?

① LAS ② SCS ③ SSS ④ LASCR

답 ④

07 동기전동기의 공급 전압에 대하여 앞선 전류의 전기자 반작용은 ?

① 증자작용　　② 감자작용
③ 교차 자화작용　　④ 소호리액터작용

◆ 풀이 전기자 반작용 답 ②

1) 횡축 반작용(교차자화작용) – 전기자 전류가 유기기전력과 동위상 크기 : $I\cos\theta$

2) 직축 반작용

① 감자작용 : 전기자 전류가 유기기전력보다 위상이 $\pi/2$ 뒤질 때 자속이 감소

② 증자작용 : 전기자 전류가 유기기전력보다 위상이 $\pi/2$ 앞설 때 자속이 자화

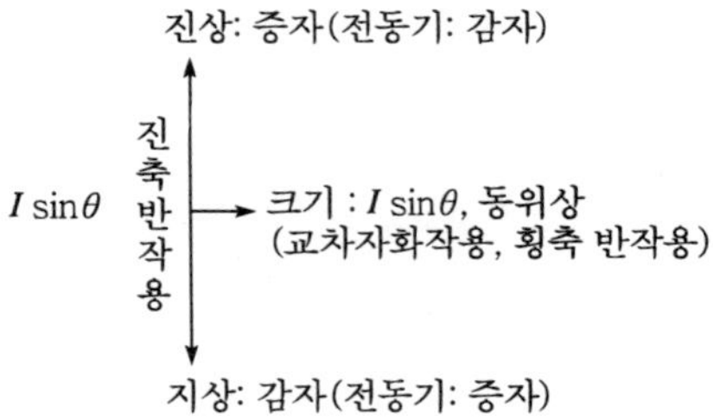

08 수은 정류기에서 역호 현상의 큰 원인은 ?

① 과부하 전류　　② 내부 잔존가스 압력의 저하
③ 전원 주파수의 저하　　④ 내부 저항의 저하

답 ①

09 2차로 환산한 임피던스가 각각 $0.03+j0.02$ [Ω], $0.02+j0.03$ [Ω]인 단상변압기 2대를 병렬로 운전시킬 때 분담 전류는 ?

① 크기는 같으나 위상이 다르다.　　② 크기와 위상이 같다.
③ 크기는 다르나 위상이 같다.　　④ 크기와 위상이 다르다.

◆ 풀이 답 ①

$$Z_1 = 0.03 + j0.02 = \sqrt{0.0013}\angle\tan^{-1}\frac{0.02}{0.03}$$

$$Z_2 = 0.02 + j0.03 = \sqrt{0.0013}\angle\tan^{-1}\frac{0.03}{0.02}$$

10 단상 유도전압 조정기에서 단락 권선의 역할은 ?

① 전압조정 용이 ② 절연보호 ③ 철손 경감 ④ 전압강하 경감

답 ④

11 20[HP], 4극 , 60[Hz]의 3상 유도 전동기가 있다. 전부하 슬립이 4[%]이다. 전부하시의 토크[kg · m]는 약 얼마인가 ? (단, 1[HP] 은 746[W] 이다.)

① 11.41 ② 10.41 ③ 9.41 ④ 8.41

◆ 풀이 $T = 0.975\frac{P_0}{N} = 0.975\frac{20\times 746}{1728} = 8.41$ [kg · m] 답 ④

$N = (1-s)N_s = (1-0.04)\times 1800 = 1728$[rpm]

12 15[kW] 3상 유도 전동기의 기계손이 350[W], 전부하시의 슬립이 3[%] 이다. 전부하시의 2차 동손은 약 몇 [W] 인가 ?

① 523 ② 475 ③ 411 ④ 365

◆ 풀이 $P_0 = \frac{1-s}{s}P_{c2}$ [W] 답 ②

$P_{c2} = \frac{s}{1-s}(P_0 + P_m) = \frac{0.03}{1-0.03}\times(15000+350) = 475$ [W]

13 60[Hz], 4극, 3상 권선형 유도 전동기의 회전자가 슬립 0.1로 회전할 때 회전자 주파수는 몇 [Hz] 인가 ?

① 6 ② 54 ③ 60 ④ 600

◆ 풀이 $f_{2s} = sf_2 = 0.1\times 60 = 6$ [Hz] 답 ①

14 단상 직권전동기의 종류가 아닌 것은 ?

① 직권형 ② 아트킨손형
③ 보상직권형 ④ 유도보상직권형

답 ②

15 정격용량 10000[kVA], 정격전압 6000[V], 극수 12, 주파수 60[Hz], 1상의 동기 임피던스 2[Ω] 인 3상 동기발전기가 있다. 이 발전기의 단락비는 얼마인가?

① 1.0 ② 1.2 ③ 1.4 ④ 1.8

◆ 풀이

$$\frac{1}{k_s} = \frac{P_n Z_s}{V^2}$$

$$\frac{1}{k_s} = \frac{10^4 \times 10^3 \times 2}{(6000)^2} \quad \therefore\ k_s = 1.8$$

답 ④

16 정격 3300/210[V]의 변압기의 1차에 3300[V]를 가하고 2차에 부하를 접속하니 1차에 3[A]의 전류가 흘렀다. 2차 출력[kVA] 은 약 얼마인가 ?

① 2.5 ② 4.9 ③ 9.9 ④ 19.8

◆ 풀이

$a = \dfrac{I_2}{I_1}$ 에서 $I_2 = aI_1 = 15.7 \times 3 = 47$ [A]

$a = \dfrac{V_1}{V_2}$ 에서 $V_2 = \dfrac{V_1}{a} = \dfrac{3300}{15.7} = 210$ [V]

$P_2 = V_2 I_2 \times 10^{-3}$ [kVA] 이므로 $= 210 \times 47 \times 10^{-3} = 9.87$ [kVA]

답 ③

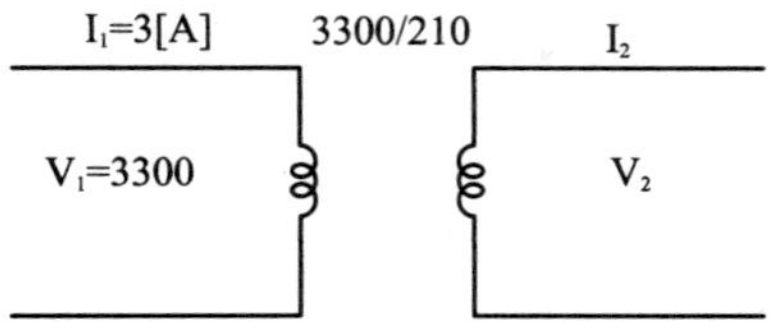

17 변압기의 이상적인 병렬 운전에 대한 설명이 아닌 것은 ?

① 각 변압기가 그 용량에 비례하여 전류를 분담한다.
② 각 변압기의 자화 전류는 정현파가 된다.
③ 병렬로 된 각 변압기 폐회로에는 순환 전류가 흐르지 않는다.
④ 각 변압기에 대한 전류의 대수 합이 언제나 전체의 부하 전류와 같다.

답 ②

18 직류기의 전기자에 사용되는 권선법 중 가장 많이 사용하는 것은 ?

① 단층권 ② 2층권 ③ 환상권 ④ 개로권

답 ②

19 기전력에 고조파를 포함하고 중성점이 접지되어 있을 때에는 선로에 제 3 고조파를 주로 하는 충전전류가 흐르고 변압기에서 제 3 고조파의 영향으로 통신 장해를 일으키는 3상 결선법은 ?

① △ – △ 결선 ② Y – Y 결선
③ Y – △ 결선 ④ △ – Y 결선

답 ②

20 동기발전기 전기자 권선의 층간 단락 보호 계전기로 가장 적합한 것은 ?

① 온도 계전기 ② 접지 계전기
③ 차동 계전기 ④ 과부하 계전기

답 ③

10회 실전응용문제

01 교류발전기의 손실은 단자전압 및 역률이 일정할 때 $P = P_0 + \alpha I + \beta I^2$ 으로 된다. 부하전류 I가 어떤 값일 때 발전기 효율이 최대가 되는가? (단, P_0는 무부하손이며 α, β는 계수이다.)

① $I = \dfrac{P_0}{\beta}$　② $I = \sqrt{\dfrac{P_0}{\beta}}$　③ $I = \dfrac{\alpha}{\beta}$　④ $I = \sqrt{\dfrac{\alpha}{\beta}}$

◆ 풀이　최대효율조건 : 고정손(무부하손)=부하손일 때,　답 ②

$P = P_0 + \alpha I + \beta I^2$ 에서 P_0는 무부하손이므로

$P_0 = \beta I^2$ 일 때

$I = \sqrt{\dfrac{P_0}{\beta}}$ [A]

02 다음은 IGBT 에 관한 설명이다. 잘못된 것은 ?

① Insulated Gate Bipolar Thyristor의 약자이다.
② 트랜지스터와 MOSFET를 조합한 것이다.
③ 고속 스위칭이 가능하다.
④ 전력용 반도체 소자이다.

◆ 풀이　Insulated Gate Bipolar Transistor　답 ①

03 변압기의 단락시험과 관계가 없는 것은 ?

① 누설 리액턴스　② 전압 변동률
③ 임피던스 와트　④ 여자 어드미턴스

◆ 풀이　무부하시험(개방시험) : 철손, 여자전류, 여자 어드미턴스　답 ④

단락시험 : 동손, 임피던스(와트, 동손)

04 3상 유도전동기의 기동법 중 전전압 기동에 대한 설명으로 옳지 않은 것은 ?

① 소용량 농형 전동기의 기동법이다.
② 전동기 단자에 직접 정격전압을 가한다.
③ 소용량의 농형 전동기는 일반적으로 기동시간이 길다.
④ 기동시에 역률이 좋지 않다.

답 ③

05 직류발전기를 병렬운전 하는데 균압선을 설치하는 발전기는 ?

① 타여자 발전기 ② 복권 발전기
③ 분권 발전기 ④ 동기발전기

◆ 풀이 균압선 : 직권, 복권(과복권)

답 ②

06 변압기의 누설 리액턴스를 줄이는 가장 효과적인 방법은 어느 것인가 ?

① 철심의 단면적을 크게 한다. ② 코일의 단면적을 크게 한다.
③ 권선을 분할하여 조립한다. ④ 권선을 동심 배치한다.

◆ 풀이 $L \propto N^2$ (권선의 분할조립 : 누설 리액턴스 감소)

답 ③

07 3상 유도기에서 출력의 변환 식으로 옳은 것은 ?

① $P_0 = P_2 - P_{2c} = P_2 - sP_2 = \frac{N}{N_s} P_2 = (1-s)P_2$

② $P_0 = P_2 + P_{2c} = P_2 + sP_2 = \frac{N_s}{N} P_2 = (1+s)P_2$

③ $P_0 = P_2 + P_{2c} = \frac{N}{N_s} P_2 = (2-s)P_2$

④ $(1-s)P_2 = \frac{N}{N_s} P_2 = P_0 - P_{2c} = P_0 - sP_2$

답 ①

08 3300/210[V], 10[kVA]의 단상 변압기가 있다. % 저항강하는 3[%], % 리액턴스강하는 4[%] 이다. 이 변압기가 무부하인 경우의 2차 단자전압은 약 몇 [V] 인가 ? (단, 변압기는 지역률 80[%] 일 때 정격출력을 낸다고 한다.)

① 168 ② 216 ③ 220 ④ 228

◆ 풀이 전압변동률 $\epsilon = \dfrac{V_{20} - V_{2n}}{V_{2n}}$ 에서 답 ③

$V_{20} - V_{2n} = \epsilon V_{2n}$, $V_{20} = \epsilon V_{2n} + V_{2n} = (0.048 \times 210) + 210 = 220$ [V]

$\epsilon = p\cos\theta + q\sin\theta = (3 \times 0.8) + (4 \times 0.6) = 4.8$ [%]

09 200[V], 60[Hz], 6극, 10[kW] 의 3상 유도전동기가 있다. 전부하시의 회전수가 1152[rpm] 이면 회전자 기전력의 주파수는 몇 [Hz] 인가 ?

① 2.2 ② 2.4 ③ 2.6 ④ 2.8

◆ 풀이 $f_2s = sf_2 = \dfrac{N_s - N}{N_s} f_2 = \dfrac{1200 - 1152}{1200} \times 60 = 2.4$ [Hz] 답 ②

10 AC 서보전동기(AC servomotor) 의 설명 중 틀린 것은 ?

① AC 서보전동기는 그다지 큰 회전력을 요구되지 않는 시스템에 사용되는 전동기이다.
② 이 전동기에는 기준권선과 제어권선의 두 고정자 권선이 있으며, 90° 위상차가 있는 2상 전압을 인가하여 회전자계를 만든다.
③ 고정자의 기준권선에는 정전압을 인가하며, 제어권선에는 제어용 전압을 인가한다.
④ 이 전동기는 속도 회전력 특성을 선형화하고 제어전압을 입력으로 회전자의 회전각을 출력으로 보았을 때 이 전동기의 전달함수는 미분요소와 2차 요소의 직렬 결합으로 볼 수 있다.

답 ④

11 동기기의 3상 단락곡선이 직선이 되는 이유로 가장 알맞은 것은 ?

① 누설 리액턴스가 크므로 ② 자기포화가 있으므로
③ 무부하 상태이므로 ④ 전기자 반작용으로

답 ④

12 단락비가 큰 동기기에 대한 설명으로 알맞은 것은 ?

① 전기자 반작용이 크다. ② 기계가 소형이다.
③ 전압변동율이 크다. ④ 안정도가 높다.

답 ④

13 4극, 7.5[kW], 200[V], 60[Hz] 인 3상 유도 전동기가 있다. 전부하에서 2차 입력이 7950[W] 이다. 이 경우에 2차 효율[%]은 얼마인가 ? (단, 기계손은 130[W] 이다.)

① 93 ② 94 ③ 95 ④ 96

◆ 풀이 $\eta_2 = \dfrac{P_0 + P_m}{P_2} = \dfrac{7500 + 130}{7950} = 0.96 \times 100 = 96$ [%]

답 ④

14 동기발전기에서 기전력의 고조파가 감소해서 파형을 좋게 하고 권선의 리액턴스를 감소시키기 위하여 채택한 권선법으로 알맞은 것은 ?

① 전절권 ② 집중권 ③ 분포권 ④ 단절권

◆ 풀이 분포권
1) 누설 리액턴스 감소
2) 고조파를 제거하여 기전력의 파형 개선

답 ③

15 단상 50[kVA] 1차 3300[V], 2차 210[V] 60[Hz] 1차 권회수 550, 철심의 유효단면적 150[cm^2] 의 변압기 철심의 자속 밀도[Wb/m^2] 는 약 얼마인가 ?

① 2.0 ② 1.5 ③ 1.2 ④ 1.0

◆ 풀이 $E_1 = 4.44f\phi_m N_1 = 4.44fSB_m N_1$ [V]에서

$$B_m = \frac{E_1}{4.44fSN_1} = \frac{3300}{4.44 \times 60 \times 150 \times 10^{-4} \times 550} = 1.5\,[\text{Wb/m}^2]$$

답 ②

16 직류전동기의 규약효율(η)은 어떤 식으로 표현되는가 ?

① $\frac{\text{출력}}{\text{입력}} \times 100\,[\%]$ ② $\frac{\text{입력}}{\text{입력}+\text{손실}} \times 100\,[\%]$

③ $\frac{\text{출력}}{\text{출력}+\text{손실}} \times 100\,[\%]$ ④ $\frac{\text{입력}-\text{손실}}{\text{입력}} \times 100\,[\%]$

답 ④

17 단상 유도 전압 조정기와 3상 유도 전압조정기의 비교 설명으로 옳지 않은 것은 ?

① 모두 회전자와 고정자가 있으며, 한편에 1차 권선을 다른 편에 2차 권선을 둔다.
② 모두 입력전압과 이에 대응한 출력전압 사이에 위상차가 있다.
③ 단상 유도 전압조정기에는 단락코일이 필요하나 3상에서는 필요 없다.
④ 모두 회전자의 회전각에 따라 조정된다.

답 ②

18 동기기의 전기자 저항을 r, 전기자 반작용 리액턴스를 X_a, 누설리액턴스를 X_ℓ 이라고 하면 동기 임피던스를 표시하는 식은 ?

① $\sqrt{r^2+\left(\frac{X_a}{X_\ell}\right)^2}$ ② $\sqrt{r^2+X_\ell^2}$

③ $\sqrt{r^2+X_a^2}$ ④ $\sqrt{r^2+(X_a+X_\ell)^2}$

답 ④

19 3상 동기발전기의 여자전류 10[A]에 대한 단자전압이 $1000\sqrt{3}$ [V], 3상 단락전류는 50[A]이다. 이 때의 동기 임피던스는 몇 [Ω] 인가 ?

① 5 ② 11 ③ 20 ④ 34

◆ 풀이 $Z_s = \dfrac{E}{I_s} = \dfrac{V/\sqrt{3}}{I_s} = \dfrac{1000\sqrt{3}/\sqrt{3}}{50} = 20\,[\Omega]$

답 ③

20 다음 ( ) 안에 알맞은 내용을 순서대로 나열한 것은 ?

> "사이리스터(Thyristor) 에서는 게이트 전류가 흐르면 순방향의 저지상태에서 ( ) 상태로 된다. 게이트 전류를 가하여 도통 완료까지의 시간을 ( ) 시간 이라고 하나 이 시간이 길면 ( ) 시의 ( ) 이 많고 사이리스터 소자가 파괴되는 수가 있다"

① 온(On), 턴온(Turn on), 스위칭, 전력손실

② 온(On), 턴온(Turn on), 전력손실, 스위칭

③ 스위칭, 온(On), 턴온(Turn on), 전력손실

④ 턴온(Turn on), 스위칭, 온(On), 전력손실

답 ①

11회 실전응용문제

01 직류기의 전기자 권선을 중권(重卷) 으로 하였을 때 다음 중 틀린 것은 ?

① 전기자 권선의 병렬 회로수는 극수와 같다.
② 브러시 수는 항상 2개이다.
③ 전압이 낮고, 비교적 전류가 큰 기기에 적합하다.
④ 균압환 접속을 할 필요가 있다.

◆ 풀이 ① 중권(병렬권) - 저전압, 대전류용 기계 기구 **답** ②
단중중권 : $a = p = b$
다중중권 : $a = mp$
m : 다중도
② 파권(직렬권) - 고전압, 소전류용 기계 기구
단중파권 : $a = 2 = b$
다중파권 : $a = 2m$
m : 다중도

02 3상 동기발전기의 1상의 유도 기전력 120[V], 반작용 리액턴스 0.2[Ω]이다. 90° 진상 전류 20[A] 일 때 발전기 단자 전압[V] 은 ? (단, 기타는 무시한다.)

① 116 ② 120 ③ 124 ④ 140

◆ 풀이 $E = V + Ix_s$ 에서 $V = E - Ix_s$ 진상전류이므로 **답** ③
전압 $V = E + Ix_s = 120 + (20 \times 0.2) = 124$[V]

03 동기발전기에서 코일 피치와 극간격의 비를 β라 하고 상수를 m, 1극 1상당 슬롯수를 q라고 할 때 분포권 계수를 나타내는 식은 ?

① $\sin\frac{\beta\pi}{2}$ ② $\cos\frac{\beta\pi}{2}$

③ $\left(q\sin\frac{\pi}{2m}\right) / \left(\sin\frac{\pi}{2mq}\right)$ ④ $\left(\sin\frac{\pi}{2m}\right) / \left(q\sin\frac{\pi}{2mq}\right)$

답 ④

04 정격출력 10[MVA], 정격전압 6600[V], 동기 임피던스가 매상 3.6[Ω]인 3상 동기발전기의 단락비는 약 얼마인가 ?

① 1.2 ② 1.3 ③ 1.5 ④ 1.9

◆ 풀이 $\frac{1}{k_s} = \frac{P_n Z_s}{V^2}$, $\frac{1}{k_s} = \frac{10\times10^6\times3.6}{(6600)^2} = 0.83$ 답 ①

$k_s = \frac{1}{0.83} = 1.2$

05 그림과 같은 정류회로에서 전류계의 지시값은 약 몇 [mA] 인가 ? (단, 전류계는 가동코일형이고 정류기 저항은 무시한다.)

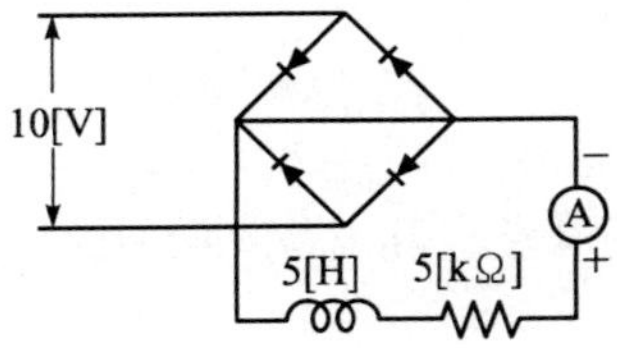

① 1.8
② 4.5
③ 6.4
④ 9.0

◆ 풀이 $I_d = \frac{E_d}{R} = \frac{0.9E}{R} = \frac{0.9\times10}{5\times10^3} = 1.8\times10^{-3}$ [A] 답 ①

$= 1.8$[mA]

06 임피던스 전압강하가 5[%]인 변압기가 운전 중 단락되었을 때 단락전류는 정격전류의 몇 배가 되는가 ?

① 2 ② 5 ③ 10 ④ 20

◆ 풀이 $I_s = \frac{100}{\%Z} I_n = \frac{100}{5} I_n = 20 I_n$

답 ④

07 인견 공장에서 사용되는 포트 모터의 속도 제어는 ?

① 극수변환에 의한 제어 ② 주파수 변환에 의한 제어

③ 저항에 의한 제어 ④ 2차 여자에 의한 제어

◆ 풀이 속도제어법

답 ②

- 농 형 ① 주파수 제어법(인견공업의 pot 전동기, 선박의 전기 추진기)
  ② 극수 제어법
- 권선형 ① 저항 제어법
  ② 2차 여자법(회전자에 슬립 주파수의 전압을 공급하여 속도제어)
  ③ 종속 제어법
    ㉠ 직렬 종속 $N = \frac{120}{P_1 + P_2} f$ [rpm]
    ㉡ 차동 종속 $N = \frac{120}{P_1 - P_2} f$ [rpm]
    ㉢ 병렬 접속 $N = 2 \times \frac{120}{P_1 + P_2} f$ [rpm]

08 15[kW] 3상 유도 전동기의 기계손이 350[W] 전부하시의 슬립이 3[%]이다. 전부하시의 2차 동손[W] 은 ?

① 275 ② 395 ③ 426 ④ 475

◆ 풀이 $P_{c2} = \frac{s}{1-s}(P_0 + P_m)$

답 ④

$= \frac{0.03}{1-0.03} \times (1500 + 350) = 474.7$ [W]

09 다음 중 3단자 사이리스터가 아닌 것은 ?

① SCR　　② GTO　　③ TRIAC　　④ SSS

◆ 풀이 TRIAC – 2방향성 3단자 사이리스터
SCS – 역저지 4단자 사이리스터

답 ④

10 무부하 전압이 120[V] 인 분권 발전기의 전압 변동률이 5[%] 이다. 이 발전기의 정격전압 [V] 은 약 얼마인가 ?

① 125.4　　② 119.3　　③ 114.3　　④ 109.4

◆ 풀이 $V = \dfrac{V_0}{1+\epsilon} = \dfrac{120}{1.05} = 114.3 \quad [\text{V}]$

답 ③

11 유도발전기에 관한 설명 중 틀린 것은 ?

① 회전자속을 만들기 위해 회전자에 DC 여자전류를 공급한다.
② 유도발전기의 주파수는 전원의 주파수로 정하고 회전속도에는 관계가 없다.
③ 출력은 회전자속도와 회전자속의 상대속도에 비례하기 때문에 출력을 증가하려면 속도를 증가시킨다.
④ 동기발전기와 같이 동기화 할 필요가 없고 난조 등 이상현상이 생기지 않는다.

답 ①

12 상전압 200[V] 인 3상 반파정류회로에 SCR 을 사용하여 위상제어를 할 때 제어각이 60 ° 이면 직류 출력 전압은 약 몇 [V] 인가 ?

① 117　　② 187　　③ 216　　④ 234

◆ 풀이 3상 반파 $E_d = 1.17E \cdot \cos\alpha$
$= 1.17 \times 200 \times \cos 60° = 117[\text{V}]$

답 ①

13 유도 전동기 원선도 작성에 필요한 시험과 원선도에서 구할 수 있는 것이 옳게 배열된 것은 ?

① 무부하시험, 1차 입력　　② 부하시험, 기동전류
③ 슬립측정시험, 기동토크　　④ 구속시험, 고정자권선의 저항

◆ 풀이　원선도 ① 저항측정
② 무부하시험
③ 구속시험(단락시험)

답 ①

14 다음 중 서보모터가 갖추어야 할 조건이 아닌 것은 ?

① 기동 토크가 클 것　　② 토크 - 속도곡선이 수하특성을 가질 것
③ 회전자를 굵고 짧게 할 것　　④ 전압이 0 이 되었을 때 신속하게 정지할 것

답 ③

15 반작용전동기(reaction motor) 에 관한 설명 중 틀린 것은 ?

① 여자를 약하게 하면 뒤진 전류가 흐르고 전기자 반작용은 계자를 강화시키는 작용을 한다.
② 뒤진 전류가 흐를 때는 직류여자가 없어도 계자가 여자되므로 계자권선이 없다.
③ 3상 교류를 가하면 전기자 전류의 무효분은 계자속을 만들며 전류의 유효분사이의 토크가 발생한다.
④ 직류여자를 필요로 하고, 철극성 때문에 동기속도 이하로 회전한다.

답 ④

16 누설 변압기의 설명 중 틀린 것은 ?

① 2차 전류가 증가하면 누설자속이 증가한다.
② 누설자속이 증가하면 주자속은 증가하여 2차 유도기전력이 증가한다.
③ 2차 전류가 증가하면 2차 전압강하가 증가한다.
④ 리액턴스가 크기 때문에 전압변동률이 크고 역률은 낮다.

답 ②

17 그림은 단상 직권 정류자 전동기의 개념도이다. C 를 무엇이라고 하는가 ?

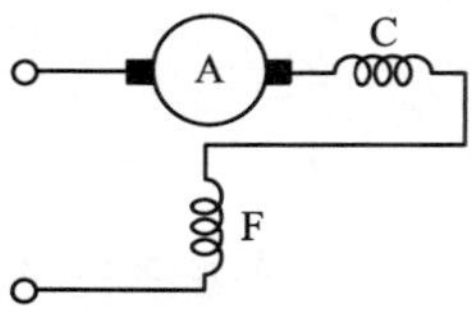

① 제어권선
② 보상권선
③ 보극권선
④ 단층권선

답 ②

18 변압기 결선에서 제 3 고조파 전압이 발생하는 결선은 ?

① Y – Y ② △ – △ ③ △ – Y ④ Y – △

답 ①

19 변압기의 부하전류 및 전압이 일정하고, 주파수가 낮아졌을 때의 현상으로 옳은 것은 ?

① 철손 감소 ② 철손 증가 ③ 동손 감소 ④ 동손 증가

◆ 풀이 $B_m \propto \frac{1}{f}$ (철기계) 철손 증가, 여자전류 증가, %Z 감소
$\uparrow \quad \downarrow$

답 ②

20 단상 유도전동기의 기동법이 아닌 것은 ?

① 분상 기동 ② Y – △ 기동 ③ 콘덴서 기동 ④ 반발 기동

◆ 풀이 Y – △ 기동 : 3상 유도전동기의 기동법

답 ②

12회 실전응용문제

01 변압기의 등가회로 작성을 하기 위한 시험 중 무부하시험으로 알 수 있는 것은 ?

① 어드미턴스, 철손
② 임피던스전압, 임피던스와트
③ 권선의 저항, 임피던스전압
④ 철손, 임피던스와트

◆ 풀이 • 변압기 등가회로 작성 시 필요한 시험 답 ①
① 권선의 저항 측정 시험
② 무부하(개방)시험: 여자전류, 여자 어드미턴스, 철손
③ 단락시험: 임피던스, 동손, 임피던스 전압, 단락전류, 전압 변동률

02 다음 중 가정용 재봉틀, 소형공구, 영사기, 치과의료용, 엔진 등에 사용하고 있으며, 교류, 직류 양쪽 모두에 사용되는 만능 전동기는 ?

① 3상 유도 전동기
② 차동 복권 전동기
③ 단상 직권 정류자 전동기
④ 전기 동력계

◆ 풀이 • 단상 직권 정류자 전동기: 직·교류 양용(만능 전동기) 답 ③

03 3상 권선형 유도 전동기의 전부하 슬립 5[%], 2차 1상의 저항 0.5[Ω]이다. 이 전동기의 기동 토크를 전부하 토크와 같도록 하려면 외부에서 2차에 삽입할 저항은 몇 [Ω] 인가 ?

① 10 ② 9.5 ③ 9 ④ 8.5

◆ 풀이 • $\frac{r_2}{st}=\frac{r_2+R'}{S'}$, $\frac{0.5}{0.05}=\frac{0.5+R'}{1}$

$\therefore R'=9.5[\Omega]$

답 ②

04 변류비 100/5[A]의 변류기(C.T)와 5[A]의 전류계를 사용해서 부하전류를 측정한 경우 전류계의 지시가 4[A]이었다. 이때 부하전류는 몇 [A]인가 ?

① 20 ② 30 ③ 60 ④ 80

◆ 풀이 • 부하전류 =CT비× 전류계의 지시값= $\frac{100}{5}\times 4=80[\text{A}]$

답 ④

05 직류 분권 전동기의 보극은 무엇 때문에 쓰이는가 ?

① 회전수 일정 ② 브러시의 접촉저항 감소
③ 정류 양호 ④ 시동 토크(torque) 의 증가

◆ 풀이 • 보극: 정류 양호

답 ③

06 3000[V], 60[Hz], 8극 100[kW]의 3상 유도 전동기가 있다. 전부하에서 2차 구리손이 3[kW], 기계손이 2[kW]이라면 전부하 회전수는 약 몇 [rpm]인가 ?

① 498 ② 593 ③ 874 ④ 984

◆ 풀이 • $N=(1-S)N_s=(1-0.028)\times 900=874.8 \fallingdotseq 874[\text{rpm}]$

$N_s=\frac{120f}{P}=\frac{120\times 60}{8}=900[\text{rpm}]$

$S=\frac{P_{2c}}{P_2}=\frac{3}{100+3+2}=0.028$

답 ③

07 단상변압기의 병렬운전 조건이 아닌 것은 ?

① 극성이 같아야 한다.

② 권수비가 같아야 한다.

③ 백분율 저항강하 및 리액턴스강하는 같지 않아도 된다.

④ 1차 및 2차의 정격전압이 같아야 한다.

◆ 풀이 • 변압기의 병렬운전 조건 **답** ③

① 극성, 권수비, 단자전압 일치 ┐

② %Z일치(p, q일치) ┘→ 1ϕ변압기의 병렬 운전 조건

③ 상회전 방향과 각 변위가 일치 ⟶ 3ϕ 변압기의 병렬운전 조건

08 변압기의 부하전류 및 전압이 일정하고, 주파수가 낮아졌을 때의 현상으로 옳은 것은 ?

① 철손 감소 ② 철손 증가 ③ 동손 감소 ④ 동손 증가

◆ 풀이 • $\underset{\uparrow}{B_m} \propto \underset{\downarrow}{\frac{1}{f}}$ (철기계) 철손 증가, 여자전류 증가, 임피던스 감소 **답** ②

09 직류 분권 전동기가 있다. 단자 전압 215[V], 전기자 전류 150[A], 1500[rpm]으로 운전되고 있을 때 발생 토크[N · m]는 약 얼마인가 ? (단, 전기자 저항은 0.1[Ω] 이다.)

① 19.5 ② 22.4 ③ 191 ④ 220

◆ 풀이 • 토크 T [N•m] [kg•m] **답** ③

$$T = \frac{60P}{2\pi N} = \frac{60E \cdot I_a}{2\pi N} = \frac{60(V - I_a R_a) \cdot I_a}{2\pi N}$$

$$= \frac{60(215 - 150 \times 0.1) \times 150}{2\pi \times 1500} \fallingdotseq 191(\mathrm{N \cdot m})$$

* 분권전동기의 역기전력

$E = V - I_a R_a$

10 단상 반파 정류로 직류전압 100[V]를 얻으려고 한다. 최대 역전압(Peak inverse voltage) 즉 PIV는 몇 [V] 이상의 다이오드를 사용해야 하는가 ?

① 100 ② 156 ③ 223 ④ 314

◆ 풀이 • 단상 반파 답 ④

$Ed = 0.45E, \quad E = \dfrac{Ed}{0.45} = \dfrac{100}{0.45} \fallingdotseq 222[\text{V}]$

$PIV = \sqrt{2}\,E = \sqrt{2} \times 222 \fallingdotseq 314[\text{V}]$

11 동기전동기에서 출력이 100[%]일 때의 역률이 1 이 되도록 계자전류를 조정한 다음에 공급 전압 V 및 계자전류 I_f를 일정하게 하고, 전부하 이하에서 운전하면 동기전동기의 역률은 어떻게 되는가 ?

① 뒤진 역률이 되고, 부하가 감소함에 따라 역률은 낮아진다.
② 뒤진 역률이 되고, 부하가 감소함에 따라 역률은 좋아진다.
③ 앞선 역률이 되고, 부하가 감소함에 따라 역률은 낮아진다.
④ 앞선 역률이 되고, 부하가 감소함에 따라 역률은 좋아진다.

답 ③

12 3300[V], 60[Hz] 용 변압기의 와류손이 360[W] 이다. 이 변압기를 2750[V], 50[Hz]에서 사용할 때 이 변압기의 와류손은 약 몇 [W]가 되는가 ?

① 200 ② 225 ③ 250 ④ 275

◆ 풀이 • $Pe \propto V^2$, 주파수는 무관계 답 ③

$360 : (3300)^2, \ Pe' : (2750)^2$

$Pe' = \left(\dfrac{2750}{3300}\right)^2 \times 360 = 250[\text{W}]$

13 3상 유도전동기에서 2차측 저항을 2배로 하면 그 최대 토크는 어떻게 되는가 ?

① 2 배로 된다. ② $\frac{1}{2}$ 로 줄어든다.

③ $\sqrt{2}$ 배가 된다. ④ 변하지 않는다.

◆ 풀이 • 저항을 증가시키더라도 최대 토크는 일정
∴ 변하지 않는다.

답 ④

14 다음 중 DC 서보 모터의 회전 전기자 구조가 아닌 것은 ?

① 슬롯(Slot) 이 있는 전기자 ② 철심이 있고 슬롯(Slot) 이 없는 전기자

③ 철심이 없는 평판상 프린트 코일형 ④ 전기자 권선이 없는 돌극형

답 ④

15 단상전파 정류회로의 정류효율은 ?

① $\frac{4}{\pi^2}\times 100$ [%] ② $\frac{\pi^2}{4}\times 100$ [%] ③ $\frac{8}{\pi^2}\times 100$[%] ④ $\frac{\pi^2}{8}\times 100$[%]

◆ 풀이 정류효율 η

1) 단상반파 : 40.6[%] 2) 단상전파 : 81.2[%]

3) 3상 반파 : 96.5[%] 4) 3상 전파 : 99.8[%]

답 ③

16 직류전동기의 규약효율은 ?

① $\eta=\frac{\text{출력}}{\text{출력}+\text{손실}}\times 100$ [%] ② $\eta=\frac{\text{입력}-\text{손실}}{\text{입력}}\times 100$ [%]

③ $\eta=\frac{\text{입력}}{\text{입력}-\text{손실}}\times 100$ [%] ④ $\eta=\frac{\text{출력}}{\text{입력}}\times 100$[%]

◆ 풀이 • 직류전동기의 규약효율 $\eta=\frac{\text{입력}-\text{손실}}{\text{입력}}\times 100$[%]

• 직류발전기의 규약효율 $\eta=\frac{\text{출력}}{\text{출력}+\text{손실}}\times 100$[%]

답 ②

17 4극 60[Hz]의 3상 유도전동기가 1500[rpm] 으로 회전하고 있을 때 회전자 전류의 주파수는 약 몇 [Hz]인가 ?

① 8 ② 10 ③ 12 ④ 14

◆ 풀이 • $f_{2s} = sf_1 = 0.16 \times 60 \fallingdotseq 9.6$[HZ]

답 ②

$$N_s = \frac{120f}{P} = \frac{120 \times 60}{4} = 1800\,[\text{rpm}]$$

$$S = \frac{N_s - N}{N_s} = \frac{1800 - 1500}{1800} \fallingdotseq 0.16$$

18 단상 유도전동기의 기동에 브러시를 필요로 하는 것은 ?

① 분상 기동형 ② 반발 기동형
③ 콘덴서 분상 기동형 ④ 세이딩 코일 기동형

답 ②

19 무부하 전압 220[V], 정격 전압 200[V]인 발전기의 전압 변동률[%] 은 ?

① 10 ② 20 ③ 30 ④ 40

◆ 풀이 • 전압 변동율 ε

답 ①

$$\varepsilon = \frac{V_o - V_n}{V_n} \times 100 = \frac{220 - 200}{200} \times 100 = 10\,[\%]$$

20 동기발전기의 권선을 분포권으로 하면 ?

① 기전력의 고조파가 감소하여 파형이 좋아진다.
② 권선의 리액턴스가 커진다.
③ 집중권에 비하여 합성 유도 기전력이 높아진다.
④ 난조를 방지한다.

◆ 풀이 • 분포전의 특징

답 ①

① 고조파를 제거하여 기전력의 파형개선
② 누설 리액턴스 감소

13회 실전응용문제

01 송전 계통에 접속한 무부하의 동기 전동기를 동기 전동기라 한다. 이 때 동기 조상기의 계자를 과여자로 해서 운전할 경우 옳지 않은 것은 ?

① 콘덴서로 작용한다.
② 위상이 뒤진 전류가 흐른다.
③ 송전선의 역률을 좋게 한다.
④ 송전선의 전압강하를 감소시킨다.

◆ 풀이
- 과여자(콘덴서로 작용) : 앞선 전류가 흐른다.
- 부족여자(리액터로 작용) : 뒤진 전류가 흐른다.

답 ②

02 브러시레스 DC 서보 모터의 특징으로 옳지 않은 것은 ?

① 단위 전류당 발생 토크가 크고 역기전력에 의해 불필요한 에너지를 귀환하므로 효율이 좋다.
② 노크 맥동이 작고, 안정된 제어가 용이하다.
③ 기계적 시간상수가 크고 응답이 느리다.
④ 기계적 접점이 없고 신뢰성이 높다.

답 ③

03 3300[V], 60[Hz]용 변압기의 와류손이 360 [W] 이다. 이 변압기를 2750[V], 50[Hz]에서 사용할 때 이 변압기의 와류손은 몇 [W] 인가 ?

① 250 ② 330 ③ 418 ④ 518

◆ 풀이 • $360 : 3300^2$

$P_e : 2750^2 \qquad P_e = \left(\dfrac{2750}{3300}\right)^2 \times 360 = 250 \ [W]$

답 ①

04 변압기의 여자 어드미턴스를 구하는 시험법은 ?

① 단락시험 ② 무부하시험 ③ 부하시험 ④ 충격전압시험

◆ 풀이 • 무부하시험(개방시험) : 철손, 여자전류, 자 어드미턴스 답 ②

05 동기전동기의 전기자 전류가 최소일 때 역률은 ?

① 0 ② 0.707 ③ 0.866 ④ 1

◆ 풀이 • 전기자 전류가 최소일 때 역률 $\cos\theta = 1$ 답 ④

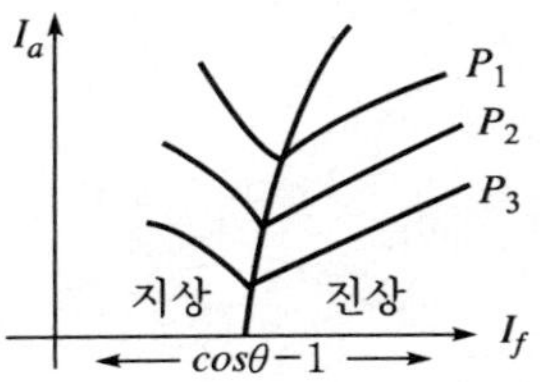

06 100[HP], 600[V], 1200[rpm] 의 직류 분권 전동기가 있다. 분권 계자저항이 400[Ω], 전기자저항이 0.22[Ω] 이고 정격부하에서의 효율이 90[%] 일 때 전부하시의 역기전력은 약 몇 [V] 인가 ?

① 550 ② 570 ③ 590 ④ 610

◆ 풀이 • $P = 100$ [HP], $V = 600$ [V], $N = 1200$ [rpm], 답 ②

$R_f = 400$ [Ω], $R_a = 0.22$ [Ω], $\eta = 0.9$, $E = ?$

1[HP] = 746[W]

$$I_a = I - I_f = \frac{P}{V\times\eta} - \frac{V}{R_f} = \frac{100\times746}{600\times0.9} - \frac{600}{400} = 136.6[A]$$

$$E = V - I_a R_a = 600 - 136.6\times0.22\ 569.95\ [V]$$

07 변압기에서 역률 100[%] 일 때의 전압 변동률 ϵ 은 어떻게 표시되는가 ?

① % 저항 강하
② % 리액턴스 강하
③ % 써셉턴스 강하
④ % 인덕턴스 강하

◆ 풀이 • $\epsilon = P\cos\theta \pm q\sin\theta$

$\cos\theta = 1, \sin\theta = 0$ 따라서 $\epsilon = P$

답 ①

08 직류 분권 발전기의 전기자 저항이 0.05[Ω] 이다. 단자 전압이 200[V], 회전수 1500[rpm] 일 때 전기자 전류가 100[A] 이다. 이것을 전동기로 사용하여 전기자 전류와 단자전압이 같을 때 회전속도는 약 몇 [rpm] 인가 ? (단, 전기자 반작용은 무시한다)

① 1427
② 1577
③ 1620
④ 1800

◆ 풀이 • $R_a = 0.05\ [\Omega]$, $V = 200\ [V]$, $N = 1500\ [rpm]$,

$I_a = 100\ [A]$, $N' = ?$

$E = V + I_aR_a = 200 + 100 \times 0.05 = 205 \quad = k\phi \times 1500$

$E = V - I_aR_a = 200 - 100 \times 0.05 = 195 \quad = k\phi \times N'$

$N' = \dfrac{195}{205} \times 1500 ≒ 1427\ [rpm]$

답 ①

09 단상 반파의 정류 효율은 ?

① $\dfrac{4}{\pi^2} \times 100[\%]$
② $\dfrac{\pi^2}{4} \times 100[\%]$
③ $\dfrac{8}{\pi^2} \times 100[\%]$
④ $\dfrac{\pi^2}{8} \times 100[\%]$

◆ 풀이 • 정류 효율

- 단상 반파 : 40.6[%]$= \dfrac{4}{\pi^2} \times 100$
- 단상 전파 : 81.2[%]
- 3상 반파 : 96.5[%]
- 3상 전파 : 99.8[%] (6상 반파)

답 ①

10 3상 유도전압 조정기의 동작원리 중 가장 적당한 것은 ?

① 회전자계에 의한 유도작용을 이용하여 2차 전압의 위상전압 조정에 따라 변화한다.
② 교번자계의 전자유도작용을 이용한다.
③ 충전된 두 물체 사이에 작용하는 힘이다.
④ 두 전류 사이에 작용하는 힘이다.

◆ 풀이 • 유도전압조정기 답 ①

- 3상 유도전압조정기 : 회전자계의 원리
- 부족여자(리액터로 작용) : 뒤진 전류가 흐른다.

11 변압기의 부하와 전압이 일정하고 주파수가 높아지면 ?

① 철손증가 ② 동손증가 ③ 동손감소 ④ 철손감소

◆ 풀이 • $B_m \propto \frac{1}{f}$ (동기계) 철손은 감소 답 ④

$\downarrow \quad \uparrow$

12 사이클로 컨버터(cycloconverter)란 ?

① AC → AC로 바꾸는 장치이다. ② AC → DC로 바꾸는 장치이다.
③ DC → DC로 바꾸는 장치이다. ④ DC → AC로 바꾸는 장치이다.

◆ 풀이 • 사이클로 컨버터 : 교류전력 ⇒ 교류전압 (주파수 변환기) 답 ①

13 권선형 유도 전동기와 직류 분권 전동기와의 유사한 점으로 가장 옳은 것은 ?

① 정류자가 있고, 저항으로 속도조정을 할 수 있다.
② 속도 변동률이 크고, 토크가 전류에 비례한다.
③ 속도가 가변이고, 기동토크가 기동전류에 비례한다.
④ 속도 변동률이 적고, 저항으로 속도조정을 할 수 있다.

◆ 풀이 • 권선형 유도 전동기와 분권전동기의 유사한 점 답 ④

- 속도 변동률이 작다.
- 저항으로 속도조정이 된다.

14 단상 유도 전동기의 기동 방법 중 기동 토크가 가장 큰 것은 ?

① 반발 기동형 ② 분상 기동형
③ 세이딩 코일형 ④ 콘덴서 분상기동형

◆ 풀이 • 단상 유도 전동기의 기동토크가 大 → 小
반발기동형 → 반발유도형 → 콘덴서 기동형 → 분상 기동형 → 셰이딩 코일형

답 ①

15 60[Hz], 8극, 3상 유도 전동기가 전부하로 873[rpm] 의 속도로 67[kg · m] 의 토크를 내고 있다. 이때의 기계적 출력[kW] 은 약 얼마인가 ?

① 40 ② 50 ③ 60 ④ 70

◆ 풀이 • $f = 60$ [Hz], $P = 8$ [극], $N = 873$ [rpm],
$T = 67$ [kg · m], P_0[kW] = ?

$$P_0 = (1-s)P_2 = \left(\frac{1-s}{s}\right)P_{2c}$$

$$P_0 = \frac{N}{N_s}P_2 = \frac{873}{900} \times 61846.2 \times 10^{-3} \fallingdotseq 60\,[\text{kW}]$$

$$N_s = \frac{120f}{P} = \frac{120 \times 60}{8} = 900 \quad [\text{rpm}]$$

$$T = 0.975\frac{P_2}{N_s},$$

$$P_2 = \frac{T \cdot N_s}{0.975} = \frac{67 \times 900}{0.975} = 61846.2 \quad [\text{W}]$$

답 ③

16 단상 정류자 전동기의 일종인 단상 반발 전동기에 해당되는 것은 ?

① 시라게 전동기 ② 아트킨손형 전동기
③ 단상 직권정류자 전동기 ④ 반발유도 전동기

답 ②

17 다음 중 대형직류 전동기의 토크를 측정하는 데 가장 적당한 방법은 ?

① 와전류 제동기법 ② 프로니 브레이크법
③ 전기동력계법 ④ 반환부하법

◆ 풀이 • 대형직류기의 토크 측정 : 전기동력계법 답 ③

18 단락비가 큰 동기발전기에 관한 설명 중 옳지 않은 것은 ?

① 전압변동률이 크다. ② 전기자 반작용이 작다.
③ 과부하 용량이 크다. ④ 동기 임피던스가 작다.

◆ 풀이 • 단락비가 큰 기계(철기계)의 특징 답 ①
① 안정도가 높다. ② 전압 변동률이 작다.
③ 충전 용량이 커진다. ④ 효율이 나쁘다.
⑤ 동기 임피던스가 작다.

19 3상 유도전동기에서 2차 저항을 증가하면 기동 토크는 ?

① 증가한다. ② 감소한다. ③ 제곱에 반비례한다. ④ 변하지 않는다.

◆ 풀이 • 2차측 저항을 증가하면 최대토크는 불변이고 기동 토크는 증가한다. 답 ①

20 4극 60[Hz] 의 3상 동기발전기가 있다. 회전자 주변속도를 200[m/s] 이하로 하려면 회전자의 지름을 약 몇 [m] 로 하여야 하는가 ?

① 2.1 ② 2.6 ③ 3.1 ④ 3.5

◆ 풀이 • $P = 4$ [극], $f = 60$ [Hz], $v = 200$ [m/s], $D = ?$ 답 ①

$$v = \pi D \frac{N_s}{60}$$

$$D = \frac{60 \cdot v}{\pi \cdot N_s} = \frac{60 \times 200}{\pi \times 1800} = 2.1 \text{ [m]}$$

$$N_s = \frac{120f}{P} = \frac{120 \times 60}{4} = 1800 \text{[rpm]}$$

14회 실전응용문제

01 직류 직권전동기의 회전수를 반으로 줄이면 토크는 몇 배가 되는가 ?

① $\frac{1}{4}$ ② $\frac{1}{2}$ ③ 4 ④ 2

◆ 풀이 • 직권 전동기 답 ③

$$T \propto I_a^2 \propto \frac{1}{N^2}$$

$$T \propto \frac{1}{N^2} = \left(\frac{1}{\frac{1}{2}}\right)^2 = \left(\frac{4}{1}\right) = 4 \ \text{[배]}$$

02 3상 전압조정기의 원리는 어느 것을 응용한 것인가 ?

① 3상 동기발전기 ② 3상 변압기
③ 3상 유도 전동기 ④ 3상 교류자 전동기

답 ③

03 다음 농형 유도전동기에 주로 사용되는 속도 제어법은 ?

① 극수 제어법 ② 2차 여자 제어법
③ 2차 저항 제어법 ④ 종속 제어법

◆ 풀이 • 유도 전동기의 속도제어 답 ①

1) 농형 유도 전동기 ① 주파수 변환법
② 극수 변환법
③ 전압 제어법

2) 권선형 유도 전동기 ① 2차 여자법
② 종속법
③ 2차 저항법

04 변류비 100/5[A] 의 변류기(CT) 와 5[A] 의 전류계를 사용해서 부하전류를 측정한 경우 전류계의 지시가 4[A] 이었다. 이 때 부하 전류는 몇 [A] 인가 ?

① 20　　② 40　　③ 60　　④ 80

◆ 풀이　• 부하전류 I_1 = 전류계의 지시값×CT비 $= 4 \times \dfrac{100}{5} = 80$ [A]　　답 ④

05 8극의 3상 유도 전동기가 60[Hz] 의 전원에 접속되어 운전할 때 864[rpm] 의 속도로 494[N · m] 의 토크를 낸다. 이때의 동기 와트[W] 값은 약 얼마인가 ?

① 76214　　② 53215　　③ 46558　　④ 34761

◆ 풀이　• $P = 8$ [극], $f = 60$ [Hz], $N = 864$ [rpm],　　답 ③

$T = 494$ [N · m], P_2 [W] = ?

$$T = \frac{60\,P_2}{2\pi N_s}$$

$$P_2 = \frac{T \cdot 2\pi \cdot N_s}{60} = \frac{494 \times 2\pi \times 900}{60} \fallingdotseq 46558\,[\mathrm{W}]$$

$$N_s = \frac{120f}{P} = \frac{120 \times 60}{8} = 900 \ \ [\mathrm{rpm}]$$

06 변압기에서 발생하는 손실 중 1차측이 전원에 접속되어 있으면 부하의 유무에 관계없이 발생하는 손실은 ?

① 동손　　② 표유부하손　　③ 철손　　④ 부하손

◆ 풀이　• 무부하손 (고정손)　　답 ③

- 철손(P_i)
  - P_h ↓ : 규소 강판 사용
  - P_e ↓ : 성층 철심
- 기계손 P_n(풍손, 베어링손, 마찰손)

07 단상 전파 정류회로에서 저항부하일 때의 맥동률[%]은 약 얼마인가 ?

① 0.45 ② 0.17 ③ 17 ④ 48

◆ 풀이 • 맥동률 답 ④

- 단상 반파 : 12[%], 단상 전파 : 48[%]
- 3상 반파 : 17[%], 3상 전파 : 4[%] (6상 반파)

08 전압이 정상치 이상으로 되었을 때 회로를 보호하려는 동작으로 기기 설비의 보호에 사용되는 계전기는 ?

① 지락 계전기 ② 방향 계전기 ③ 과전압 계전기 ④ 거리 계전기

답 ③

09 6000[V], 5[MVA] 의 3상 동기발전기의 계자전류 200[A] 에서의 무부하 단자전압이 6000[V] 이고, 단락전류는 600[A] 라고 한다. 동기임피던스[Ω]와 % 동기임피던스는 약 얼마인가 ?

① 5.8[Ω], 80[%] ② 6.4[Ω], 85[%]
③ 6.4[Ω], 73[%] ④ 6.0[Ω], 75[%]

◆ 풀이 • $V = 6000$ [V], $P = 5$ [MVA], $I_s = 600$ [A], 답 ①

$Z_s = ?$, $\%Z_s = ?$

$$\%Z_s = \frac{1}{k_s} = \frac{P \cdot Z_s}{V^2} = \frac{\sqrt{3}\, I_n \cdot Z_s}{V} = \frac{I_n}{I_s}$$

$$① \ \%Z_s = \frac{I_n}{I_s} \times 100 = \frac{\frac{P}{\sqrt{3}\, V}}{I_s} \times 100 = \frac{\frac{5 \times 10^6}{\sqrt{3} \times 6000}}{600} \times 100 = 80 \ [\%]$$

$$② \ \%Z_s = \frac{P \cdot Z_s}{V^2}$$

$$Z_s = \frac{\%Z_s \cdot V^2}{P} = \frac{0.8 \times 6000^2}{5 \times 10^6} \fallingdotseq 5.8 \ [\Omega]$$

10 50[kVA], 3300/210[V], 60[Hz] 의 단상 변압기가 있다. 1차 권수 660, 철심 단면적 161 [cm^2] 이다. 자속 밀도는 약 몇 [Wb/m^2] 인가 ?

① 1.41 ② 1.16 ③ 1.02 ④ 0.98

◆ 풀이 • $E_1 = 3300$ [V], $f = 60$ [Hz], $N_1 = 660$,

$S = 161$ [cm^2], B[Wb/m^2] = ?

$E_1 = 4.44 f N_1 B S$

$$B = \frac{E_1}{4.44 f N_1 S} = \frac{3300}{4.44 \times 60 \times 660 \times 161 \times 10^{-4}} \fallingdotseq 1.16\ [Wb/m^2]$$

$S = 161\ [cm^2] = 161 \times 10^{-4} [m^2]$

답 ②

11 직류전동기 중 전기철도에 가장 적합한 전동기는 ?

① 분권전동기 ② 직권전동기 ③ 복권전동기 ④ 자여자분권전동기

◆ 풀이 • 직권전동기(전차용에 사용) $T \propto I_a^{\ 2} \propto \frac{1}{N^2}$

답 ②

12 유도 전동기의 원선도에서 원의 지름은 ? (단, E를 1차 전압, r은 1차로 환산한 저항, x를 1차로 환산한 누설 리액턴스라 한다)

① rE에 비례 ② rxE에 비례 ③ $\frac{E}{r}$에 비례 ④ $\frac{E}{x}$에 비례

답 ④

13 3상 동기발전기의 매극, 매상의 슬롯수를 3 이라 하면 분포 계수는 ?

① $\sin\frac{2}{3}\pi$ ② $\sin\frac{3}{2}\pi$ ③ $\frac{1}{6\sin\frac{\pi}{18}}$ ④ $6\sin\frac{\pi}{18}$

◆ 풀이 • $m = 3$, $q = 3$, $k_d = ?$

$$k_d = \frac{\sin\frac{\pi}{2m}}{q\sin\frac{\pi}{2mq}} = \frac{\sin\frac{\pi}{6}}{3\sin\frac{\pi}{18}} = \frac{\frac{1}{2}}{3\sin\frac{\pi}{18}} = \frac{1}{6\sin\frac{\pi}{18}}$$

답 ③

14 전기자 총 도체수 152, 4극, 파권인 직류발전기가 전기자 전류를 100[A] 로 할 때 매극당 감자기자력[AT/극] 은 얼마인가 ? (단, 브러시의 이동각은 10°이다)

① 33.6 ② 52.8 ③ 105.6 ④ 211.2

◆ 풀이 • $Z = 152$, $P = 4$ [극], 파권 $a = 2$, $I_a = 100$ [A], 답 ③

$\alpha = 10°$, $AT_d = ?$

$$AT_d = \frac{I_a Z}{2aP} \cdot \frac{2\alpha}{180} = \frac{100 \times 152}{2 \times 2 \times 4} \cdot \frac{2 \times 10}{180} \fallingdotseq 105.6[\text{AT/극}]$$

15 권수비가 70인 단상변압기의 전부하 2차 전압은 200[V], 전압변동률이 4[%]일 때 무부하시 1차 단자전압은 몇 [V]인가 ?

① 11670 ② 12360 ③ 13261 ④ 14560

◆ 풀이 • $a = 70$, $V_{2n} = 200$, $\epsilon = 4$ [%], $V_{1n} = ?$ 답 ④

$$V_{1n} = a\,V_{20} = a(1+\epsilon)\,V_{2n} \quad = 70(1+0.04) \times 200 = 14560[\text{V}]$$

16 2대의 직류발전기를 병렬운전할 때 필요조건 중 잘못된 것은 ?

① 정격전압이 같을 것 ② 극성이 일치할 것
③ 유도 기전력이 같을 것 ④ 외부 특성이 같을 것

◆ 풀이 • 직류 발전기의 병렬운전 조건 ≠ 용량 · 출력 답 ③

① 극성 일치
② 단자(정격)전압 일치
③ 외부 특성곡선이 수하특성일 것
④ 균압선 설치 : 직권 · 복권(과복권)

17 반파 정류회로에서 순저항 부하에 걸리는 직류 전압의 크기가 200[V] 이다. 다이오드에 걸리는 최대 역전압의 크기는 약 몇 [V] 인가 ?

① 400　② 479　③ 512　④ 628

◆ 풀이 • 단상 반파 $PIV = \sqrt{2}E = \sqrt{2} \times 444.4 \fallingdotseq 628$ [V]　답 ④

$E_d = 0.45E$, $E = \frac{200}{0.45} = 444.4$ [V]

18 정격용량 1000[kVA] 인 동기발전기가 역률이 0.8 인 500[kW] 의 부하에 전력을 공급하고 있다. 이 발전기가 정격상태가 될 때까지는 100[W] 의 전구를 약 몇 개나 사용할 수 있는가 ?

① 42개　② 427개　③ 4270개　④ 42700개

◆ 풀이 • $P_a = \sqrt{P^2 + P_r^2}$　답 ③

$10000 = \sqrt{(500 + \triangle P)^2 + \left(500 \times \frac{0.6}{0.8}\right)^2}$

$500 + \triangle P = \sqrt{10000^2 - 375^2} = 927.02$ [kW]

$\triangle P = 927.02 - 500 = 427.02$ [kW]

$N(\text{전구수}) = \frac{427.02[\text{kW}]}{0.1[\text{kW}]} = 4270.2 \Rightarrow 4270$ [개]

19 동기발전기에서 자기여자 방지법이 되지 않는 것은 ?

① 전기자 반작용이 적고 단락비가 큰 발전기를 사용한다.
② 발전기를 여러 대 병렬로 사용한다.
③ 송전선 말단에 리액터나 변압기를 사용한다.
④ 송전선 말단에 동기조상기를 접속하고 계자권선에 과여자 한다.

답 ④

20 다음 중 VVVF(Variable Voltage Variable Frequency) 제어 방식에 가장 적당한 속도제어는 ?

① 동기 전동기의 속도제어　② 유도 전동기의 속도제어
③ 직류 직권전동기의 속도제어　④ 직류 분권전동기의 속도제어

답 ②

15회 실전응용문제

01 변압기의 임피던스 전압이란 ?

① 정격 전류시 2차측 단자전압이다.
② 변압기의 1차를 단락, 1차에 1차 정격전류와 같은 전류를 흐르게 하는 데 필요한 1차 전압이다.
③ 정격 전류가 흐를 때의 변압기 내의 전압 강하이다.
④ 변압기의 2차를 단락, 2차에 2차 정격전류와 같은 전류를 흐르게 하는 데 필요한 2차 전압이다.

답 ③

02 발전기 권선의 층간 단락 보호에 가장 적합한 계전기는 ?

① 과부하 계전기　② 차동 계전기　③ 온도 계전기　④ 접지 계전기

답 ②

03 주파수가 일정한 3상 유도전동기의 전원전압이 80[%]로 감소하였다면 토크의 변화는 ? (단, 회전수는 일정하다고 가정한다)

① 64[%]로 감소　② 80[%]로 감소　③ 89[%]로 감소　④ 변화없음

◆ 풀이 • $T \propto V^2$, $T = 0.8^2 = 0.64 \times 100 = 64[\%]$ 감소

답 ①

04 변압기의 권수비 $a = 6600/220$, 철심의 단면적 0.02[m²], 최대 자속밀도 1.2[Wb/m²] 일 때 1차 유기기전력은 약 몇 [V] 인가 ? (단, 주파수는 60[Hz] 이다)

① 1407[V]　② 3521[V]　③ 42198[V]　④ 49814[V]

◆ 풀이 • $a = \dfrac{6600}{220}$, $S = 0.02\,[\mathrm{m^2}]$, $B = 1.2\,[\mathrm{Wb/m^2}]$,

$f = 60$, $E_1 = ?$

$E_1 = 4.44 f N_1 BS = 4.44 \times 60 \times 6600 \times 1.2 \times 0.02 \fallingdotseq 42198[\mathrm{V}]$

답 ③

05 효율 80[%], 출력 10[kW] 인 직류발전기의 고정손실이 1300[W] 이면 가변손실은 ?

① 1000[W] ② 1200[W] ③ 1500[W] ④ 2500[W]

◆ 풀이 • $\eta = 0.8$, 출력 = 10[kW], 답 ②

고정손(P_i) = 1300[W], 동손 P_c[W] = ?

$$\eta = \frac{\text{출력}}{\text{출력} + \text{손실}} = \frac{P}{P + P_i + P_c}$$

$$0.8 = \frac{10000}{10000 + 1300 + P_c}$$

$\therefore\ P_c = 1200$ [W]

06 100[V], 10[kW], 1000[rpm] 의 분권 전동기를 부하전류 102[A] 의 정격 속도로 운전하고 있다. 지금 전기자에 직렬로 저항 0.4[Ω] 을 접속하고, 전과 동일한 토크로 운전하면 약 몇 [rpm] 으로 회전하겠는가 ? (단, 전기자 및 분권 계자회로의 저항은 각각 0.05[Ω]과 50[Ω] 이다)

① 560[rpm] ② 570[rpm] ③ 580[rpm] ④ 590[rpm]

◆ 풀이 • $V = 100$ [V], $P = 10$ [kW], $N = 1000$ [rpm], 답 ③

$I = 102$ [A], $R_s = 0.4$ [Ω],

$R_a = 0.05$ [Ω], $R_f = 50$ [Ω], $N' = ?$

$$I_a = I - I_f = \frac{P}{V} - \frac{V}{R_f} = 102 - \frac{100}{50} = 100 \quad [\text{A}]$$

$E = V - I_a R_a = 100 - 100 \times 0.05 =$

$95 = k \cdot \phi \cdot 1000$

$E' = V - I_a(R_a + R_s) = 100 - 100 \times (0.05 + 0.4) = 55 = k \cdot \phi \cdot N'$

$$N' = \frac{55}{95} \times 100 \fallingdotseq 580 \ [\text{rpm}]$$

07 권선형 유도 전동기에서 2차 저항을 변화시켜 속도를 제어하는 경우 최대 토크는 ?

① 최대 토크가 생기는 점은 슬립에 비례한다.
② 최대 토크가 생기는 점은 슬립에 반비례한다.
③ 2차 저항에만 비례한다.
④ 항상 일정하다.

◆ 풀이 • 최대 토크시 슬립의 크기

$S_{Tm} \propto r_2$ Tm : 항상 일정(변하지 않음)

답 ④

08 다음 중 3상 직권 정류자전동기의 설명으로 틀린 것은 ?

① 고정자와 회전자 권선 기자력이 동위상일 때 토크가 발생한다.
② 고정자와 회전자 권선이 역위상일 대 브러시는 단락 한다.
③ 브러시가 회전 방향으로 이동하면 철손이 증가한다.
④ 속도제어는 브러시 위치 이동으로 한다.

답 ①

09 일반적인 직류기 전기자 권선법에 대한 설명 중 틀린 것은 ?

① 정류 개선을 위한 단절권 사용
② 대부분 회전자 권선은 2층권
③ 각 슬롯에 다른 두 코일변 삽입
④ 환상권, 개로권 사용

◆ 풀이 • 직류기의 권선법 3가지 : 고상권, 폐로권, 이층권

답 ④

10 4극 60[Hz] 인 3상 유도기가 1750[rpm] 으로 회전하고 있을 때 전원의 b 상과 c 상을 바꾸면 이 때의 슬립(slip)은 약 얼마인가 ?

① 2.03 ② 1.97 ③ 1.05 ④ 0.83

◆ 풀이 • $P= 4$ [극], $f = 60$ [Hz], $N= 1750$ [rpm], $S= ?$ 답 ②

$$S= \frac{N_s+N}{N_s} = \frac{1800+1750}{1800} = 1.97$$

$$N_s = \frac{120f}{P} = \frac{120\times 60}{4} = 1800 \text{ [rpm]}$$

11 유도 전동기의 1차 전압변화에 의한 속도 제어시 SCR 을 사용하여 변화시키는 것은 ?

① 주파수 ② 토크 ③ 전류 ④ 위상각

답 ④

12 용량 5[kW], 3300/220 의 변압기에 전부하를 걸어 줄 때, 역률 100[%]에서 효율이 96.2[%]이다. 이 변압기의 입력은 ?

① 5.0[kW] ② 5.2[kW] ③ 5.4[kW] ④ 5.8[kW]

◆ 풀이 • $\eta = \frac{\text{출력}}{\text{입력}}$, $\text{입력} = \frac{\text{출력}}{\eta} = \frac{5}{0.962} \fallingdotseq 5.2$ [kW] 답 ②

13 용량 1[kVA], 3000/200[V] 의 단상 변압기를 단권 변압기로 결선해서 3000/3200[V] 의 승압기로 사용할 때 그 부하 용량은 ?

① 16[kVA] ② 15[kVA] ③ 1[kVA] ④ $\frac{1}{16}$[kVA]

◆ 풀이 • 자기용량 =1[kVA], $V_h = 3200$ [V], $V_\ell = 3000$ [V], 답 ①

부하용량[kVA] = ?

$$\frac{\text{자기용량}}{\text{부하용량}} = \frac{V_h - V_\ell}{V_h},$$

$$\text{부하용량} = \left(\frac{V_h}{V_h - V_\ell}\right)\cdot \text{자기용량[kVA]} = \left(\frac{3200}{3200-3000}\right)\times 1 = 16$$

14 4극, 7.5[kW], 200[V], 60[Hz] 인 3상 유도 전동기가 있다. 전부하에서 2차 입력이 7950[W] 이다. 이 경우 2차 효율은 약 몇 [%] 인가 ? (단, 기계손은 130[W] 이다)

① 93[%] ② 94[%] ③ 95[%] ④ 96[%]

◆ 풀이 • $P_0 = 7.5$ [kW], $P_2 = 7950$ [W], $P_m = 130$ [W], 답 ④

$\eta_2 = ?$

$$\eta_2 = \frac{P_0}{P_2} = \frac{P_0 + P_m}{P_2} = \frac{7500+130}{7950} \times 100 = 96[\%]$$

15 다음 중 반작용전동기(반동전동기 : reaction motor) 의 설명으로 옳은 것은 ?

① 전기자에 뒤진 전류가 흐르면 전기자 반작용은 증자작용을 한다.
② 전기자에 앞선 전류가 흐르면 전기자 반작용은 증자작용을 한다.
③ 전기자에 뒤진 전류가 흐르면 전기자 반작용은 감자작용을 한다.
④ 전기자에 뒤진 전류가 흐르면 전기자 반작용은 교차자화작용을 한다.

◆ 풀이 • 전기자 반작용 답 ①

- 발전기 : E와 I의 관계
- 전동기 : V와 I의 관계

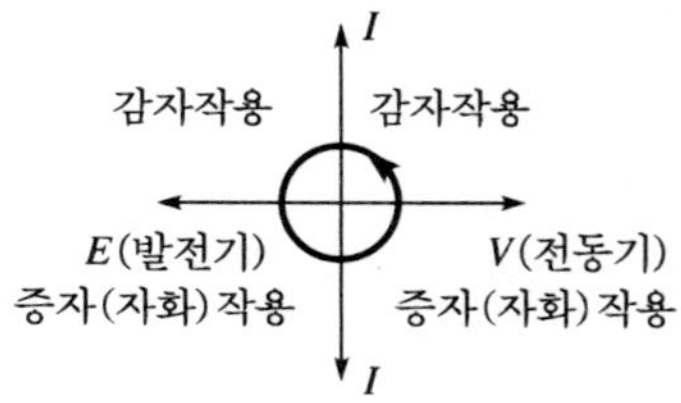

16 2대의 동기발전기가 병렬 운전하고 있을 때 동기화 전류가 흐르는 경우는 ?

① 기전력의 크기에 차가 있을 때
② 기전력의 위상에 차가 있을 때
③ 기전력의 파형에 차가 있을 때
④ 부하 분담에 차가 있을 때

◆ 풀이 동기발전기의 병렬 운전 조건 답 ②

– 기전력의 위상이 같을 것 ≠ 유효 순환전류 발생
(유효 횡류 = 동기화 전류)

17 다음 중 3상 유도전동기의 슬립이 $S < 0$ 인 경우를 설명한 것으로 틀린 것은 ?

① 동기속도 이상이다.
② 유도발전기로 사용된다.
③ 유도전동기 단독으로 동작이 가능하다.
④ 속도를 증가시키면 출력이 증가한다.

◆ 풀이 • 슬립의 범위 답 ③

① 전동기 : $0 < s < 1$
② 발전기 : $s < 0$
③ 제동기 : $1 < s < 2$, $2 - s$
(역상기) ↳ 1.97

18 다음 중 동기 전동기에서 동기 와트로 표시되는 것은 ?

① 출력 ② 토크 ③ 1차 입력 ④ 동기 속도

◆ 풀이 • 동기와트 : 동기 속도에서의 토크를 동기와트라 한다. 답 ②

$P_2 = 1.026 N_s T$ [W]

19 다이오드를 사용한 정류회로에서 여러 개를 직렬로 연결하여 사용할 경우 얻는 효과는 ?

① 다이오드를 과전류로부터 보호 ② 다이오드를 과전압으로부터 보호
③ 부하출력의 맥동률 감소 ④ 전력공급의 증대

◆ 풀이 • 다이오드의 보호 방법 답 ②

① 직렬 연결 : 과전압으로부터 보호
② 병렬 연결 : 과전류로부터 보호

20 정격 전류 이하로 전류를 제어해주면 과전압에 의해서는 파괴되지 않는 반도체 소자는 ?

① Diode ② TRIAC ③ SCR ④ SUS

답 ②

16회 실전응용문제

01 단권변압기의 고압측 전압을 3300[V], 저압측 전압을 3000[V], 단권변압기의 자기용량을 P [kVA] 라 하면 역률 80[%] 의 부하에 몇 [kW] 의 전력을 공급할 수 있는가 ?

① $6.6P$ ② $7.7P$ ③ $8.8P$ ④ $9.9P$

◆ 풀이 • 단권변압기

답 ③

$V_h = 3300$ [V], $V_\ell = 3000$ [V], 자기용량 P[kVA],

$\cos\theta = 0.8$, 부하전력[kW] = ?

$$\frac{\text{자기용량}}{\text{부하용량}} = \frac{V_h - V_\ell}{V_h}$$

$$\text{부하용량} = \left(\frac{V_h}{V_h - V_\ell}\right) \cdot \text{자기용량} = \left(\frac{3300}{3300 - 3000}\right) \cdot P = 11P \text{ [kVA]}$$

$\therefore$ 부하전력 $= 11P$[kVA] $\times 0.8 = 8.8P$ [kW]

02 게이트 조작에 의해 부하전류 이상으로 유지 전류를 높일 수 있고 게이트의 턴 오프가 가능한 사이리스터는 ?

① SCR ② GTO ③ LASCR ④ TRIAC

답 ②

03 단상정류자 전동기에서 보상권선과 저항도선의 작용을 설명한 것으로 틀린 것은 ?

① 저항도선은 변압기 기전력에 의한 단락전류를 적게 한다.
② 변압기 기전력을 크게 한다.
③ 역률을 좋게 한다.
④ 전기자 반작용을 제거해 준다.

답 ②

04 동기발전기의 병렬운전 조건에서 같지 않아도 되는 것은 ?

① 기전력의 주파수　　② 기전력의 용량
③ 기전력의 위상　　④ 기전력의 크기

◆ 풀이 • 동기발전기의 병렬운전 조건 $\neq$ 용량 · 출력 답 ②
① 기전력의 크기가 같을 것
② 기전력의 위상이 같을 것
③ 기전력의 주파수가 같을 것
④ 기전력의 파형이 같을 것
⑤ 상회전 방향이 일치할 것

05 직류기 권선법 중에서 주로 사용되는 권선법은 ?

① 개로권, 단층권, 고상권　　② 개로권, 단층권, 환상권
③ 폐로권, 이층권, 개로권　　④ 폐로권, 이층권, 고상권

◆ 풀이 • 직류기의 권선법 3가지 : 고상권, 폐로권, 이층권 답 ④

06 3[kW], 1500[rpm] 유도전동기의 토크는 약 몇 [kg · m] 인가 ?

① 5　　② 4　　③ 3　　④ 2

◆ 풀이 • 토크 T [kg · m] 답 ④

$$T = 0.975\frac{P}{N} = 0.975\frac{3\times10^3}{1500} \fallingdotseq 2 \ \text{[kg · m]}$$

07 7.5[kW], 6극, 200[V] 용 3상 유도 전동기가 있다. 정격 전압으로 기동하면 기동전류는 정격전류의 615[%]이고, 기동 토크는 전부하 토크의 225[%]이다. 지금 기동 토크를 전부하 토크의 1.5배로 하기 위하여 기동전압을 약 얼마로 하면 되는가 ?

① 133[V] ② 143[V] ③ 153[V] ④ 163[V]

◆ 풀이 • $T \propto V^2 \quad 225 : 200^2 \quad 150 : V^2$ 답 ④

$$V^2 = \frac{150}{225} \times 200^2$$

$$V = \sqrt{\frac{150}{225}} \times 200 = 163 \text{ [V]}$$

08 동기발전기의 권선을 분포권으로 하면 ?

① 기전력의 고조파가 감소하여 파형이 좋아진다.
② 난조를 방지한다.
③ 권선의 리액턴스가 커진다.
④ 집중권에 비하여 합성유도 기전력이 높아진다.

◆ 풀이 • 동기기의 권선법 답 ①

분포권 ┌ 누설 리액턴스 감소
　　　 └ 고조파를 제거하여 기전력의 파형 개선

09 변압기의 부하가 증가할 때의 현상으로서 옳지 않은 것은 ?

① 동손이 증가한다. ② 여자전류는 변함없다.
③ 온도가 상승한다. ④ 철손이 증가한다.

◆ 풀이 • 철손은 무부하손이므로 부하전류와는 무관하다. 답 ④

10 정전압 계통에 접속된 동기발전기는 그 여자를 약하게 하면 ?

① 출력이 감소한다. ② 전압이 강하한다.
③ 앞선 무효전류가 증가한다. ④ 뒤진 무효전류가 증가한다.

◆ 풀이 • 여자전류 감소($I_f \downarrow$) ➡ 자속이 감소($\phi \downarrow$) ➡ 유기기전력 감소($E\downarrow$) ➡ 역률이 좋아짐($\cos\theta \uparrow$)

답 ③

11 Y 결선한 변압기의 2차측에 다이오드 6개로 3상 전파의 정류회로를 구성하고 저항 R을 걸었을 때의 3상 전파 직류전류의 평균치 I[A] 은 ? (단, E는 교류측의 선간전압이다)

① $\frac{6\sqrt{2}}{2\pi}\frac{E}{R}$ ② $\frac{3\sqrt{6}}{2\pi}\frac{E}{R}$ ③ $\frac{3\sqrt{6}}{\pi}\frac{E}{R}$ ④ $\frac{6\sqrt{2}}{\pi}\frac{E}{R}$

◆ 풀이 • 3상 전파 $I_d = 1.17I = \frac{6\sqrt{2}}{2\pi} \cdot \frac{E}{R}$

답 ①

12 정격용량 20[kVA], 정격전압 1차 6.3[kV], 2차 210[V], 퍼센트 임피던스 4[%]의 단상변압기가 있다. 2차측이 단락되었을 때 1차 단락 전류는 약 몇 [A] 인가 ?

① 79.3 ② 89.3 ③ 99.3 ④ 109.3

◆ 풀이 • 단락전류 I_s

$P = 20$ [kVA], $V_1 = 6.3$ [kV], $V_2 = 210$ [V],

$\%Z = 4$ [%], $I_{1s} = ?$

$$I_{1s} = \frac{100}{\%Z} \cdot I_{1n} = \frac{100}{4} \times \frac{20 \times 10^3}{6300} = 79.3 \text{ [A]}$$

답 ①

13 3상 스텝핑 모터가 120개의 회전자 값을 갖는다면 스텝의 크기는 몇 [°] 인가 ?

① 1.0° ② 2.0° ③ 3.0° ④ 4.0°

답 ①

14 유도 전동기의 2차 효율은 ? (단, s는 슬립이다.)

① $1/s$　　② s　　③ $1-s$　　④ s^2

◆ 풀이　• 2차 효율 η_2　　답 ③

$$\eta_2 = 1-s = \frac{N}{N_s} = \frac{\omega}{\omega_s}$$

15 수백[Hz]~20000[Hz] 정도의 고주파 발전기에 쓰이는 회전자형은 ?

① 농형　　② 유도자형

③ 회전전기자형　　④ 회전계자형

답 ②

16 분권 발전기의 회전 방향을 반대로 하면 일어나는 현상은 ?

① 높은 전압이 발생한다.　　② 잔류자기가 소멸된다.

③ 전압이 유기된다.　　④ 발전기가 소손된다.

◆ 풀이　• 분권발전기를 역회전 ➡ 잔류자기 소멸　　답 ②

➡ 발전되지 않는다.

17 정격전압 6000[V], 정격출력 12000[kVA], 매 상당의 동기임피던스가 3[Ω]인 3상 동기발전기의 단락비는 ?

① 0.8　　② 1.0　　③ 1.2　　④ 1.5

◆ 풀이　• 단락비 k_s　　답 ②

$V = 6000$ [V], $P = 12000$ [kVA], $Z_s = 3$ [Ω],

$k_s = ?$

$$\%Z_s = \frac{1}{k_s} = \frac{P \cdot Z_s}{V^2}$$

$$k_s = \frac{V^2}{P \cdot Z_s} = \frac{6000^2}{12000 \times 10^3 \times 3} = 1$$

18 3상 유도전동기의 원선도이다. 역률[%]은 얼마인가 ?

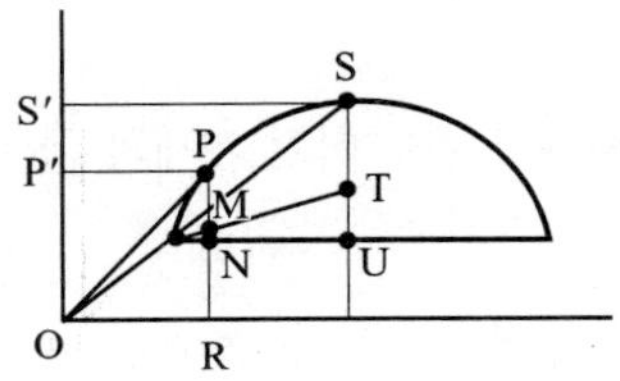

① $\frac{\overline{OS'}}{\overline{OS}} \times 100$

② $\frac{\overline{SS'}}{\overline{OS}} \times 100$

③ $\frac{\overline{OP'}}{\overline{OP}} \times 100$

④ $\frac{\overline{OS}}{\overline{OP}} \times 100$

◆ 풀이 • 원선도 역률 $= \frac{\overline{OP'}}{\overline{OP}} \times 100$ 답 ③

19 자극수 6, 파권, 전기자 도체수 400 의 직류발전기를 600[rpm] 의 회전속도로 운전할 때 유도기전력 120[V] 이다. 매극당 자속[Wb] 은 ?

① 0.89 ② 0.09 ③ 0.47 ④ 0.01

◆ 풀이 • 직류 발전기의 유기기전력 E 답 ④

$P = 6$ [극], 파권 $a = 2$, $Z = 400$, $N = 600$ [rpm],

$E = 120$ [V], ϕ [Wb]=?

$E = \frac{P}{a} Z\phi \frac{N}{60}$ 에서

$\phi = \frac{E \cdot a \cdot 60}{P \cdot Z \cdot N} = \frac{120 \times 2 \times 60}{6 \times 400 \times 600} = 0.01$ [Wb]

20 변압기의 자속에 대하여 맞는 설명은 ?

① 주파수와 권수에 반비례한다. ② 주파수와 권수에 비례한다.

③ 전압에 반비례한다. ④ 권수에 비례한다.

◆ 풀이 • 변압기의 유기기전력 E 답 ①

$E = 4.44 f N \phi$ [V] $\phi = \frac{E}{4.44 f N}$ [Wb]

자속은 자파수와 권수에 반비례한다.

17회 실전응용문제

01 60[Hz], 12극의 동기 전동기 회전 자계의 주변 속도는 ? (단, 회전 자계의 극 간격은 1[m]이다.)

① 31.4[m/s] ② 10[m/s] ③ 377[m/s] ④ 120[m/s]

◆ 풀이 회전자 주변속도 $v = \pi D \frac{N_s}{60}$ [m/s],

극당 1[m] → 12극 = 12[m]= $12 \times \frac{600}{60} = 120$ [m/s]

$N_s = \frac{120}{P} f = \frac{120}{12} \times 60 = 600$ [rpm]

답 ④

02 다음에서 동기전동기와 구조가 동일한 것은 ?

① 직류전동기 ② 유도전동기 ③ 정류자 전동기 ④ 교류발전기

◆ 풀이 동기기 = 교류기

답 ④

03 전동기의 부하가 증가할 때 다음 설명 중 틀린 것은 ?

① 전동기의 속도가 떨어진다.
② 역기전력이 감소한다.
③ 전동기의 전류가 증가한다.
④ 전동기의 단자전압이 증가한다.

답 ④

04 전기자 저항 0.3[Ω], 직권 계자 권선 저항 0.4[Ω]의 직권 전동기에 100[V]를 가하였더니 부하 전류가 8[A]이었다. 이때 전동기의 속도[rpm]는 약 얼마인가 ? (단, 기계 정수는 2.0이다.)

① 1000 ② 1216 ③ 1316 ④ 1416

◆ 풀이 직권 전동기 답 ④

$$N = k \cdot \frac{V - I_a(R_a + R_s)}{\phi} \quad (\text{여기서, } \phi = If = I_s = I)$$

$$= k \cdot \frac{V - I(R_a + R_s)}{I} \times 60 \text{ [rpm]}$$

$$= 2 \times \frac{100 - 8(0.3 + 0.4)}{8} \times 60 = 1416 \quad \text{[rpm]}$$

05 다음 중 2 방향성 3 단자 사이리스터는 어느 것인가 ?

① TRIAC ② SCR ③ SCS ④ SSS

◆ 풀이 TRIAC : 2방향성 3 단자 사이리스터 답 ①

SCS : 역저지 4단자 사이리스터

06 부하시 전압 조정 변압기의 설명이 잘못된 것은 ?

① 부하전류를 끊지 않고 권수를 변환할 수 있는 변압기를 말한다.

② 전력 계통 사이에 무효전력 또는 유효전력을 자유 이동시킬 수 있다.

③ 전력계통의 전압 또는 부하분담을 희망하는 값으로 유지하기 위하여 사용된다.

④ 부하시 신속하고 정확한 탭 변환 장치를 하나, 변환용 보조 변압기를 시설할 필요가 없다.

답 ④

07 50[Hz] 12극의 3상 유도 전동기가 정격 전압으로 정격 출력 10[HP]를 발생하며 회전하고 있다. 이때의 회전수는 약 몇 [rpm]인가 ? (단, 회전자 동손은 350[W], 회전자 입력은 출력과 회전자 동손과 합이다.)

① 468 ② 478 ③ 485 ④ 500

◆ 풀이 $N = (1-s)N_s = (1-0.044) \times 500 = 478$ [rpm] 답 ②

$$s = \frac{P_{c2}}{P_2} = \frac{P_{c2}}{P_0 + P_{c2}} = \frac{350}{(10 \times 746) + 350} = 0.04$$

$$N_s = \frac{120}{P} f = \frac{120}{12} \times 50 = 500 \text{ [rpm]}$$

08 전부하에서 동손 100[W], 철손 50[W]인 변압기가 최대효율을 나타내는 부하는 ?

① 50[%] ② 67[%] ③ 70[%] ④ 86[%]

◆ 풀이 변압기 최대효율조건은 철손과 동손의 비가 1 : 2 일 때 70[%] 답 ③

09 직류 전동기의 회전수는 자속이 감소하면 어떻게 되는가 ?

① 불변이다. ② 정지한다. ③ 저하한다. ④ 상승한다.

◆ 풀이 회전수 $N = k\dfrac{E}{\phi}$ (ϕ 감소, N 증가) 답 ④

10 다음 중 변압기의 무부하손에 해당되지 않는 것은 ?

① 히스테리시스손 ② 와류손 ③ 유전체손 ④ 표유부하손

◆ 풀이 손실 답 ④

- 무부하손 (고정손)
  - 철손
    - P_h
    - P_e
  - 기계손
- 부하손 (가변손)
  - 동손 $P_c = I^2 R$
  - 표유부하손

11 권선비가 1 : 3인 전원 변압기를 통하여 100[V]의 교류 입력이 전파 정류되었을 때 출력 전압의 평균값[V]은 ?

① 약 300 ② 약 270 ③ 약 45 ④ 약 38

◆ 풀이 전파 $E_d = 0.9E \times 3 = 0.9 \times 100 \times 3 = 270$ [V]

답 ②

12 3상 유도 전동기의 토크와 출력을 설명하는 말 중 옳은 것은 ?

① 속도에 관계 없다.
② 동일 속도에서 발생한다.
③ 최대 출력은 최대 토크보다 고속도에서 발생한다.
④ 최대 토크가 최대 출력보다 고속도에서 발생한다.

답 ③

13 변압기의 기름으로서 갖추어야 할 조건은 ?

① 절연 내력이 작을 것 ② 인화점이 낮고 응고점이 낮을 것
③ 점도(粘度)가 낮을 것 ④ 비열이 작아야 할 것

◆ 풀이 절연유의 구비조건 1) 절연 내력이 클 것
2) 점도가 낮을 것

답 ③

14 그림은 일반적인 반파 정류 회로이다. 변압기 2차 전압의 실효값을 E[V]라 할 때 직류 전류 평균값은 ? (단, 정류기의 전압강하는 무시한다.)

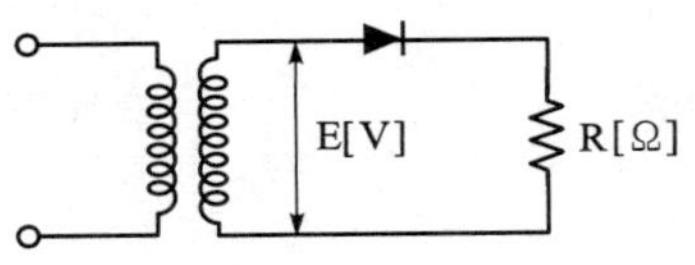

① $\dfrac{\sqrt{2}\,E}{\pi R}$ ② $\dfrac{2\sqrt{2}\,E}{\pi R}$ ③ $\dfrac{1}{2} \cdot \dfrac{E}{R}$ ④ $\dfrac{E}{R}$

◆ 풀이 반파 $I_d = \dfrac{E_d}{R} = \dfrac{\frac{\sqrt{2}}{\pi}E}{R} = \dfrac{\sqrt{2}\,E}{\pi R}$

답 ①

15 200[V], 3상 유도 전동기의 전 부하슬립이 4[%]이다. 공급전압이 10[%] 저하했을 때의 전 부하 슬립[%]은 ?

① 2 ② 3 ③ 4 ④ 5

◆ 풀이 $s \propto \dfrac{1}{V^2}$ 답 ④

$4 : \dfrac{1}{(220)^2}$

$s' : \dfrac{1}{(220 \times 0.9)^2} \quad s' = 5\ [\%]$

16 220[V], 3상, 4극, 60[Hz]인 3상 유도 전동기가 정격 전압 주파수에서 최대 회전력을 내는 슬립은 16[%]이다. 지금 200[V], 50[Hz]로 사용할 때의 최대 회전력 발생 슬립은 몇 [%]가 되는가 ?

① 16 ② 18 ③ 19.2 ④ 21.3

◆ 풀이 $s \propto \dfrac{1}{V^2}$ 답 ③

$16 : \dfrac{1}{(220)^2}$

$s' : \dfrac{1}{(200)^2} \quad s' = \left(\dfrac{220}{200}\right)^2 \times 16 = 19.36\ [\%]$

17 변압기의 원리는 ?

① 전자유도 작용을 이용 ② 정전유도 작용을 이용
③ 자기유도 작용을 이용 ④ 플레밍의 오른손 법칙을 이용

답 ①

18 직류전동기 중 부하가 변하면 속도가 심하게 변하는 전동기는 ?

① 직류 분권전동기　　② 직류 직권전동기
③ 차동 복권전동기　　④ 가동 복권전동기

◆ 풀이　속도변동률 大 → 小　　답 ②
직 → 가 → 분 → 차

19 3상 동기발전기의 3상의 유도 기전력 120[V], 반작용 리액턴스 0.2[Ω]이다. 90° 진상 전류 20[A] 일 때의 발전기 단자 전압[V]은 ? (단, 기타는 무시한다.)

① 116　　② 120　　③ 124　　④ 140

◆ 풀이　$E = V + IX_s$ 에서 $V = E - IX_s$ 진상전류이므로　　답 ③
$V = E + IX_s = 120 + (20 \times 0.2) = 124$ [V]

20 병렬 운전을 하고 있는 두 대의 3상 동기발전기 사이에 무효순환전류가 흐르는 것은 두 발전기의 기전력이 어떠할 때인가 ?

① 기전력의 위상이 다를 때
② 기전력의 파형이 다를 때
③ 기전력의 주파수가 다를 때
④ 기전력의 크기가 다를 때

◆ 풀이　동기발전기의 병렬운전 조건　　답 ④
1) 기전력의 크기가 같을 것 ≠ 무효순환전류 발생 (무효횡류)
2) 기전력의 위상이 같을 것 ≠ 유효순환전류 발생 (동기전류 ≠ 유효횡류)
3) 기전력의 주파수가 같을 것 ≠ 난조 발생 ➡ 제동권선 설치방지
4) 기전력의 파형이 같을 것
5) 상회전 방향이 일치할 것

18회 실전응용문제

01 토크 모터(torque motor)란 ?

① 특별히 큰 전부하 토크를 발생하는 전동기
② 시동 토크가 특히 큰 전동기
③ 전동 토크가 특히 큰 전동기
④ 중성 위치에서 어느 각도 만큼 회전하는 전동기

답 ④

02 변압기의 정격전류에 대한 백분율 저항강하가 1.5[%], 백분율 리액턴스 강하는 4[%]이다. 이 변압기에 정격전류를 통하여 전압변동률이 최대로 되는 부하역률은 약 얼마인가 ?

① 0.15 ② 0.28 ③ 0.35 ④ 0.68

◆ 풀이 $\cos\theta_m = \dfrac{P}{\%Z} = \dfrac{P}{\sqrt{P^2+q^2}} = \dfrac{1.5}{\sqrt{(1.5)^2+(4)^2}} = 0.35$

답 ③

03 다이리스터의 게이트 신호 제어는 무엇을 변화 시키는 것인가 ?

① 전압 ② 전류 ③ 주파수 ④ 위상각

답 ④

04 동기발전기의 단자 부근에서 단락이 일어났다고 할 때 단락전류에 대한 설명으로 옳은 것은 ?

① 서서히 증가한다.
② 처음은 크나 점차로 감소한다.
③ 처음부터 일정한 큰 전류가 흐른다.
④ 발전기는 즉시 정지한다.

답 ②

05 25[kW], 125[V], 1,200[rpm]의 직류 타여자 발전기의 전기자 저항(브러시 저항 포함)은 0.4[Ω]이다. 이 발전기를 정격상태에서 운전하고 있을 때 속도를 200[rpm]으로 저하시켰다면 발전기의 유기 기전력은 어떻게 변화하겠는가 ? (단, 정상 상태에서의 유기 기전력은 E 라 한다.)

① $\frac{1}{2}E$　　② $\frac{1}{4}E$　　③ $\frac{1}{6}E$　　④ $\frac{1}{8}E$

◆ 풀이 $E = k\phi N$, $E \propto N$

1200 [rpm] → 200 [rpm] : $\frac{1}{6}N \rightarrow \frac{1}{6}E$

답 ③

06 동기발전기의 병렬운전에 필요한 조건이 아닌 것은 ?

① 기전력의 크기가 같을 것　　② 위상이 같을 것
③ 주파수가 같을 것　　④ 용량이 같을 것

답 ④

07 3상 동기발전기에서 매극 매상의 슬롯 수가 3이면 기본파에 대한 분포권 계수는 어떻게 되는가 ?

① $3\sin\frac{\pi}{18}$ ② $\frac{1}{3\sin\frac{\pi}{18}}$ ③ $6\sin\frac{\pi}{18}$ ④ $\frac{1}{6\sin\frac{\pi}{18}}$

◆ 풀이 분포권 계수 답 ④

$$k_d = \frac{\sin\frac{\pi}{2m}}{q\sin\frac{\pi}{2mq}} = \frac{\sin\frac{\pi}{2\times3}}{3\sin\frac{\pi}{2\times3\times3}} = \frac{\frac{1}{2}}{3\sin\frac{\pi}{18}} = \frac{1}{6\sin\frac{\pi}{18}} = 0.96$$

08 유도 전동기의 동기 와트를 설명한 것은 ?

② 동기속도하에서의 2차 입력을 말함
② 동기속도하에서의 1차 입력을 말함
③ 동기속도하에서의 2차 출력을 말함
④ 동기속도하에서의 2차 동손을 말함

◆ 풀이 $P_2 = 1.026 N_S T$ [W] 답 ①

09 직류 전동기의 속도 제어 방법에 속하지 않는 것은 ?

① 저항제어법 ② 전압제어법 ③ 계자제어법 ④ 2차 여자법

◆ 풀이 직류기의 속도제어법 답 ④

1) 계자제어법
2) 전압제어법
3) 저항제어법

10 유도 발전기의 슬립(slip) s 의 범위에 속하는 것은 ?

① $0 < s < 1$ ② $s = 0$ ③ $s = 1$ ④ $-1 < s < 0$

◆ 풀이 슬립의 범위

1) 전동기 $0 < s < 1$

2) 발전기 $s < 0$

3) 제동기(역상기) $1 < s < 2$

답 ④

11 소형 유도전동기의 슬롯이나 권선의 잘못된 제작으로 전동기를 기동할 때 발생되는 현상은 ?

① 토크 증가 현상 ② 게르게스 현상

③ 크로우링 현상 ④ 제동 토크의 증가 현상

답 ③

12 3상 유도전동기의 전원측에서 임의의 2선을 바꾸어 접속하여 운전하면 ?

① 회전방향이 반대가 된다.

② 회전방향은 불변이나 속도가 약간 떨어진다.

③ 즉각 정지된다.

④ 바꾸지 않았을 때와 동일하다.

답 ①

13 보호하려는 회로의 전압이 그 예정값 이상으로 되었을 때 동작하는 것으로 기기 설비의 보호에 사용되는 계전기는 ?

① 거리계전기 ② 방향계전기

③ 과전압계전기 ④ 지락 과전압계전기

답 ③

14 변압기의 냉각방식 중 유입 자냉식의 표시 기호는 ?

① ANAN ② ONAN ③ ONAF ④ OFAF

답 ②

15 다음의 정류회로 중 가장 큰 출력값을 갖는 회로는 ?

① 단상 반파 정류회로 ② 3상 반파 정류회로
③ 단상 전파 정류회로 ④ 3상 전파 정류회로

◆ 풀이 정류효율 답 ④

1) 단상 반파 : 40.6[%]
2) 단상 전파 : 81.2[%]
3) 3상 반파 : 96.5[%]
4) 3상 전파 : 99.8[%] (6상 반파)

16 E를 교류전압 v의 실효값이라고 할 때 단상 전파 정류에서 얻을 수 있는 직류전압 e_d의 평균값은 약 얼마인가 ?

① $2E$ ② $1.5E$ ③ $0.9E$ ④ $0.5E$

◆ 풀이 정류회로 답 ③

1) 단상 반파 $Ed = 0.45E$
2) 단상 전파 $Ed = 0.9E$
3) 3상 반파 $Ed = 1.17E$
4) 3상 전파 $Ed = 1.35E$ (6상 반파)

17 단자전압 100[V], 전기자 전류 10[A], 전기자 회로의 저항 1[Ω], 정격속도 1,800[rpm]으로 전부하에서 운전하고 있는 직류 분권전동기의 토크는 약 몇 [N · m]인가 ?

① 2.8 ② 3.0 ③ 4.0 ④ 4.8

◆ 풀이 $T = \dfrac{60\,I_a(V - I_aR_a)}{2\pi N}$ [N · m] $= \dfrac{60 \times 10 \times \{100 - (10 \times 1)\}}{2\pi \times 1800} = 4.8$ [N.m] 답 ④

18 변압기의 누설 리액턴스를 줄이는 가장 효과적인 방법은 ?

① 권선을 분할하여 조립한다.
② 권선을 동심 배치한다.
③ 코일의 단면적을 크게 한다.
④ 철심의 단면적을 크게 한다.

◆ 풀이 $L \propto N^2$ (권선의 분할조립 : 누설 리액턴스 감소) 답 ①

19 정격속도로 회전하고 있는 무부하의 분권 발전기가 있다. 계자 권선의 저항이 50[Ω], 계자 전류 2[A], 전기자 저항이 1.5[Ω]일 때 유기 기전력은 몇 [V]인가 ?

① 97 ② 100 ③ 103 ④ 106

◆ 풀이 무부하 분권발전기 답 ③
자여자 특성 : 잔류자기 존재 $I_f = 2$ [A]
$E = V + I_a R_a = 100 + (2 \times 1.5) = 103$ [V]
$I_a = I + I_f = 2$ [A]
$V = I_f \cdot R_f = 2 \times 50 = 100$ [V]

20 변압기의 전부하 효율은 ?

① $\dfrac{\text{출력}}{\text{입력} + \text{동손} + \text{철손}}$ ② $\dfrac{\text{입력}}{\text{출력} + \text{동손} + \text{철손}}$
③ $\dfrac{\text{출력}}{\text{출력} + \text{동손} + \text{철손}}$ ④ $\dfrac{\text{입력}}{\text{입력} + \text{동손} + \text{철손}}$

◆ 풀이 변압기의 효율 답 ③
$$\eta = \frac{\text{출력}}{\text{출력} + \text{손실}} = \frac{\text{출력}}{\text{출력} + \text{동손} + \text{철손}}$$

19회 실전응용문제

01 직류기의 양호한 정류를 얻는 조건이 아닌 것은 ?

① 정류 주기를 크게 할 것　　② 정류 코일의 인덕턴스를 작게 할 것
③ 리액턴스 전압을 작게 할 것　　④ 브러시 접촉 저항을 작게 할 것

◆ 풀이　양호한 정류를 얻는 방법　　답 ④
1) 평균 리액턴스 전압 감소
2) 인덕턴스 감소
3) 정류 주기 길게
4) 주변 속도 느리게
5) 접촉 저항이 큰 탄소브러시 사용

02 직류분권 전동기의 전체 도체수는 100이고, 단중 중권이며 자속수는 4, 자속수는 극당 0.628[Wb]이다. 부하를 걸어 전기자에 5[A]가 흐르고 있을 때의 토크는 약 몇 [N · m]인가 ?

① 15　② 25　③ 50　④ 100

◆ 풀이　$T = \frac{PZ}{2\pi z}\phi I_a$ [N · m], 중권일 때 $a = P = b$　　답 ③

$= \frac{100}{2\pi} \times 0.628 \times 5 = 49.9$ [N · m]

03 전기자 도체의 굵기, 권수, 극수가 모두 동일할 때 단중 파권은 단중중권에 비해 전류와 전압의 관계는 ?

① 소전류와 저전압이다.　　② 대전류와 저전압이다.
③ 소전류와 고전압이다.　　④ 대전류와 고전압이다.

◆ 풀이　직류기의 권선법　　답 ③
1) 중권 : 저전압, 대전류
2) 파권 : 고전압, 소전류

04 변압기의 등가회로를 그리기 위하여 다음과 같은 시험을 하였다고 한다. 필요 없는 시험은 ?

① 무부하시험　　② 각 권선의 저항측정
③ 반환부하시험　　④ 단락시험

◆ 풀이 변압기의 등가회로 및 여자회로 　답 ③
1) 무부하시험(개방시험) : 철손, 여자전류, 여자 어드미턴스
2) 단락시험 : 동손, 임피던스(전압, 와트)

05 병렬운전을 하고 있는 3상 동기발전기에 동기화 전류가 흐르는 경우는 어느 때인가 ?

① 부하가 증가할 때　　② 여자전류를 변화시킬 때
③ 부하가 감소할 때　　④ 원동기의 출력이 변화할 때

◆ 풀이 동기발전기의 병렬운전 조건 　답 ④
1) 기전력의 크기가 같을 것 ≠ 무효순환전류 발생 (무효횡류)
2) 기전력의 위상이 같을 것 ≠ 유효순환전류 발생 (동기화 전류 = 유효횡류)
3) 기전력의 주파수가 같을 것 ≠ 난조 발생 ➡ 제동권선 방지
4) 기전력의 파형이 같을 것
5) 상회전방향이 일치할 것

06 3상 유도 전동기에 불평형 3상 전압을 가한 경우 다음 전동기 특성 중 옳은 것은 ?

① 영상분전압은 존재하지 않는다.
② 영상전압을 고려하여야 한다.
③ 정상전압과 역상 전압에 의한 회전자계 방향은 같다.
④ 정상운전 상태에서 역상분은 제동 작용을 하지 않는다.

답 ①

07 변압기유(油)의 요구 특성이 아닌 것은 ?

① 인화점이 높을 것　　② 응고점이 낮을 것
③ 점도가 클 것　　④ 절연내력이 클 것

◆ 풀이　절연유의 구비조건　1) 절연내력이 클 것
2) 점도가 낮을 것

답 ③

08 "3상 권선형 유도전동기의 2차 회로가 단선이 된 경우에 부하가 약간 무거운 정도에서는 슬립이 50% 인 곳에서 운전이 된다." 이것을 무엇이라 하는가 ?

① 차동기 운전　② 자기여자　③ 게르게스 현상　④ 난조

답 ③

09 어떤 주상 변압기가 $\frac{4}{5}$ 부하일 때, 최대효율이 된다고 한다. 전부하에 있어서의 철손과 동손의 비 $\frac{P_c}{P_i}$ 는 약 얼마인가 ?

① 0.64　② 1.56　③ 1.64　④ 2.56

◆ 풀이

$$\frac{P_i}{P_c} = \left(\frac{1}{m}\right)^2 = \left(\frac{4}{5}\right)^2 = \frac{16}{25}$$

문제에서는 $\frac{P_c}{P_i} = \frac{25}{16} = 1.56$ 배

답 ②

10 직류전동기에 대한 설명으로 옳은 것은 ?

① 전동차용 전동기는 차동복권 전동기이다.
② 직권 전동기가 운전 중 무부하로 되면 위험 속도가 된다.
③ 부하변동에 대하여 속도변동이 가장 큰 직류전동기는 분권 전동기이다.
④ 직류직권 전동기는 속도 조정이 어렵다.

◆ 풀이　직권 전동기 : 정격전압, 무부하 → 위험속도

답 ②

11 부하변동이 심한 부하에 직권전동기를 사용할 때 전기자 반작용을 감소시키기 위해서 설치하는 것은 ?

① 계자권선　② 보상권선　③ 브러시　④ 균압선

◆ 풀이 전기자 반작용 방지법 : 보상권선, 보극

답 ②

12 다음 중 정류자형 주파수 변환기의 용도가 아닌 것은 ?

① 역률 개선　② 전동기 속도제어
③ 교류 여자기　④ 대용량 전동기

답 ④

13 1,000[kVA] 역률 0.9, 효율 0.9 인 동기발전기 운전용 원동기의 출력은 몇 [kW]인가 ?

① 520　② 740　③ 800　④ 1,000

◆ 풀이 원동기발전기

답 ④

$\eta = 100$ [%] 기준 1000 [kVA], $\cos\theta = 0.9$,

$\eta = 0.9$

$\frac{1000}{1} = 1000$ [kW]　$\frac{1000 \times 0.9}{0.9} = 1000$ [kW]

14 2대의 3상 동기발전기가 무부하 병렬운전하고 있을 때 대응하는 기전력사이에 60 ° 의 위상차가 있다면 한 쪽 발전기에서 다른 쪽 발전기에 공급되는 전력은 약 몇 [kW]인가 ? (단, 각 발전기의 기전력(선간)은 3,300[V], 동기 리액턴스는 5[Ω]이고, 전기자 저항은 무시한다.)

① 181　② 314　③ 363　④ 720

◆ 풀이 한쪽 발전기에서 다른쪽 발전기에 공급되는 전력 : 수수전력

답 ④

$$P = \frac{E^2}{2Z_s}\sin\delta \times 10^{-3} \text{ [kW]} = \frac{(3300)^2}{2\times 5} \times \sin 60^\circ \times 10^{-3} = 943 \text{ [kW]}$$

15 10극, 3상 유도전동기가 있다. 회전자도 3상이고, 정지시의 2차 1상의 전압이 150[V]이다. 이 회전자를 회전자계와 반대방향으로 400[rpm] 회전시키면 2차 전압은 약 몇 [V]인가 ? (단, 1차 전원 주파수는 50[Hz] 이다.)

① 150　② 200　③ 250　④ 300

◆ 풀이　회전자계와 반대방향시 $s = \dfrac{N_s + N}{N_s}$　답 ③

$$E_{2s} = s\,E_2 = \frac{N_s + N}{N_s} E_2 = \frac{600 + 400}{600} \times 150 = 250 \quad [\mathrm{V}]$$

$$N_s = \frac{120}{P} f = \frac{120}{10} \times 50 = 600 \quad [\mathrm{rpm}]$$

16 정격 15[kW], 기계손 350[W], 전부하 슬립이 3[%]인 3상 유도 전동기의 전부하시의 2차 동손은 약 몇 [W]인가 ?

① 400　② 425　③ 450　④ 475

◆ 풀이　$P_{c2} = \dfrac{s}{1-s}(P_0 + P_m)$　　P_m : 기계손　답 ④

$$= \frac{0.03}{1 - 0.03} \times (15000 + 350) = 475 \quad [\mathrm{W}]$$

17 불평형 전압 상태에서 3상 유도 전동기를 운전하면 토크와 입력은 어떻게 되는가 ?

① 토크가 감소하고 입력도 감소한다.
② 토크는 감소하고 입력은 증가한다.
③ 토크는 증가하고 입력은 감소한다.
④ 토크가 증가하고 입력도 증가한다.

답 ②

18 어떤 변압기의 백분율 저항 강하가 2[%], 백분율 리액턴스 강하가 3[%]라 한다. 이 변압기로 역률이 80[%]인 부하에 전력을 공급하고 있다. 이 변압기의 전압변동률은 몇 [%]인가 ?

① 4.0 ② 2.4 ③ 3.4 ④ 3.8

◆ 풀이 변압기의 전압변동률 ϵ 답 ③

$\epsilon = P\cos\theta + q\sin\theta = (2\times 0.8) + (3\times 0.6) = 3.4\,[\%]$

19 3상 직권 정류자 전동기의 중간 변압기의 사용 목적이 아닌 것은 ?

① 실효 권수비의 조정
② 정류 전압의 조정
③ 경부하 때 속도의 이상 상승 방지
④ 직권 특성을 얻기 위하여

답 ④

20 3상 동기발전기의 전기자 반작용은 부하의 성질에 따라 다르다. 잘못 설명한 것은 ?

① $\cos\theta \fallingdotseq 1$ 일 때 즉 전압, 전류가 동상일 때는 실제적으로 교차자화작용을 한다.
② $\cos\theta \fallingdotseq 0$ 일 때 즉 전류가 전압보다 90° 뒤질 때는 감자작용을 한다.
③ $\cos\theta \fallingdotseq 0$ 일 때 즉 전류가 전압보다 90° 앞설 때 증자작용을 한다.
④ $\cos\theta \fallingdotseq \phi$ 일 때 즉 전류가 전압보다 ϕ 만큼 뒤질 때 증자작용을 한다.

◆ 풀이 • 전기자 반작용 답 ④

- 발전기 : E와 I의 관계
- 전동기 : V와 I의 관계

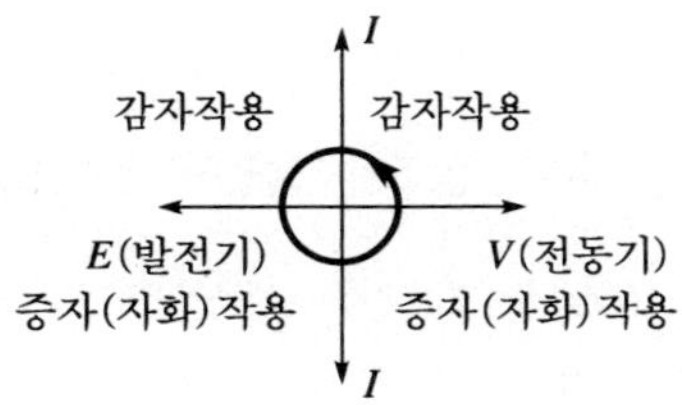

20회 실전응용문제

01 3상 직권 정류자 전동기에 중간(직렬)변압기가 쓰이고 있는 이유가 아닌 것은 ?

① 정류자 전압의 조정
② 회전자 상수의 감소
③ 경부하 때 속도의 이상 상승방지
④ 실효 권수비 선정 조정

◆ 풀이 중간 변압기 사용목적 답 ②
① 정류자 전압의 조정
② 회전자 상수의 증가
③ 경부하때 속도의 이상 상승 방지
④ 실효 권수비의 조정

02 다음 중 교류에서 직류를 얻는 방법이 아닌 것은 ?

① M-G set
② 회전변류기
③ 수은정류기
④ 셀신장치

◆ 풀이 교류 ⇒ 직류 얻는 방법 답 ④
① M-G set: 교류 전동기와 직류 발전기 세트.
② 회전 변류기: AC ⇒ DC
③ 수은 정류기: AC ⇒ DC
④ 셀신 장치: 원격 지시 또는 원격 측정에 사용

03 3상 유도전동기를 불평형 전압으로 운전하면 토크와 전류는 어떻게 되는가 ?

① 토크 증가, 전류 감소
② 토크 증가, 전류 증가
③ 토크 감소, 전류 증가
④ 토크 감소, 전류 감소

◆ 풀이 불 평형 전압으로 운전 답 ③
T(토크)감소, I(전류)증가

04 동기 주파수 변환기의 주파수 f_1 및 f_2 계통에 접속되는 양 극을 P_1, P_2 라 하면 다음 어떤 관계가 성립되는가 ?

① $\frac{f_1}{f_2} = \frac{P_1}{P_2}$　　② $\frac{f_1}{f_2} = P_2$

③ $\frac{f_1}{f_2} = \frac{P_2}{P_1}$　　④ $\frac{f_2}{f_1} = P_1 \cdot P_2$

◆ 풀이　동기속도 $N_s = \frac{120f}{P}$, $f \alpha P$, $\frac{f_1}{f_2} = \frac{P_1}{P_2}$　　답 ①

$f = \frac{N_s P}{120}$

05 변압기에서 권수가 2배가 되면 유기기전력은 몇 배가 되는가 ?

① $\frac{1}{2}$　　② 1　　③ 2　　④ 4

◆ 풀이　변압기의 유기기전력 $E = 4.44fN\phi$, $E \alpha N$ ➡ 2배　　답 ③

06 임피던스 전압강하 4[%]의 변압기가 운전 중 단락되었을 때 단락전류는 정격전류의 몇 배가 흐르는가 ?

① 15　　② 20　　③ 25　　④ 30

◆ 풀이　단락전류 $I_s = \frac{100}{\%Z} \text{In}$　$\%Z = 4(\%)$　$I_s = 25I_n$　　답 ③

$\%Z = 5[\%]$　$I_s = 20I_n$

07 동기기의 난조 방지에 가장 적절한 대책은 ?

① 제동권선을 설치한다.　　② 동기리액턴스를 증가시킨다.

③ 회전자 관성을 증가시킨다.　　④ 자극 수를 증가시킨다.

◆ 풀이　난조 방지 ➡ 제동권선 설치　　답 ①

08 정격 전압 6,000[V], 정격 출력 12,000[kVA] 매상의 동기 임피던스가 3[Ω] 인 3상 동기발전기의 단락비는 ?

① 약 1.0 ② 약 1.4 ③ 약 1.7 ④ 약 2.8

◆ 풀이 $\%Z_s = \frac{1}{k_s} = \frac{P \cdot Z_s}{V^2} \times 100 = \frac{\sqrt{3} I_n \cdot Z_s}{V} \times 100 = \frac{I_n}{I_s} \times 100$ 답 ①

$V = 6000[V],\ P = 12000[kVA],\ Z_s = 3[\Omega]\ k_s = ?$

$$\%Z_s = \frac{P \cdot Z_s}{V^2} \times 100 = \frac{12000 \times 10^3 \times 3}{(6000)^2} \times 100 = 100[\%]$$

$$k_s = \frac{1}{\%Z_s} = \frac{1}{1} = 1$$

09 슬립이 5[%]인 유도전동기의 등가부하저항은 2차 저항의 몇 배인가 ?

① 4 ② 5 ③ 19 ④ 20

◆ 풀이 등가 저항(2차 출력 정수) 답 ③

$R = r_2(\frac{1}{S} - 1)$ $S = 4[\%]$ $R = 24r_2$

$S = 5[\%]$ $R = 19r_2$

10 직류 분권 전동기가 있다. 단자전압 215[V], 전기자 전류 50[A], 1,500[rpm] 으로 운전되고 있을 때 발생 토크는 약 몇 [N · m] 인가 ? (단, 전기자 저항은 0.1[Ω] 이다.)

① 6.8 ② 33.2 ③ 46.8 ④ 66.9

◆ 풀이 • 직류 분권 전동기. 답 ④

$V = 215[V],\ I_a = 50[A],\ N = 1500[rpm],$

$R_a = 0.1[\Omega],\ T[N \cdot m] = ?$

$$T = \frac{60P}{2\pi N} = \frac{60(E \cdot I_a)}{2\pi N} = \frac{60(V - I_a R_a) \cdot I_a}{2\pi N}$$

$$= \frac{60(215 - 50 \times 0.1) \cdot 50}{2\pi \times 1500} = 66.87 \fallingdotseq 66.9[N \cdot m]$$

11 유도전동기의 원선도를 작성하는데 필요한 시험은 ?

① 부하시험　② 충격전압시험
③ 상용주파가압시험　④ 무부하시험

◆ 풀이　원선도 작성 시 필요한 시험　① 권선의 저항 측정 시험
② 구속 시험(동손)
③ 무부하 시험(철손)

답 ④

12 동기기의 전기자 권선법이 아닌 것은 ?

① 분포권　② 전절권　③ 2층권　④ 중권

◆ 풀이　동기기의 전기자 권선법
① 분포권　② 단절권　③ 2층권　④ 중권

답 ②

13 브러시의 위치를 바꾸어서 회전방향을 바꿀 수 있는 전기 기계가 아닌 것은 ?

① 톰슨형 반발 전동기　② 3상 직권 정류자 전동기
③ 시라게 전동기　④ 정류자형 주파수 변환기

◆ 풀이　브러쉬의 이동으로 회전방향을 바꿀 수 있는 기계
① 톰슨 전동기
② 3상 직권 정류자 전동기
③ 시라게 전동기

답 ④

14 직류 전동기의 정출력 제어를 위한 속도 제어법은 ?

① 워어드 레오너드 제어법　② 전압 제어법
③ 계자 제어법　④ 전기자 저항 제어법

◆ 풀이　직류전동기의 속도레어법
① 계자 제어법(정출력 제어)
② 전압 제어법: 속도 레어가 광범위, 운전 효율이 좋다.
③ 저항 제어법
④ 직·병렬 제어법

답 ③

15 전기자 도체의 총수 500, 10극, 단중 파권으로 매극의 자속수가 0.2[Wb]인 직류발전기가 600[rpm] 으로 회전할 때의 유도 기전력은 몇 [V]인가 ?

① 1,000　② 2,500　③ 5,000　④ 25,000

◆ 풀이 직류 발전기의 유도기전력　답 ③

$Z=500$, $P=10$, 파권 $a=2$,

$\phi=0.2[\text{wb}]$, $\text{N}=[\text{rpm}]$, $\text{E}=?$

$$E=\frac{P}{a}\cdot Z\phi\cdot\frac{N}{60}=\frac{10}{2}\times 500\times 0.2\times\frac{600}{60}=5{,}000[\text{V}]$$

16 전압비가 무부하에서는 15 : 1, 정격부하에서는 15.5 : 1인 변압기의 전압변동율은 약 몇 [%]인가 ?

① 2.2　② 2.6　③ 3.3　④ 3.5

◆ 풀이 변압기의 전압 변동율　답 ③

무부하시 15:1　$a=\frac{V_1}{V_{20}}=15$　$V_{20}=\frac{V_1}{15}$

부하시 15.5:1　$a=\frac{V_1}{V_2}=15.5$　$V_2=\frac{V_1}{15.5}$

$$\varepsilon=\frac{V_{20}-V_{2n}}{V_{2n}}\times 100=\left(\frac{V_{20}}{V_{2n}}-1\right)\times 100=\left(\frac{\frac{V_1}{15}}{\frac{V_1}{15.5}}-1\right)\times 100=\left(\frac{15.5}{15}-1\right)\times 100$$

$$=3.33 \fallingdotseq 3.3[\%]$$

17 유도전동기에서 비례 추이가 되지 않는 것은 ?

① 동기 와트　② 전류　③ 효율　④ 역률

◆ 풀이 비례 추이 할 수 없는 것　답 ③

① 출력　② 효율　③ 2차 동손

18 직류 분권 발전기의 전기자 권선을 단중 중권으로 감으면 ?

① 병렬 회로수는 항상 2이다.
② 높은 전압, 작은 전류에 적당하다.
③ 균압선이 필요하다.
④ 브러시 수는 극수와 같아야 한다.

◆ 풀이 중권(병렬권) 답 ④
① $a = P = b$
② 저전압, 대전류
③ 균압선 필요

19 다음 중 변압기의 극성시험법이 아닌 것은 ?

① 직류 전압계법 ② 교류 전압계법
③ 표준 변압기법 ④ 스코트법

◆ 풀이 변압기의 극성 시험법 답 ④
① 직류 전압계법
② 교류 전압계법
③ 표준 변압기법
* 스코트 법: 3ϕ를 2ϕ로 변환 시 사용

20 직류전동기의 속도제어 방법 중 광범위한 속도제어가 가능하며, 운전효율이 가장 좋은 방법은 ?

① 계자제어 ② 직렬저항제어 ③ 병렬저항제어 ④ 전압제어

◆ 풀이 직류 전동기의 속도레어 답 ④
① 계자 제어법(정출력 제어)
② 전압 제어법: 속도레어가 광범위, 운전 효율이 좋다.
③ 저항 제어법
④ 직·병렬 제어법

21회 실전응용문제

01 동기발전기의 전기자 권선을 단절권으로 하면 어떤 효과가 있는가 ?

① 고조파가 제거된다. ② 절연이 잘 된다.
③ 병렬운전이 가능해진다. ④ 코일단이 증가한다.

◆ 풀이 단절권의 특징 답 ①
1) 동량이 감소(권선이 절약)
2) 고조파를 제거하여 기전력의 파형 개선

02 단상 직권 정류자 전동기의 회전 속도를 높게 하였을 때 나타나는 주된 현상으로 옳은 것은?

① 리액턴스 강하가 크게 된다.
② 전기자에 유도되는 역기전력이 적게 된다.
③ 역률이 개선된다.
④ 병렬회로수가 증가한다.

답 ③

03 다음 중 3상 동기기의 제동권선의 주된 설치 목적은 ?

① 출력을 증가시키기 위하여
② 효율을 증가시키기 위하여
③ 역률을 개선하기 위하여
④ 난조를 방지하기 위하여

◆ 풀이 제동권선 : 난조 방지 답 ④

04 직류 분권 발전기가 있다. 극당 자속 0.01[Wb], 도체수 400, 회전수 600[rpm] 인 6극 직류기의 유기기전력은 몇 [V] 인가 ? (단, 병렬 회로수는 2 이다.)

① 100 ② 120 ③ 140 ④ 160

◆ 풀이 $E = \dfrac{PZ\phi N}{60a}$ [V] (병렬회로수 $a = 2$) 답 ②

$= \dfrac{6 \times 400 \times 0.01 \times 600}{60 \times 2} = 120$ [V]

05 직류기의 정류작용에서 전압정류를 하고자 한다. 어떻게 하여야 하는가 ?

① 계자를 이동시킨다.
② 보극을 설치한다.
③ 탄소브러시를 단락시킨다.
④ 환상권선을 분리시킨다.

◆ 풀이 양호한 정류를 얻는 방법 답 ②

1) 보극 : 전압정류
2) 탄소브러시 : 저항정류

06 2000/100[V], 10[kVA] 변압기의 1차 환산 등가임피던스가 $6.2 + j7$ [Ω]이라면 % 임피던스 강하는 약 몇 [%] 인가 ?

① 2.34 ② 3.25 ③ 4.14 ④ 5.25

◆ 풀이 % 리액턴스 강하 답 ①

$\%q = \dfrac{I_{1n} x_{21}}{V_{1n}} \times 100 = \dfrac{5 \times 7}{2000} \times 100 = 1.75$ [%]

$I_{1n} = \dfrac{P_n}{V_{1n}} = \dfrac{10 \times 10^3}{2000} = 5$ [A]

$Z_{21} = 6.2 + j7 = r_{21} + jx_{21}$, $x_{21} = 7$

07 유도 전동기의 소음 중 전기적인 소음이 아닌 것은 ?

① 고조파 자속에 의한 진동음 ② 슬립 비트음
③ 기본파 자속에 의한 진동음 ④ 팬음

답 ④

08 동기발전기의 병렬운전에 필요한 조건이 아닌 것은 ?

① 기전력의 주파수가 같을 것
② 기전력의 위상이 같을 것
③ 임피던스 및 상회전 방향과 각 변위가 같을 것
④ 기전력의 크기가 같을 것

◆ 풀이 동기발전기의 병렬운전 조건 답 ③

1) 기전력의 크기가 같을 것 ≠ 무효순환전류 발생 (무효횡류)
2) 기전력의 위상이 같을 것 ≠ 유효순환전류 발생 (동기화 전류=유효횡류)
3) 기전력의 주파수가 같을 것 ≠ 난조 발생 → 제동권선 방지
4) 기전력의 파형이 같을 것
5) 상회전방향이 일치할 것

09 출력이 50[kW]인 3상 농형 유도전동기를 기동하려고 할 때 다음 중 가장 적당한 기동법은 ?

① Y-△ 기동법 ② 저항 기동법
③ 전전압 기동법 ④ 기동보상기법

◆ 풀이 농형 유도전동기의 기동법 답 ④

1) 직입기동(전전압기동) : 5[km] 미만
2) Y-△ 기동 : 5~15[km]
3) 기동보상기법 : 15[km] 이상
4) 리액터 기동

10 가동 복권발전기의 내부 결선을 바꾸어 직권발전기로 사용하려면 ?

① 직권계자를 단락시킨다.
② 분권계자를 개방시킨다.
③ 직권계자를 개방시킨다.
④ 외분권 복권형으로 한다.

◆ 풀이 1) 복권발전기를 직권발전기로 사용시 : 분권계자 권선 개방
2) 복권발전기를 분권발전기로 사용시 : 직권계자 권선 단락

답 ②

11 직류기에서 전기자 반작용을 방지하기 위한 보상권선의 전류방향은 ?

① 전기자 전류의 방향과 같다.
② 전기자 전류의 방향과 반대이다.
③ 계자 전류의 방향과 같다.
④ 계자 전류의 방향과 반대이다.

◆ 풀이 전기자 반작용 방지
1) 보상권선 : 전기자 전류의 방향과 반대

답 ②

12 시라게 전동기는 다음 중 어디에 속하는가 ?

① 단상 직권 정류자 전동기
② 단상 반발 전동기
③ 3상 직권 정류자 전동기
④ 3상 분권 정류자 전동기

답 ④

13 다음 중 권선형 유도전동기의 2차 여자제어법으로 사용되는 제어방식은 ?

① 세르비우스 방식
② 플러깅방식
③ 발전방식
④ 회생방식

답 ①

14 100[kVA] 의 단상변압기가 역률 80[%]에서 전부하 효율이 95[%]이면 역률 50[%]의 전부하에서의 효율은 약 몇 [%]가 되겠는가 ?

① 84 ② 88 ③ 92 ④ 96

◆ 풀이 전부하 효율 $\eta = \dfrac{P_n \cos\theta}{P_n \cos\theta + P_i + P_c} \times 100$ 답 ③

역률 $\cos\theta$ → 80 [%] 일 때

$$\eta = \frac{100 \times 0.8}{(100 \times 0.8) + P_i + P_c} \times 100 = 95\,[\%]$$

$$P_i + P_c = \frac{80}{0.95} - 80 = 4.21\,[\text{kW}]$$

역률 $\cos\theta$ → 50 [%] 일 때

$$\eta = \frac{100 \times 0.5}{(100 \times 0.5) + 4.21} \times 100 = 92.3\,[\%]$$

15 60[Hz], 12극, 회전자 외경 2[m]인 동기발전기의 자극면의 주변 속도는 약 몇 [m/s]인가 ?

① 32.5 ② 43.8 ③ 54.5 ④ 62.8

◆ 풀이 회전자 주변속도 답 ④

$$v = \pi D \frac{N_s}{60}\ [\text{m/s}] = 3.14 \times 2 \times \frac{600}{60} = 62.8\,[\text{m/s}]$$

$$N_s = \frac{120}{P} f = \frac{120}{12} \times 60 = 600\,[\text{rpm}]$$

16 권선형 유도전동기에서 비례추이를 할 수 없는 것은 ?

① 회전력 ② 1차 전류 ③ 2차 전류 ④ 출력

◆ 풀이 비례 추이할 수 없는 것 : 출력, 효율, 2차 동손 답 ④

17 다음 중 직류전압을 직접 제어하는 것은 ?

① 단상 인버터 ② 브리지형 인버터
③ 초퍼형 인버터 ④ 3상 인버터

◆ 풀이 전압제어 1) 직류 : 초퍼 제어
2) 교류 : 위상 제어

답 ③

18 다음 중 유도전동기의 속도 제어법이 아닌 것은 ?

① 2차 저항법 ② 2차 여자법 ③ 1차 저항법 ④ 주파수 제어법

답 ③

19 임피던스 강하가 4[%]인 변압기가 운전 중 단락되었을 때 그 단락전류는 정격전류의 몇 배인가 ?

① 15 ② 20 ③ 25 ④ 30

◆ 풀이 $I_s = \dfrac{100}{\%Z} I_n = \dfrac{100}{4} I_n = 25\, I_n$

답 ③

20 정격 1차 전압이 6600[V], 2차 전압이 220[V], 주파수가 60[Hz]인 단상 변압기가 있다. 이 변압기를 이용하여 정격 220[V], 10[A]인 부하에 전력을 공급할 때 변압기의 1차측 입력은 몇 [kW]인가 ? (단, 부하의 역률은 1로 한다.)

① 2.2 ② 3.3 ③ 4.3 ④ 6.5

◆ 풀이 1차 입력

$P_1 = V_1 I_1 \cos\theta = 6600 \times 0.33 \times 10^{-3} = 2.2$ [kW]

부하에 10 [A] 이므로 2차 전류 I_2

1차 전류 $I_1 = \dfrac{I_2}{a} = \dfrac{10}{30} = 0.33$ [A]

$a = \dfrac{6600}{220} = 30$

답 ①

22회 실전응용문제

01 출력 4[kW], 1400[rpm]인 전동기의 토크는 약 몇 [kg · m] 인가 ?

① 2.79 ② 3.26 ③ 4.79 ④ 5.91

◆ 풀이 $T = 0.975\frac{P_m}{N} = 0.975 \times \frac{4\times10^3}{1400} = 2.786\,[\text{kg}\cdot\text{m}]$

답 ①

02 어떤 직류 전동기의 유기전력이 200[V], 매분 회전수가 1200[rpm]으로 토크 16.2[kg · m]를 발생하고 있을 때의 전류는 약 몇 [A]인가 ?

① 60 ② 80 ③ 100 ④ 120

◆ 풀이 $T = 0.975\frac{E\cdot\ I_a}{N}\,[\text{kg}\cdot\text{m}]$

$16.2 = 0.975\times\frac{200\times I_a}{1200}$

$I_a = 99.7\,[\text{A}]$

답 ③

03 6극 직류발전기의 정류자 편수가 132, 단자전압이 220[V], 직렬 도체수가 132개이고 중권이다. 정류자 편간 전압은 몇 [V]인가 ?

① 10 ② 20 ③ 30 ④ 40

◆ 풀이 $e = \frac{PE}{k} = \frac{6\times220}{132} = 10\,[\text{V}]$

답 ①

04 다음 중 3상 동기기의 제동권선의 역할은 ?

① 출력증가 ② 효율증가 ③ 난조방지 ④ 역률개선

답 ③

05 발전기의 단락비나 동기 임피던스를 산출하는데 필요한 시험은 ?

① 무부하 포화 시험과 3상 단락시험
② 정상, 영상 리액턴스의 측정시험
③ 돌발 단락 시험과 부하시험
④ 단상 단락 시험과 3상 단락시험

답 ①

06 그림은 3상 동기발전기의 무부하 포화곡선이다. 이 발전기의 포화율은 얼마인가 ?

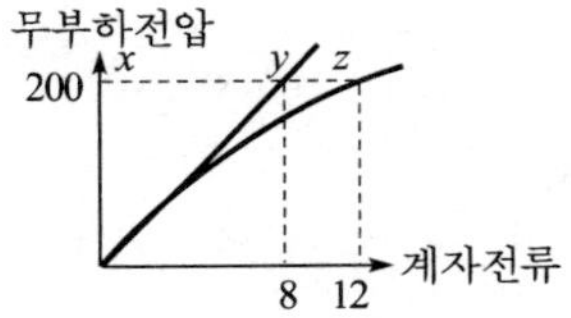

① 0.5
② 0.67
③ 0.8
④ 0.9

◆ 풀이 포화율 $\delta = \dfrac{yz}{xy} = \dfrac{4}{8} = 0.5$

답 ①

07 임피던스 강하가 5[%]인 변압기가 운전 중 단락되었을 때 그 단락 전류는 정격전류의 몇 배인가 ?

① 20 ② 25 ③ 30 ④ 35

◆ 풀이 $I_s = \dfrac{100}{\%Z} I_n = \dfrac{100}{5} I_n = 20 I_n$

답 ①

08 브러시를 이동하여 회전속도를 제어하는 전동기는 ?

① 단상 직권전동기 ② 직류 직권전동기
③ 반발 전동기 ④ 반발기동형 단상유도전동기

답 ③

09 어떤 변압기의 전부하 동손이 270[W], 철손이 120[W] 일 때 이 변압기를 최고 효율로 운전하는 출력은 정격출력의 약 몇 [%]가 되는가 ?

① 66.7 ② 44.4 ③ 33.3 ④ 22.5

◆ 풀이 $\frac{1}{m} = \sqrt{\frac{P_i}{P_c}} = \sqrt{\frac{120}{270}} = 0.666 \times 100 = 66.7\,[\%]$

답 ①

10 4극 7.5[kW], 200[V], 60[Hz]인 3상 유도전동기가 있다. 전부하에서의 2차 입력이 7950[W]이다. 이 경우의 2차 효율은 약 몇 [%]인가 ? (단, 여기서 기계손은 130[W]이다.)

① 92 ② 94 ③ 96 ④ 98

◆ 풀이 $\eta_2 = \frac{P_0}{P_2} = \frac{P_0}{P_0 + P_{c2}} = \frac{7500}{7500 + 320} \times 100 = 95.9\,[\%]$

$P_{c2} = P_2 - P_0 - P_m = 7950 - 7500 - 130 = 320\,[\mathrm{W}]$

답 ③

11 동기기의 전기자 권선법이 아닌 것은 ?

① 중권 ② 2층권 ③ 분포권 ④ 전절권

답 ④

12 권선형 유도 전동기의 기동시 2차 저항을 넣는 이유는 ?

① 기동 전류 증대
② 회전수 감소
③ 기동 토크 감소
④ 기동 전류 감소와 토크 증대

답 ④

13 1000[V]의 단상 교류를 전파 정류해서 150[A]의 직류를 얻는 정류기의 교류측 전류는 약 몇 [A] 인가 ?

① 106 ② 116 ③ 125 ④ 166

◆ 풀이 전파 $I_d = 0.9I$, $I = \frac{I_d}{0.9} = \frac{150}{0.9} = 166\,[A]$

답 ④

14 지름 0.2[m], 속도 1800[rpm]인 전기자의 주변속도는 약 몇 [m/sec]인가 ?

① 18.84 ② 12.56 ③ 10.42 ④ 6.28

◆ 풀이 전기자 주변속도

$$v = \pi D \frac{N}{60}\,[m/s] = 3.14 \times 0.2 \times \frac{1800}{60} = 18.84\,[m/s]$$

답 ①

15 회전 변류기의 직류측의 전압을 변경하려면 슬립링에 가해지는 교류측 전압을 변화시킨다. 그 방법이 아닌 것은 ?

① 직렬리액턴스에 의한 방법
② 유도전압조정기에 의한 방법
③ 분류저항 삽입에 의한 방법
④ 부하시 전압조정 변압기에 의한 방법

답 ③

16 단상 변압기에서 전부하시 2차 전압은 115[V]이고, 전압 변동률은 2[%]이다. 1차 단자 전압은 몇 [V] 인가 ? (단, 1차, 2차 권선비는 20 : 1이다.)

① 2326 ② 2336 ③ 2346 ④ 2356

◆ 풀이 1차측 전압 답 ③

$V_1 = a\,V_{20} = a(1+\epsilon)\,V_{2n}$

$= 20 \times (1+0.02) \times 115 = 2346\,[\mathrm{V}]$

17 단상변압기의 병렬운전 조건에 필요하지 않은 것은 ?

① 극성이 일치할 것
② 출력이 반드시 같을 것
③ 권수비가 같을 것
④ 각 변압기의 백분율 임피던스 강하가 같을 것

◆ 풀이 단상변압기의 병렬운전 조건 답 ②

1) 극성, 권수비, 단자전압 일치
2) $\%Z$ 일치(p, q 일치)

18 3상 유도 전동기의 원선도 작성에 필요한 기본량을 구하기 위한 시험이 아닌 것은 ?

① 충격전압시험 ② 저항측정시험
③ 무부하시험 ④ 구속시험

◆ 풀이 원선도 작성시 필요한 시험 답 ①

1) 권선의 저항측정시험
2) 무부하시험(개방시험)
3) 구속시험

19 3상 권선형 유도 전동기의 회전자에 슬립 주파수의 전압을 공급하여 속도를 변화시키는 방법은 ?

① 교류 여자 제어법 ② 1차 저항법
③ 주파수 변환법 ④ 2차 여자 제어법

답 ④

20 다음 중 1 방향성 4단자 사이리스터는 어느 것인가 ?

① TRIAC ② SCS ③ SCR ④ SSS

답 ②

23회 실전응용문제

01 동기발전기에 앞선 전류가 흐를 때 옳은 것은 ?

① 감자 작용을 받는다. ② 증자 작용을 받는다.
③ 속도가 상승한다. ④ 효율이 좋아진다.

◆ 풀이 • 전기자 반작용 답 ②

발전기 : E와 I의 관계
전동기 : V와 I의 관계

02 직류기의 전기자 권선에 있어서 m중 중권일 때 내부 병렬 회로수는 어떻게 되는가 ?

(단, a : 내부병렬 회로수, p : 극수이다.)

① $a=\frac{p}{m}$ ② $a=mp$

③ $a=p-m$ ④ $a=\frac{m}{p}$

◆ 풀이 직류기의 권선법 답 ②

1) 다중 중권 : $a=mp$
2) 다중 파권 : $a=2m$

03 100[V], 10[A], 전기자저항 1[Ω], 회전수 1800[rpm]인 직류전동기의 역기전력은 몇 [V]인가 ?

① 120 ② 110 ③ 100 ④ 90

◆ 풀이 역기전력 $E=V-I_aR_a=100-(10\times1)=90$ [V] 답 ④

04 부흐홀쯔 계전기로 보호되는 기기는 ?

① 회전변류기　② 동기전동기　③ 발전기　④ 변압기

답 ④

05 변압기의 표유부하손이란 ?

① 동손, 철손
② 부하전류 중 누전에 의한 손실
③ 권선이외 부분의 누설 자속에 의한 손실
④ 무부하시 여자전류에 의한 동손

답 ③

06 3상 유도전동기의 기동법 중 전전압기동에 대한 설명으로 옳지 않은 것은 ?

① 소용량 농형전동기의 기동법이다.
② 소용량의 농형전동기에서는 일반적으로 기동시간이 길다.
③ 기동시에는 역률이 좋지 않다.
④ 전동기 단자에 직접 정격전압을 가한다.

답 ②

07 3상 동기발전기를 병렬운전 시키는 경우 생각하지 않아도 되는 조건은 ?

① 발생전압이 같다.　② 전압 파형이 같다.
③ 회전수가 같다.　④ 상회전이 같다.

답 ③

◆ 풀이　동기발전기의 병렬운전 조건
1) 기전력의 크기가 같을 것 ≠ 무효순환전류 발생 (무효횡류)
2) 기전력의 위상이 같을 것 ≠ 유효순환전류 발생 (동기화 전류=유효횡류)
3) 기전력의 주파수가 같을 것 ≠ 난조 발생 → 제동권선 방지
4) 기전력의 파형이 같을 것
5) 상회전방향이 일치할 것

08 인버터(inverter)의 전력변환은 ?

① 교류 → 직류로 변환　② 직류 → 직류로 변환
③ 교류 → 교류로 변환　④ 직류 → 교류로 변환

◆ 풀이　인버터 : 직류 → 교류　　답 ④
컨버터 : 교류 → 직류

09 3상 유도전동기의 특성 중 비례추이를 할 수 없는 것은 ?

① 동기속도　② 2차 전류　③ 1차 전류　④ 역률

답 ①

10 출력 10[HP], 600[rpm]인 전동기의 토크는 약 몇 [kg.m]인가 ? (단, 1[HP] = 746[W] 임)

① 11.8　② 118　③ 12.1　④ 121

◆ 풀이　　답 ③

$$T = 0.975\frac{P_m}{N} = 0.975 \times \frac{10 \times 746}{600} = 12.1 \quad [\mathrm{kg.m}]$$

11 Y 결선 3상 동기발전기에서 극수 6, 1극의 자속수 0.16[Wb], 회전수 1200[rpm], 코일의 권수 186, 권선계수 0.96일 때 단자전압은 약 몇 [V] 인가 ?

① 6591　② 9887　③ 13182　④ 19774

◆ 풀이　동기발전기의 유기기전력　　답 ③

$$V = \sqrt{3}\,E = \sqrt{3} \times 4.44 f\,\phi\,k\omega.\omega \quad [\mathrm{V}]$$

$$= \sqrt{3} \times 4.44 \times 60 \times 0.16 \times 0.96 \times 186 = 13182.5 \quad [\mathrm{V}]$$

$$f = \frac{N_s \cdot P}{120} = \frac{1200 \times 6}{120} = 60 \quad [\mathrm{Hz}]$$

12 3000[V], 60[Hz], 8극 100[kW]의 3상 유도전동기가 있다. 전부하에서 2차 동손이 3[kW], 기계손이 2[kW]이라면 전부하 회전수는 약 몇 [rpm]인가 ?

① 874 ② 762 ③ 682 ④ 574

◆ 풀이 회전자의 속도 N[rpm] 답 ①

$N = (1-s)N_s = (1-0.028)\times 900 = 874.8$ [rpm]

$$s = \frac{P_{c2}}{P_2} = \frac{P_{c2}}{P_0 + P_m + P_{c2}} = \frac{3}{100+2+3} = 0.028$$

13 송전선로에 접속된 동기 조상기의 설명 중 가장 옳은 것은 ?

① 과여자로 해서 운전하면 앞선전류가 흐르므로 리액터 역할을 한다.
② 과여자로 해서 운전하면 뒤진전류가 흐르므로 콘덴서 역할을 한다.
③ 부족여자로 해서 운전하면 앞선전류가 흐르므로 리액터 역할을 한다.
④ 부족여자로 해서 운전하면 송전선로의 자기 여자작용에 의한 전압상승을 방지한다.

답 ①

14 단상반파 정류로 직류전압 150[V]를 얻으려면 변압기 2차 권선의 상전압 V_s 를 약 몇 [V]로 하면 되는가 ? (단, 부하는 무유도 저항이고, 정류회로 및 변압기내의 전압 강하는 무시한다.)

① 150 ② 200 ③ 333 ④ 472

◆ 풀이 반파 $E_d = 0.45E$, $E = \frac{E_d}{0.45} = \frac{150}{0.45} = 333$ [V] 답 ③

15 단상 변압기를 병렬 운전할 경우에 부하 전류의 분담은 무엇에 관계되는가 ?

① 누설 리액턴스에 비례한다.
② 누설 리액턴스 제곱에 반비례한다.
③ 누설 임피던스에 비례한다.
④ 누설 임피던스에 반비례한다.

◆ 풀이 부하 분담 답 ④

$$\frac{P_a}{P_b} = \frac{P_A}{P_B} \cdot \frac{\%Z_b}{\%Z_a}$$

분담용량은 정격용량에 비례하고 누설 임피던스에는 반비례한다.

16 직류전동기의 제동법 중 발전제동을 옳게 설명한 것은 ?

① 전동기가 정지할 때까지 제동토크가 감소하지 않는 특징을 지닌다.
② 전동기를 발전기로 동작시켜 발생하는 전력을 전원으로 반환함으로써 제동한다.
③ 전기자를 전원과 분리한 후 이를 외부저항에 접속하여 전동기의 운동에너지를 열에너지로 소비시켜 제동한다.
④ 운전중인 전동기의 전기자접속을 반대로 접속하여 제동한다.

답 ③

17 다음은 SCR 에 관한 설명이다. 적당하지 않은 것은 ?

① 3단자 소자이다.
② 스위칭 소자이다.
③ 직류 전압만을 제어한다.
④ 적은 게이트 신호로 대전력을 제어한다.

답 ③

18 변압기 유(油)의 열화에 따른 영향으로 옳지 않은 것은 ?

① 침식 작용　　② 절연 내력의 저하
③ 냉각 효과의 감소　　④ 공기 중 수분의 흡수

◆ 풀이 열화의 원인 : 공기 중 수분의 흡수 답 ④

19 다음 중 변압기의 등가회로를 작성하기 위하여 필요한 시험을 옳게 나타낸 것은 ?

① 상회전시험, 절연내력시험, 권선저항측정
② 온도상승시험, 절연내력시험, 무부하시험
③ 온도상승시험, 절연내력시험, 권선저항측정
④ 권선저항측정, 무부하시험, 단락시험

◆ 풀이 변압기의 등가회로 작성시 필요한 시험 답 ④
1) 권선의 저항측정시험
2) 무부하시험(개방시험)
3) 단락시험

20 4극 60[Hz], 3상 권선형 유도 전동기에서 전부하 회전수는 1600[rpm] 이다. 동일 토크를 1200[rpm] 으로 하려면 2차 회로에 몇 [Ω]의 외부 저항을 삽입하면 되는가 ? (단, 2차 회로는 Y 결선이고, 각 상의 저항은 r_2 이다.)

① r_2　　② $2r_2$　　③ $3r_2$　　④ $4r_2$

◆ 풀이 문제에서 동일 토오크라 했으므로 답 ②

전부하 슬립 $S_t = \dfrac{N_s - N}{N_s} = \dfrac{1800 - 1600}{1800} = 0.11$

1200 [rpm] 슬립 $s' = \dfrac{N_s - N}{N_s} = \dfrac{1800 - 1200}{1800} = 0.33$

$\dfrac{r_2}{S_t} = \dfrac{r_2 + R}{s'}$ 에서

$R = \left(\dfrac{s' - S_t}{S_t}\right) r_2 = \left(\dfrac{0.33 - 0.11}{0.11}\right) r_2 = 2.03\, r_2$

24회 실전응용문제

01 동기발전기의 돌발 단락 전류를 제한하는 것은 ?

① 누설 리액턴스　　② 역상 리액턴스
③ 권선 저항　　④ 동기 리액턴스

◆ 풀이　단락 곡선　　답 ①

┌돌발(순간)단락 전류제한: 누설 리액턴스
└지속단락 전류제한: 동기 리액턴스

02 2방향성 3단자 사이리스터는 ?

① SCR　　② SSS　　③ SCS　　④ TRIAC

◆ 풀이　사이리스터　　답 ④

① SCR: 단방향 3단자 소자
② SSS: 단방향 2단자 소자
③ SCS: 단방향 4단자 소자
④ TRIAC: 2방향 3단자 소자

03 수은 정류기의 전압과 효율과의 관계는 ?

① 전압과 효율은 전혀 관계 없다.
② 전압이 높아짐에 따라 효율이 감소한다.
③ 전압이 높아짐에 따라 효율이 좋아진다.
④ 어느 전압 이하에서는 전압에 관계없이 일정하다.

◆ 풀이　수은 정류기는 아크 방전을 이용하기 때문에 전압이 높아야 효율이 좋아진다.　답 ③

04 다음 중 3상 직권 정류자 전동기에 있어서 중간 변압기를 사용하는 주된 목적은 ?

① 역회전의 방지를 위하여
② 역회전을 하기 위하여
③ 권수비를 바꾸어서 전동기의 특성을 조정하기 위하여
④ 분권 특성을 얻기 위하여

◆ 풀이 중간 변압기 사용목적 ① 정류자 전압의 조정
② 회전자 상수의 증가
③ 경부하때 속도의 이상 상승방지
④ 실효 권수비의 조정

답 ③

05 3상 유도 전동기의 원선도를 그리는데 필요하지 않은 시험은 ?

① 슬립측정 ② 구속시험 ③ 무부하시험 ④ 저항측정

◆ 풀이 원선도 작성 시 필요한 시험 ① 권선의 저항 측정시험
② 구속 시험(동손)
③ 무부하 시험(철손)

답 ①

06 1000[kW], 500[V]의 분권 발전기가 있다. 회전수 240[rpm]이며 슬롯수 192, 슬롯내부 도체수 6, 자극수가 12일 때 전부하시의 자속수[Wb]는 약 얼마인가 ? (단, 전기자 저항은 0.006[Ω]이고, 단중 중권이다.)

① 1.85 ② 0.11 ③ 0.185 ④ 0.001

◆ 풀이 분권 발전기 $P=1000[\text{kW}]$, $V=500[\text{V}]$, $N=240[\text{rpm}]$, $S=192$,
슬롯내부 도체수 6, P(극수) $=12$, $R_a=0.006[\Omega]$
중권 $a=P$(극수), $\phi=?$

$$E=V+I_aR_a=500+2000\times0.006=512[\text{v}]$$

$$I_a=I+If=\frac{P}{V}+O=\frac{1000\times10^3}{500}=2000[\text{A}]$$

$$E=\frac{P}{a}Z\phi\frac{N}{60},$$

$$\phi=\frac{Ea60}{PZN}=\frac{512\times12\times60}{12\times(192\times6)\times240}=0.11[\text{wb}]$$

답 ②

07 변압기 권선과 철심의 건조법이 아닌 것은 ?

① 열풍법 ② 단락법 ③ 반환부하법 ④ 진공법

◆ 풀이 변압기의 건극법 답 ③

① 열풍법 ② 단락법 ③ 진공법

∗ 반환 부하법: 온도 시험법

08 60[Hz] 4극 3상 유도 전동기가 1620[rpm] 으로 운전하고 있다. 이 전동기의 슬립은 ?

① 0.025 ② 0.05 ③ 0.075 ④ 0.1

◆ 풀이 슬립S 답 ④

$f=60[\text{HZ}],\ P=4,\ N=1620[\text{rpm}],\ S=?$

$$S=\frac{N_s-N}{N_s}=1800-1620=0.1$$

$$N_s=\frac{120f}{P}=\frac{120\times 60}{4}=1800[\text{rpm}]$$

09 200[V] 20[kW], 효율 0.8 인 직류 분권 전동기의 전부하 전류[A] 는 ?

① 85 ② 100 ③ 125 ④ 150

◆ 풀이 직류 분권 전동기의 전부하 전류 답 ③

$V=200[\text{V}],\ P=20[\text{kW}],\ \eta=0.8$

$$I=\frac{P}{V}=\frac{20\times 10^3}{200}=100[\text{A}]$$

효율 0.8일 때 전부하 전류 $I=\frac{100}{0.8}=125[\text{A}]$

10 동기발전기에 사용되는 여자기의 용도는 ?

① 발전기의 속도를 일정하게 하기 위한 것
② 부하변동을 방지하기 위한 것
③ 직류전압을 공급하기 위한 것
④ 주파수를 조정하기 위한 것

◆ 풀이 여자기의 용도: 직류 전압을 공급하기 위한 것 답 ③

11 부하의 변화에 대하여 속도 변동이 가장 큰 직류 전동기는 ?

① 분권전동기 ② 차동 복권 전동기 ③ 가동 복권 전동기 ④ 직권전동기

◆ 풀이 속도 변동율 大 → 小 답 ④
직 → 가 → 분 → 차

12 직류기에서 전압 변동률이 (+)값으로 표시되는 발전기는 ?

① 과복권 발전기 ② 직권 발전기 ③ 분권 발전기 ④ 평복권 발전기

◆ 풀이 직류기의 전압 변동율 답 ③
$\varepsilon(+)$: 분권, 타여자
$\varepsilon(0)$: 평복권
$\varepsilon(-)$: 직권, 과복권

13 어느 권선형 유도전동기가 동기속도의 50[%] 정도로만 회전을 하며 그 이상 속도가 증가하지 않는다. 그 원인에 해당되는 것은 ?

① 2차 권선 중 한 선이 단선
② 2차 권선 중 두 선을 바꾸어서 결선
③ 2차 측에 있는 슬립링이 단락
④ 1차 권선 중 두선을 바꾸어서 결선

◆ 풀이 게르게스 현상: 회전자 한상이 결상되어 무부하, 경부하시에는 슬립이 50[%]정도로 회전하는 현상 답 ①

14 정격출력 10000[kVA], 정격전압 6600[V], 동기 임피던스가 매상 3.6[Ω] 인 3상 동기발전기의 단락비는 약 얼마인가 ?

① 1.40　　② 1.35　　③ 1.21　　④ 1.15

◆ 풀이 • $\%Z_s = \dfrac{1}{k_s} = \dfrac{P \cdot Z_s}{V_2} \times 100 = \dfrac{\sqrt{3} I_n \cdot Z_s}{V} \times 100 = \dfrac{I_n}{I_s} \times 100$ 　답 ③

$P = 10000[\text{kVA}],\ V = 6600[\text{V}],\ Z_s = 3.6[\Omega],\ ks = ?$

$$\%Z_s = \frac{P \cdot Z_s}{V_2} \times 100 = \frac{10000 \times 10^3 \times 3.6}{(6600)^2} \times 100 = 82.64[\%]$$

$$k_s = \frac{1}{\%Z_s} = \frac{1}{0.8264} = 1.21$$

15 단상변압기의 병렬운전 조건 중 옳지 않은 것은 ?

① 권수비와 1, 2차의 정격전압이 같을 것
② 권선의 저항과 누설 리액턴스의 비가 같을 것
③ %저항 강하 및 리액턴스 강하가 같을 것
④ 출력이 같을 것

◆ 풀이 • 단상변압기의 병렬운전 조건 　답 ④

① 극성이 같을 것　② 권수비가 같을 것　③ 정격전압이 같을 것
④ 권선의 저항과 누설 리액턴스의 비가 같을 것
⑤ % 저항 강하 및 리액턴스 강하가 같을 것

16 변압비 30:1의 단상변압기 3대를 1차 △, 2차 Y 로 결선하고 1차에 선간전압 3300[V]를 가했을 때 무부하 2차 선간 전압[V]은 약 얼마인가 ?

① 250　　② 220　　③ 210　　④ 190

◆ 풀이 • 권수비 $a = \dfrac{N_1}{N_2} = \dfrac{E_1}{E_2} = 30$ 　답 ④

△결선 $V_\ell = V_p$, $I_\ell = \sqrt{3} I_p$　　Y결선 $V_\ell = \sqrt{3} V_p$, $I_\ell = I_p$

$$V_2 = \sqrt{3} E_2 = \sqrt{3} \times \frac{E_1}{a} = \sqrt{3} \times \frac{3300}{30} = 190.5 \doteqdot 190[V]$$

17 포화하고 있지 않은 직류 발전기의 회전수가 $\frac{1}{2}$로 감소되었을 때 기전력을 전과 같은 값으로 하자면 여자를 속도 변화 전에 비해 얼마로 해야 하는가 ?

① $\frac{1}{2}$ 배　② 1배　③ 2 배　④ 4 배

◆ 풀이 • $E = K\phi N$ 　답 ③

$E/2 = N/2,\ \phi = 2$배

따라서 기전력은 처음과 같은 값이 된다.

18 3상 권선형 유도전동기의 2차 회로에 저항을 삽입하는 목적이 아닌 것은 ?

① 속도는 줄지만 최대 토크를 크게 하기 위하여

② 속도제어를 하기 위하여

③ 기동 토크를 크게 하기 위하여

④ 기동 전류를 줄이기 위하여

◆ 풀이 • 최대토크(Tm)는 항상 일정 　답 ①

19 단상 유도전동기 중 기동토크가 가장 작은 것은 ?

① 셰이팅 코일형　② 콘덴서 기동형　③ 반발 기동형　④ 분상 기동형

◆ 풀이 • 단상유도 전동기의 기동 토크 大→小 　답 ①

반발 기동형 → 반발 유도형 → 콘덴서 기동형 → 분상 기동형 → 셰이딩 코일형

20 사용시간이 짧을수록 변압기의 전일 효율을 좋게 하기 위해서 P_i (철손)과 P_c (전부하동손)의 관계로 옳은 것은 ?

① $P_i > P_c$　② $P_i < P_c$　③ $P_i = P_c$　④ 무관계

◆ 풀이 • 전일 효율 최대 P_i(철손) $<$ P_c(동손) 　답 ②

25회 실전응용문제

01 정격속도로 회전하고 있는 분권 발전기가 있다. 단자전압 100[V], 계자권선의 저항은 50[Ω], 계자전류 2[A], 부하전류 50[A], 전지자 저항 0.1[Ω]이다. 이 때 발전기의 유기 기전력은 몇 [V] 인가 ? (단, 전기자 반작용은 무시한다.)

① 100.2　② 104.8　③ 105.2　④ 125.4

◆ 풀이　$E = V + I_a R_a = 100 + (52 \times 0.1) = 105.2$ [V]　답 ③

$I_a = I + I_f = 50 + 2 = 52$ [A]

02 단상 직권정류자 전동기는 그 전기자 권선의 권선수를 계자 권수에 비해서 특히 많게 하고 있는 이유를 설명한 것으로 옳지 않은 것은 ?

① 주자속을 작게 하고 토크를 증가하기 위하여
② 속도 기전력을 크게 하기 위하여
③ 변압기 기전력을 크게 하기 위하여
④ 역률저하를 방지하기 위하여

답 ③

03 3상 6극 슬롯수 54의 동기발전기가 있다. 어떤 전기자 코일의 두 변이 제 1 슬롯과 제 8 슬롯에 들어 있다면 기본파에 대한 단절권 계수는 ?

① 0.6983　② 0.7848　③ 0.8749　④ 0.9397

◆ 풀이　단절권 계수　답 ④

$$K_p = \sin\frac{1}{2}\beta\pi = \sin\frac{1}{2} \times \frac{7}{9}\pi = 0.9397$$

$$\beta = \frac{\text{코일간격}}{\text{극간격}} = \frac{8-1}{9} = \frac{7}{9}$$

$$\hookrightarrow \frac{s}{p} = \frac{54}{6} = 9$$

04 25[kW], 125[V], 1200[rpm] 의 타여자 발전기가 있다. 전기자저항(브러시포함)은 0.04[Ω] 이다. 정격상태에서 운전하고 있을 때 속도를 200[rpm] 으로 늦추었을 경우 부하전류[A]는 어떻게 변화하는가 ? (단, 전기자 반작용은 무시하고 전기자회로 및 부하저항값은 변하지 않는다고 한다.)

① 21.8　　② 33.3　　③ 1200　　④ 2125

◆ 풀이 1200[rpm] → 200[rpm] 으로 낮추었으므로　　답 ②

속도 $\frac{1}{6}$, 기전력 $\frac{1}{6}$, 부하전류 $\frac{1}{6}$ 배가 된다.

$$I = \frac{1}{6}I = \frac{1}{6}\times\frac{P}{V} = \frac{1}{6}\times\frac{2.5\times10^3}{125} = 33.3 \quad [A]$$

05 2개의 사이리스터로 단상전파정류를 하여 90[V]의 직류 전압을 얻는데 필요한 최대 첨두역전압[V]은 약 얼마인가 ?

① 141　　② 283　　③ 365　　④ 400

◆ 풀이 역전압 첨두값　　답 ②

$$PIV = 2\sqrt{2}E = 2\sqrt{2}\times100 = 282.8 \quad [V]$$

$$E_d = 0.9E,\ E = \frac{E_d}{0.9} = \frac{90}{0.9} = 100 \quad [V]$$

06 3상 동기발전기의 단락비를 산출하는데 필요한 시험은 ?

① 외부특성시험과 3상 단락시험
② 돌발단락시험과 부하시험
③ 무부하 포화시험과 3상 단락시험
④ 대칭분의 리액턴스 측정시험

◆ 풀이 단락비 산출 : 무부하 포화시험과 3상 단락시험　　답 ③

07 시라게 전동기의 특성과 가장 가까운 전동기는 ?

① 반발 전동기 ② 동기 전동기 ③ 직권 전동기 ④ 분권 전동기

답 ④

08 어떤 정류기의 부하 전압이 2000[V]이고 맥동률이 3[%]이면 교류분은 몇 [V] 포함되어 있는가 ?

① 20 ② 30 ③ 60 ④ 70

◆ 풀이 교류전압 = 정류회로부하전압 × 맥동률= 2000 × 0.03 = 60 [V]

답 ③

09 그림의 단상 전파정류회로에서 교류측 공급전압 628 sin 314 t [V], 직류측 부하저항 20[Ω]일 때의 직류측 부하전류의 평균치 I_d [A] 및 직류측 부하전압의 평균치 E_d [V] 는 ?

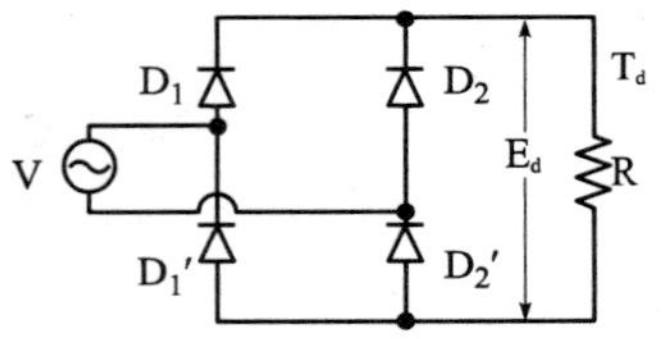

① $I_d = 20$, $E_d = 400$

② $I_d = 10$, $E_d = 200$

③ $I_d = 14.1$, $E_d = 282$

④ $I_d = 28.2$, $E_d = 565$

◆ 풀이 $v = 628\sin 314t$ [V]에서

답 ①

628 [V]는 최대값이므로 실효값 $= \dfrac{628}{\sqrt{2}} = 444$ [V]

$E_d = 0.9E = 0.9 \times 444 = 399.6$ [V]

$I_d = \dfrac{E_d}{R} = \dfrac{399.6}{20} = 20$ [A]

10 변압기의 내부 고장 보호에 쓰이는 계전기는 ?

① 차동계전기 ② O.C.R ③ 역상계전기 ④ 접지계전기

답 ①

11 다음 중 변압기유가 갖추어야 할 조건으로 옳은 것은 ?

① 절연내력이 낮을 것
② 인화점이 높을 것
③ 유동성이 풍부하고 비열이 적어 냉각효과가 작을 것
④ 응고점이 높을 것

답 ②

12 부하에 관계없이 변압기에 흐르는 전류로서 자속만을 만드는 것은 ?

① 1차 전류 ② 철손전류 ③ 여자전류 ④ 자화전류

◆ 풀이 자화전류(I_ϕ) : 자속을 만드는 전류

답 ④

13 단상변압기에서 1차 전압은 3300[V]이고, 1차측 무부하 전류는 0.09[A], 철손은 115[W]이다. 이 때 자화 전류[A]는 약 얼마인가 ?

① 0.072 ② 0.083 ③ 0.83 ④ 0.93

◆ 풀이 자화전류

답 ②

$$I_\phi = \sqrt{I_0^2 - \left(\frac{P_i}{V_1}\right)^2} = \sqrt{(0.09)^2 - \left(\frac{115}{3300}\right)^2} = 0.083\,[\text{A}]$$

14 단상변압기 2대를 사용하여 3상 전원에서 2상 전압을 얻고자 할 때 가장 적합한 결선은 ?

① 스코트결선 ② 대각결선 ③ 2중3각결선 ④ 포크결선

◆ 풀이 변압기의 상수 변환

답 ①

1) $3\phi \rightarrow 2\phi$: 스코트결선(T결선)
2) $3\phi \rightarrow 6\phi$: 포크결선

15 직류 분권 전동기의 공급 전압의 극성을 반대로 하면 회전 방향은 어떻게 되는가 ?

① 변하지 않는다. ② 반대로 된다. ③ 발전기로 된다. ④ 회전하지 않는다.

◆ 풀이 • 전동기의 종류 답 ①

분권전동기(자여자전동기)

: 자기 자신 스스로 발전(잔류 자기 존재) 외부의 영향을 받지 않기 때문에
극성이반대가 되어도 회전 방향이 변하지 않는다.

16 다음 정류 방식 중 맥동률이 가장 작은 방식은 ?

① 단상 반파 정류 ② 단상 전파 정류 ③ 3상 반파 정류 ④ 3상 전파 정류

◆ 풀이 맥동률 답 ④

1) 단상 반파 : 12[%]

2) 단상 전파 : 48[%]

3) 3상 반파 : 17[%]

4) 3상 전파 : 4[%] (6상 반파)

17 동기 전동기에서 난조를 방지하기 위하여 자극면에 설치하는 권선은 ?

① 제동권선 ② 계자권선 ③ 전기자권선 ④ 보상권선

◆ 풀이 제동권선 : 난조 방지 답 ①

18 직류 분권전동기의 운전 중 계자저항기의 저항을 증가하면 속도는 어떻게 되는가 ?

① 변하지 않는다. ② 증가한다. ③ 감소한다. ④ 정지한다.

◆ 풀이 회전수 답 ②

$$n = k\frac{E}{\phi} \qquad \phi = If = \frac{V}{Rf}$$

↑ ↓ ↓ ↓ ↑

$$n \propto \frac{1}{\phi} \qquad n = \text{증가}$$

↑ ↓

19 유도전동기의 제동법이 아닌 것은 ?

① 회생 제동　② 발전 제동　③ 역전 제동　④ 3상 제동

◆ 풀이　제동법　답 ④

1) 발전 제동
2) 화생 제동
3) 역전(상) 제동 = 플러깅 제동

20 유도전동기의 슬립 s 의 범위는 ?

① $s < -1$　② $-1 < s < 0$　③ $0 < s < 1$　④ $1 < s$

◆ 풀이　슬립의 범위　답 ③

1) 전동기 : $0 < s < 1$
2) 발전기 : $s < 0$
3) 제동기 : $1 < s < 2$ (역상기)

26회 실전응용문제

01 200[kW], 200[V]의 직류 분권 발전기가 있다. 전기자 권선의 저항이 0.025[Ω] 일 때 전압 변동률은 몇 [%] 인가 ?

① 6.0 ② 12.5 ③ 20.5 ④ 25.0

◆ 풀이

$$\epsilon = \frac{V_0 - V}{V} \times 100 = \frac{E - V}{V} \times 100 = \frac{V + I_a R_a - V}{V} \times 100$$

$$= \frac{I_a R_a}{V} \times 100 = \frac{1000 \times 0.025}{200} \times 100 = 12.5 \ [\%]$$

$$I_a = \frac{P}{V} = \frac{200 \times 10^3}{200} = 1000 \ [A]$$

답 ②

02 변압기의 내부고장 보호에 쓰이는 계전기로서 가장 적당한 것은 ?

① 과전류 계전기
② 역상계전기
③ 접지 계전기
④ 브후홀쯔 계전기

답 ④

03 동기기의 과도 안정도를 증가시키는 방법이 아닌 것은 ?

① 속응 여자 방식을 채용한다.
② 동기 탈조 계전기를 사용한다.
③ 회전자의 플라이휠 효과를 작게 한다.
④ 동기화 리액턴스를 작게 한다.

답 ③

04 용량 10[kVA], 철손 120[W], 전부하 동손 200[W]인 단상 변압기 2대를 V 결선하여 부하를 걸었을 때, 전부하 효율은 약 몇 [%] 인가 ? (단, 부하의 역률은 $\frac{\sqrt{3}}{2}$ 이라 한다.)

① 99.2 ② 98.3 ③ 97.9 ④ 95.9

◆ 풀이 $\eta = \frac{P_n \cos\theta}{P_n \cos\theta + P_i + P_c} \times 100$ 에서, V 결선이므로 1대용량 $\times \sqrt{3}$ 배 **답** ③

$$= \frac{10\sqrt{3} \times 10^3 \times \frac{\sqrt{3}}{2}}{\left(10\sqrt{3} \times 10^3 \times \frac{\sqrt{3}}{2}\right) + 120 + 200} \times 100 = 97.9 \ [\%]$$

05 50[Hz] 12극의 3상 유도 전동기가 정격 전압으로 정격 출력 10[HP] 를 발생하며 회전하고 있다. 이 때의 회전수는 약 몇 [rpm] 인가 ? (단, 회전자 동손은 350[W], 회전자 입력은 출력과 회전자 동손과의 합이다.)

① 468 ② 478 ③ 485 ④ 500

◆ 풀이 $N = (1-s)N_s = (1-0.045) \times 500 = 477.5 \ [\text{rpm}]$ **답** ②

$$N_s = \frac{120}{P} f = \frac{120}{12} \times 50 = 500 \ [\text{rpm}]$$

$$s = \frac{P_{c2}}{P_2} = \frac{P_{c2}}{P_0 + P_{c2}} = \frac{350}{(746 \times 10) + 350} = 0.045$$

06 철극형(凸 극형) 발전기의 특징은 ?

① 형이 커진다.
② 회전이 빨라진다.
③ 소음이 많다.
④ 전기자 반작용 자속수가 역률의 영향을 받는다.

답 ④

07 다이오드를 사용한 단상전파정류회로에서 100[A] 의 직류를 얻으려고 한다. 이 때 정류기의 교류측 전류는 약 몇 [A] 인가 ?

① 111 ② 167 ③ 222 ④ 278

◆ 풀이 전파일 때 **답** ①

$I_d = 0.9I$ 에서 $I = \dfrac{I_d}{0.9} = \dfrac{100}{0.9} = 111$ [V]

08 유도전동기의 기동방식 중 권선형에만 사용할 수 있는 방식은 ?

① 리액터기동 ② Y-△ 기동
③ 2차 저항기동 ④ 기동보상기에 의한 기동

◆ 풀이 권선형 유도전동기의 기동법 **답** ③

1) 2차 저항기동
2) 게르게스법

09 직류분권 전동기가 있다. 여기에 전원전압 120[V]를 가했을 때 전기자 전류 35[A]가 흐르고 회전수는 1300[rpm] 이었다. 이 때 계자전류 및 부하전류를 일정하게 유지하고 전원 전압을 150[V]로 올리면 회전수[rpm] 는 약 얼마인가 ? (단, 전기자 저항은 0.4[Ω] 이다.)

① 1543 ② 1668 ③ 1625 ④ 2031

◆ 풀이 $E = V - I_a R_a = 120 - (35 \times 0.4) = 106$ [V] **답** ②

$\rightarrow N = 1300$ [rpm]

$E' = V' I_a R_a = 150 - (35 \times 0.4) = 136$ [V]

$\rightarrow N' = ?$

106 : 1300 136 : N'

$N' = \dfrac{136}{106} \times 1300 = 1668$ [rpm]

10 직류기의 양호한 정류를 얻는 조건이 아닌 것은?

① 정류 주기를 크게 할 것
② 정류 코일의 인덕턴스를 작게 할 것
③ 리액턴스 전압을 작게 할 것
④ 브러시 접촉 저항을 작게 할 것

◆ 풀이 양호한 정류를 얻기 위한 방지책 답 ④

1) 보극, 탄소 brush 설치
2) 리액턴스 전압을 낮게(인덕턴스 작게)
3) 정류주기를 길게 한다.
4) 회전속도를 작게 한다.
5) 단절권 사용

11 동기발전기의 전기자 권선을 단절권으로 하는 가장 좋은 이유는 ?

① 기전력을 높이는데 있다.
② 절연이 잘 된다.
③ 효율이 좋아진다.
④ 고조파를 제거해서 기전력의 파형을 좋게 한다.

◆ 풀이 단절권 답 ④

1) 동량이 감소(권선이 절약)
2) 고조파를 제거하여 기전력의 파형 개선

12 유도 전동기에서 SCR 을 사용하여 속도를 제어하는 경우 변화시키는 것은 ?

① 주파수 ② 극수 ③ 위상각 ④ 전압의 최대치

답 ③

13 변압기의 효율이 가장 좋을 때의 조건은 ?

① 철손 = 동손 ② 철손 = $\frac{1}{2}$ 동손

③ $\frac{1}{2}$ 철손 = 동손 ④ 철손 = $\frac{2}{3}$ 동손

답 ①

14 25[kW], 125[V], 1200[rpm] 의 직류 타여자 발전기의 전기자 저항(브러시 저항 포함)은 0.4[Ω] 이다. 이 발전기를 정격상태에서 운전하고 있을 때 속도를 200[rpm] 으로 저하시켰다면 발전기의 유기 기전력[V] 은 어떻게 변화하겠는가 ? (단, 정상 상태에서의 유기 기전력은 E 라 한다.)

① $\frac{1}{2}E$ ② $\frac{1}{4}E$ ③ $\frac{1}{6}E$ ④ $\frac{1}{8}E$

◆ 풀이 1200[rpm] → 200[rpm] 이므로 속도 $\frac{1}{6}$ 배, 답 ③

기전력 $\frac{1}{6}$ 배, 부하전류 $\frac{1}{6}$ 배이다.

15 중권으로 감긴 직류 전동기의 극수 2, 매극의 자속수 0.09[Wb], 전도체수 80, 부하전류 12[A] 일 때 발생하는 토크[kg · m] 는 약 얼마인가 ?

① 1.4 ② 2.8 ③ 3.8 ④ 4.5

◆ 풀이 중권일 때 답 ①

$$T = \frac{PZ}{2\pi a}\phi I_a\ [\text{N}\cdot\text{m}] \times \frac{1}{9.8}\ [\text{kg}\cdot\text{m}] = \frac{80}{2\pi} \times 0.09 \times 12 \times \frac{1}{9.8} = 1.4\ [\text{kg}\cdot\text{m}]$$

16 전부하에서 동손 100[W], 철손 50[W] 인 변압기가 최대 효율 [%]을 나타내는 부하는 ?

① 50 ② 67 ③ 70 ④ 86

◆ 풀이 $\frac{1}{m} = \sqrt{\frac{P_i}{P_c}} = \sqrt{\frac{50}{100}} = \sqrt{\frac{1}{2}} \times 100 = 70\ [\%]$ 답 ③

17 임피던스 강하가 5[%]인 변압기가 운전 중 단락 되었을 때 단락전류는 정격 전류의 몇 배인가 ?

① 10 ② 15 ③ 20 ④ 25

◆ 풀이 $I_s = \frac{100}{\%Z} I_n = \frac{100}{5} I_n = 20 I_n$

답 ③

18 3상 직권정류자전동기의 구조를 설명한 것 중 틀린 것은 ?

① 고정자에는 P 극이 될 수 있는 3상 분포권선이 감겨 있다.
② 회전자는 직류기의 전기자와 거의 같다.
③ 정류자 위에 브러시가 정기각 $2\pi / 3$ 의 간격으로 배치되어 있다.
④ 중간변압기를 설치할 때에는 고장자 권선과 병렬로 설치한다.

답 ④

19 4극 60[Hz] 의 3상 동기발전기가 있다. 회전자의 주변 속도를 200[m/s] 이하로 하려면 회전자의 최대 직경을 약 몇 [m] 로 하여야 하는가 ?

① 1.5 ② 1.8 ③ 2.1 ④ 2.8

◆ 풀이 회전자 주변속도 $v = \pi D \frac{N_s}{60}$ [m/s]에서

$$D = \frac{60v}{\pi N_s} = \frac{60 \times 200}{3.14 \times 1800} = 2.1\ [\text{m}]$$

답 ③

20 3상 유도전동기의 원선도를 그리는데 필요하지 않는 것은 ?

① 구속 시험 ② 무부하 시험 ③ 슬립 측정 ④ 저항 측정

◆ 풀이 원선도 작성시 필요한 시험
1) 구너선의 저항 측정 시험
2) 무부하 시험(개방 시험)
3) 단락 시험

답 ③

27회 실전응용문제

01 직류 분권 발전기가 있다. 극당 자속 0.01[Wb], 도체수 400, 회전수 600[rpm] 인 6극 직류기의 유기기전력은 몇 [V] 인가 ? (단, 병렬 회로수는 2 이다.)

① 100 ② 120 ③ 140 ④ 160

◆ 풀이 $E = \frac{PZ\phi N}{60a} = \frac{6 \times 400 \times 0.01 \times 600}{60 \times 2} = 120[\text{V}]$ 답 ②

02 직류 분권 전동기 운전 중 계자 권선의 저항이 증가할 때 회전속도는 ?

① 일정하다. ② 감소한다. ③ 증가한다. ④ 관계없다.

◆ 풀이 전동기 자속 ϕ(=계자 전류) 감소 → 속도 N 증가 → 토오크 T 감소 답 ③

$R_f \uparrow, I_f \downarrow (=\phi \downarrow), N \uparrow$

03 직류분권 전동기가 있다. 단자전압이 215[V], 전기자 전류가 50[A], 전기자 저항이 0.1[Ω], 회전수가 1500[rpm] 일 때의 발생 회전력은 약 몇 [N · m] 인가 ?

① 66.8 ② 72.7 ③ 81.6 ④ 91.2

◆ 풀이 $T = \frac{60 I_a \{V - I_a R_a\}}{2\pi N}$ [N · m] 답 ③

$$= \frac{60 \times 50 \times \{215 - (50 \times 0.1)\}}{2\pi \times 1500} = 66.8$$

04 정격 전압 6000[V], 용량 5000[kVA] 의 Y 결선 3상 동기발전기가 있다. 여자전류 200[A] 에서의 무부하 단자전압 6000[V], 단락전류 600[A] 일 때, 이 발전기의 단락비는 약 얼마인가 ?

① 0.25　② 1　③ 1.25　④ 1.5

◆ 풀이 $\frac{1}{k_s} = \frac{I_n}{I_s}$ 에서　답 ③

$$\frac{I_n}{I_s} = \frac{\frac{P_n}{\sqrt{3}\,V}}{I_s} = \frac{\frac{5000\times 10^3}{\sqrt{3}\times 6000}}{600} = 0.8$$

$$\frac{1}{k_s} = 0.8\,,\quad k_s = 1.25$$

05 동기발전기의 돌발 단락 전류를 주로 제한하는 것은 ?

① 동기 리액턴스　② 누설 리액턴스　③ 권선저항　④ 동기 임피던스

◆ 풀이 x_s : 동기리액턴스 – 지속단락전류제한($I_s = \frac{E}{x_s}$ [A])　답 ②

x_ℓ : 누설리액턴스 – 순간(돌발)단락전류 제한

06 다음 중 전기기계에 있어서 히스테리시스손을 감소시키기 위하여 어떻게 하는 것이 가장 좋은가 ?

① 성층 철심 사용　② 규소 강판 사용　③ 보극 설치　④ 보상 권선 설치

◆ 풀이 철손(P_i) ┌ $P_h \downarrow$: 규소 강판 사용　답 ②
└ $P_e \downarrow$: 성층 철심

07 다이오드를 사용한 정류회로에서 여러 개를 병렬로 연결하여 사용할 경우 얻는 효과는 ?

① 다이오드를 과전압으로부터 보호
② 다이오드를 과전류로부터 보호
③ 부하 출력의 맥동률 감소
④ 전력공급의 증대

◆ 풀이 다이오드 연결 답 ②
- 다이오드의 직렬 연결 : 과전압으로부터 보호
- 다이오드의 병렬 연결 : 과전류로부터 보호

08 주파수 60[Hz], 슬립 3[%], 회전수 1164[rpm] 인 유도전동기의 극수는 ?

① 4 ② 6 ③ 8 ④ 10

◆ 풀이 $N_s = \frac{120}{P} f$ [rpm]에서 답 ②

$P = \frac{120}{N_s} f = \frac{120}{1200} \times 60 = 6$ [극]

$N = (1-s)N_s$,

$N_s = \frac{N}{1-s} = \frac{1164}{1-0.03} = 1200$ [rpm]

09 무부하 전동기는 역률이 낮지만 부하가 증가하면 역률이 커지는 이유는 ?

① 전류 증가 ② 효율 증가 ③ 전압 감소 ④ 2차 저항 증가

답 ①

10 어떤 정류기의 부하 양단 평균전압이 2000[V] 이고 맥동율은 2[%]라고 한다. 이 경우 교류분은 몇 [V]가 포함되어 있는가 ?

① 20 ② 30 ③ 40 ④ 60

◆ 풀이 교류전압 = 정류회로 부하전압 × 맥동률= $2000 \times 0.02 = 40$ [V] 답 ③

11 다음 중 직류전동기의 속도제어 방법에서 광범위한 속도 제어가 가능하며, 운전효율이 가장 좋은 방법은 ?

① 계자제어 ② 직렬 저항제어 ③ 병렬 저항제어 ④ 전압제어

◆ 풀이 속도제어법 $n = k\dfrac{V - I_a R_a}{\phi}$ 답 ④

① 저항 제어법 – 효율 불량
② 계자 제어법 – 정출력 제어
③ 전압 제어법 – 가장 광범위한 속도 제어
㉠ 워어드레오너드 방식 – 소형 부하
㉡ 일그너 방식 – 부하변동이 심한 곳의 속도제어
플라이 휠 효과 이용
제강, 제철, 압연 등에 사용

12 병렬운전 중의 A, B 두 동기발전기 중 A 발전기의 여자를 B보다 강하게 하면 A 발전기는?

① 부하 전류가 증가한다. ② 90° 지상 전류가 흐른다.
③ 동기화 전류가 흐른다. ④ 90° 진상 전류가 흐른다.

답 ②

13 직류전동기 중 부하가 변하면 속도가 심하게 변하는 전동기는 ?

① 직류 분권 전동기 ② 직류 직권 전동기
③ 차동 복권 전동기 ④ 가동 복권 전동기

◆ 풀이 속도 변동률 大 → 小 답 ②

직 → 가 → 분 → 차

14 다음 중 변압기의 무부하손에 해당되지 않는 것은 ?

① 히스테리시스손　② 와류손　③ 유전체손　④ 표유부하손

◆ 풀이 손실 　답 ④

• 무부하손 (고정손)
  - 철손
    - P_h
    - P_e
  - 기계손

• 부하손 (가변손)
  - 동손 $P_c = I^2 R$
  - 표유부하손

15 3상 유도 전동기의 2차 저항을 m배로 하면 m배로 되는 것은 ?

① 역율　② 전류　③ 슬립　④ 토크

답 ③

16 변압기유로 쓰이는 절연유에 요구되는 특성이 아닌 것은 ?

① 점도가 클 것　② 인화점이 높을 것
③ 응고점이 낮을 것　④ 절연 내력이 클 것

◆ 풀이 변압기의 구비조건 　답 ①

① 절연내력이 클 것
② 점도가 낮고, 냉각효과가 클 것
③ 인화점은 높고, 응고점은 낮을 것
④ 고온에서 산화하지 않고 석출물이 생기지 않을 것

17 권선형 유도전동기의 기동법은 ?

① 기동보상기법　② 2차 저항에 의한 기동법
③ 전전압기동법　④ Y-△ 기동법

◆ 풀이 기동법 - 농형 : 　답 ②

① 전전압 기동 : 5[kW] 이하

② Y - △ 기동 : 5 ~ 15[kW] 미만

③ 기동보상기법 : 15[kW] 이상

권선형 : 2차 저항법

18 정격 1차 전압이 6600[V], 2차 전압이 220[V], 주파수가 60[Hz] 인 단상변압기가 있다. 이 변압기를 이용하여 정격 220[V], 10[A] 인 부하에 전력을 공급할 때 변압기의 1차측 입력은 몇 [kW] 인가 ? (단, 부하의 역률은 1로 한다.)

① 2.2　② 3.3　③ 4.3　④ 6.5

◆ 풀이　1차 입력　답 ①

$P = VI\cos\theta = 6600 \times 0.33 \times 10^{-3} = 2.2$ [kW]

부하에 10[A] 이므로 2차 전류 I_2

1차 전류 $I_1 = \dfrac{I_2}{a} = \dfrac{10}{30} = 0.33$ [A]

↳ $\dfrac{6600}{220} = 30$

19 다음 중 인버터(inverter) 의 설명을 바르게 나타낸 것은 ?

① 직류 → 교류로 변환　② 교류 → 교류로 변환

③ 직류 → 직류로 변환　④ 교류 → 직류로 변환

◆ 풀이　인버터 : 직류 → 교류　답 ①

컨버터 : 교류 → 직류

20 동기발전기가 60[Hz], 20극이며 회전자 외경이 3[m] 인 경우 자극면의 주변속도는 약 몇 [m/s] 인가?

① 44.4[m/s]　② 56.5[m/s]　③ 68.5[m/s]　④ 70.5[m/s]

◆ 풀이　회전자 주변속도　답 ②

$v = \pi D \dfrac{N_s}{60} = 3.14 \times 3 \times \dfrac{360}{60} = 56.52$ [m/s]

$N_s = \dfrac{120}{P} f = \dfrac{120}{20} \times 60 = 360$ [rpm]

28회 실전응용문제

01 비례추이와 가장 관계있는 전동기는 ?

① 직권 전동기 ② 3상 권선형 유도전동기
③ 3상 동기 전동기 ④ 복권 전동기

◆ 풀이 • 비례추이는 3상 천선형 유도 전동기에 적용된다. 답 ②

02 3상 동기전동기에 있어서 제동권선의 역할은 ?

① 효율 향상 ② 역률 개선 ③ 난조 방지 ④ 출력 증가

◆ 풀이 • 제동권선: 난조 방지 답 ③

03 15[kW] 의 3상 유도전동기의 기계손이 350[W], 전부하시의 슬립이 3[%]라고 할 때 전부하시의 2차 동손[W]은 약 얼마인가 ?

① 475 ② 460.5 ③ 453 ④ 439.5

◆ 풀이 • 유도기의 2차동손 답 ①

$P_0 = 15[\text{kW}],\ P_m = 350[\text{W}],\ S = 3[\%],\ P_{2c} = ?$

$$P_0 = (1-S)P_2 = \left(\frac{1-S}{S}\right)P_{2c}$$

$$p_{2c} = \left(\frac{S}{1-S}\right) \cdot (P_0 + P_m) = \left(\frac{0.03}{1-0.03}\right) \times (15000 + 350) = 474.74 \fallingdotseq 475[\text{W}]$$

04 교류에서 직류로 변환하는 기기가 아닌 것은 ?

① 회전 변류기 ② 인버터 ③ 전동 직류발전기 ④ 셀렌 정류기

◆ 풀이 • 교류 ⇒ 직류 ① 회전 변류기
② 전동 직류 발전기
③ 셀렌 정류기
∗ 인버터 : 직류 ➡ 교류

답 ②

05 3상 유도전동기의 원선도 작성시 필요치 않은 시험은 ?

① 저항 측정 ② 무부하 시험 ③ 구속 시험 ④ 슬립 측정

◆ 풀이 • 원선도 작성시 필요한 시험 ① 권선의 저항 측정 시험
② 무부하 시험
③ 구속 시험

답 ④

06 동기전동기의 제동권선은 다음 중 어떤 것과 같은가 ?

① 유도기의 농형 회전자 ② 유도기의 권선형 회전자
③ 동기기의 원통형 회전자 ④ 동기기의 유도자형 회전자

◆ 풀이 • 동기 전동기의 제동권선은 유도기의 농형 회전자와 같다.

답 ①

07 병렬운전을 하고 있는 두 대의 3상 동기발전기 사이에 무효순환전류가 흐르는 것은 두 발전기의 기전력이 어떠할 때인가 ?

① 기전력의 위상이 다를 때 ② 기전력의 파형이 다를 때
③ 기전력의 주파수가 다를 때 ④ 기전력의 크기가 다를 때

◆ 풀이 • 동기발전기의 병렬운전 조건
① 기전력의 크기가 같을 것≠무효 순환 전류 발생
② 기전력의 위상이 같은 것≠유효 순환 전류 발생
③ 기전력의 주파수가 같을 것≠난조발생 ➡ 제동권선 설치
④ 기전력의 파형이 같을 것
⑤ 상회전 방향 일치할 것

답 ④

08 직류 분권 전동기가 있다. 단자전압 215[V], 전기자 전류 50[A], 1500[rpm]으로 운전되고 있을 때 발생 토크는 약 몇 [N · m]인가 ? (단, 전기자 저항은 0.1[Ω] 이다.)

① 6.8 ② 33.2 ③ 46.8 ④ 66.9

◆ 풀이 • 토크

답 ④

$V = 215[V],\ I_a = 50[A],$

$N = 1500[rpm],\ R_a = 0.1[\Omega],\ T[N \cdot m] = ?$

$$T = \frac{60P}{2\pi N} = \frac{60E \cdot I_a}{2\pi N} = \frac{60(V - I_a R_a) \cdot I_a}{2\pi N}$$

$$= \frac{60(215 - 50 \times 0.1) \cdot 50}{2\pi \times 1500} = 66.84$$

$$\fallingdotseq 66.9[N \cdot m]$$

09 정류자형 주파수변환기의 설명 중 틀린 것은 ?

① 유도전동기를 2차여자법으로 속도제어하는데 사용하지만 유도기의 역률을 개선할 수는 없다.
② 회전자는 3상회전 변류기의 전기자와 거의 같은 구조이며 정류자와 3개의 슬립링이 있다.
③ 소용량이고 가장 간단한 것은 회전자만으로 고정자는 없다.
④ 외부에서 회전력을 공급하는데 회전방향과 속도에 따라 다양한 주파수를 얻을 수 있는 전기기계이다.

답 ①

10 계기용 변압기의 변압비 오차[%]는 ? (단, K_{np}는 공칭 변압비, K_p는 측정한 참값의 변압비이다.)

① $\frac{K_p - K_{np}}{K_{np}} \times 100$ ② $\frac{K_{np} - K_p}{K_{np}} \times 100$

③ $\frac{K_p - K_{np}}{K_p} \times 100$ ④ $\frac{K_{np} - K_p}{K_p} \times 100$

답 ①

11 5[kVA], 조정 전압 220[V]인 3상 유도 전압 조정기의 2차 정격 전류[A]는 약 얼마인가 ?

① 25.25 ② 21.04 ③ 16.12 ④ 13.12

◆ 풀이 • 3상유도 전압 조정기 답 ④

$P=5[\text{kVA}]$, $E_2=220[\text{V}]$, $I_2=?$

$P=\sqrt{3}\,E_2 I_2$,

$$I_2=\frac{P}{\sqrt{3}\,E_2}=\frac{5\times 10^3}{\sqrt{3}\times 220}=13.12[\text{A}]$$

12 유도전동기의 역상제동의 상태를 크레인이나, 권상기의 강하시에 이용하고, 속도제한의 목적에 사용되는 경우의 제동방법은 ?

① 발전제동 ② 유도제동 ③ 회생제동 ④ 단상제동

◆ 풀이 • 유도 제동: 속도 제한의 목적에 사용되는 제동 방식 답 ②

13 3상 직권 정류자 전동기의 중간 변압기의 사용 목적이 아닌 것은 ?

① 실효 권수비의 조정
② 정류 전압의 조정
③ 경부하 때 속도의 이상 상승 방지
④ 직권 특성을 얻기 위하여

◆ 풀이 • 중간 변압기의 사용 목적 답 ④

① 실효 권수비의 조정
② 정류자 전압의 조정
③ 경부하때 속도의 이상 상승방지
④ 회전자 상수의 증가

14 3상 유도 전동기에서 2차측 저항을 2배로 하면 그 최대 토크는 몇 배가 되는가 ?

① 2배 ② 1/2배 ③ $\sqrt{2}$ 배 ④ 변하지 않는다.

◆ 풀이 • 3상유도 전동기에서 2차측 저항을 2배로 하더라도 최대 토크는 변하지 않는다.

답 ④

15 직류 전동기의 회전수는 자속이 감소하면 어떻게 되는가 ?

① 불변이다. ② 정지한다. ③ 저하한다. ④ 상승한다.

◆ 풀이 • 직류 전동기의 회전수

$$N=k\frac{E}{\phi}$$

$N \alpha \frac{1}{\phi}$ ⇒자속이 감소하면 회전수는 상승한다.

답 ④

16 6극 파권의 전기자가 도체 250개로 되어 있다. 매분 1200 회전 한다고 하면 유도 기전력을 600[V]로 하는데 필요한 자속은 몇 [Wb] 인가 ?

① 0.04 ② 0.16 ③ 0.25 ④ 0.31

◆ 풀이 • 직류기의 유도 가전력

$P=6$, 파권$a=2$, $Z=250$, $N=1200$[rpm],

$E=600$[V], ϕ[wb]$=$?

$$E=\frac{P}{a}Z\phi\frac{N}{60}$$

$$\therefore \phi=\frac{E \cdot a \cdot 60}{PZN}=\frac{600\times2\times60}{6\times250\times1200}=0.04[\text{wb}]$$

답 ①

17 변압기의 기름으로서 갖추어야 할 조건이 아닌 것은 ?

① 절연저항 및 절연내력이 적을 것
② 인화점이 높고 응고점이 낮을 것
③ 비열이 커서 냉각 효과가 클 것
④ 고온도에서도 석출물이 생기거나 산화하지 않을 것

◆ 풀이 • 변압기유의 구비조건
① 절연 내력이 클 것
② 점도(점성)가 낮을 것

답 ①

18 동기 주파수 변환기의 주파수 f_1 및 f_2 계통에 접속되는 양 극을 P_1, P_2라 하면 다음 어떤 관계가 성립되는가 ?

① $\frac{f_1}{f_2} = \frac{P_1}{P_2}$ ② $\frac{f_1}{f_2} = P_2$ ③ $\frac{f_1}{f_2} = \frac{P_2}{P_1}$ ④ $\frac{f_2}{f_1} = P_1 \cdot P_2$

◆ 풀이 • 동기속도 $N_s = \frac{120f}{P}$, $f \alpha P$, $\frac{f_1}{f_2} = \frac{P_1}{P_2}$

답 ①

19 변압기에서 부하에 관계없이 자속만을 만드는 전류는 ?

① 철손전류 ② 자화전류 ③ 여자전류 ④ 교차전류

◆ 풀이 • 자화전류: 자속을 만드는 전류

답 ②

20 변압기의 임피던스 전압이란 ?

① 단락 전류에 의한 변압기 내부 전압 강하
② 정격 전류시 2차측 단자전압
③ 무부하 전류에 의한 2차측 단자전압
④ 정격 전류에 의한 변압기 내부 전압 강하

◆ 풀이 • 변압기의 임피던스 전압: 정격전류에 의한 변압기 내부 전압 강하

답 ④

29회 실전응용문제

01 다음 전동력 응용기기에서 GD2의 값이 적은 것이 바람직한 장치는 ?

① 압연기 ② 엘리베이터 ③ 송풍기 ④ 냉동기

◆ 풀이 • GD2(플라이휠 효과) 답 ②
회전체의 속도변동을 줄이기 위한 회전에너지를 축적하는 원판

02 부하전류가 50 [A]일 때, 단자전압이 100 [V]인 직류 직권 발전기의 부하 전류가 70 [A]로 되면 단자전압은 몇 [V]가 되겠는가 ? (단, 전기자 저항 및 직권계자 권선의 저항은 각각 0.1 [Ω]이고, 전기자 반작용과 브러시의 접촉 저항 및 자기포화는 모두 무시한다)

① 110 ② 114 ③ 140 ④ 154

◆ 풀이 • $I = 50$ [A], $V = 100$ [V] 답 ③

$I' = 70$ [A], $V' = ?$

$I_0 = \dfrac{70}{50} = 1.4$ [배] $\quad I = \dfrac{P}{V} \quad I \propto P$ 비례

$V' = 100 \times 1.4 = 140$ [V]

03 단상 유도전압조정기와 3상 유도전압조정기의 비교 설명으로 옳지 않은 것은 ?

① 모두 회전자와 고정자가 있으며 한편에 1차 권선을 다른 편에 2차 권선을 둔다
② 모두 입력전압과 이에 대응한 출력 전압 사이에 위상차가 있다
③ 단상유도전압조정기는 단락 권선이 필요하나 3상에는 필요 없다
④ 모두 회전자의 회전각에 따라 조정된다.

◆ 풀이 • 유도 전압 조정기 답 ②

- 단상 : 위상차가 없다.
- 3상 : 위상차가 있다.

04 PWM 인버터에서 나타나는 고조파의 영향이 아닌 것은 ?

① 손실 ② 기계적인 마찰과 관성
③ 소음과 진동 ④ 토크맥동

답 ②

05 직류 분권 발전기에서 무부하포화곡선이 $940 I_f = (33 + I_f)$ [V]인 식으로 주어졌을 때 계자 권선의 저항이 10 [Ω]이다. 이때의 정상(頂上) 전압 [V]은 얼마인가 ?

① 280 ② 310 ③ 610 ④ 720

◆ 풀이 • $V = 940 - (33 \times 10) = 610$ [V]

정답 ③

06 변압기의 원리는 ?

① 전자유도 작용을 이용 ② 정전유도 작용을 이용
③ 자기유도 작용을 이용 ④ 플레밍의 오른손 법칙을 이용

답 ①

07 정격전압 100 [V], 전기자 전류 50 [A]일 때 1500 [rpm]인 직류 분권 전동기의 무부하 속도는 약 몇 [rpm]인가 ? (단, 전기자 저항은 0.1 [Ω]이고 전기자 반작용은 무시한다)

① 1382 ② 1421 ③ 1579 ④ 1623

◆ 풀이 • $V = 100$ [V], $I_a = 50$ [A], $N = 1500$ [rpm],

$R_a = 0.1$ [Ω], $N_0 = ?$

$E = V - I_a R_a = 100 - 50 \times 0.1 = 95 = k\phi \cdot 1500$

$V_0 = E = 100 = k\phi \cdot N_0$

따라서 $95 = k\phi 1500$

$100 = k\phi N_0$, $N_0 = \dfrac{100}{95} \times 1500 \fallingdotseq 1579$ [rpm]

답 ③

08 변압기의 철손을 알 수 있는 시험은 ?

① 부하 시험 ② 무부하 시험 ③ 단락 시험 ④ 유도 시험

◆ 풀이 • 무부하 시험(개방 시험) : 철손, 여자전류, 여자 어드미턴스

답 ②

09 다음 중 유도전동기의 속도 제어법이 아닌 것은 ?

① 2차 저항법 ② 2차 여자법 ③ 1차 저항법 ④ 주파수 제어법

답 ③

10 다음 중 동기 전동기의 난조 방지에 가장 유효한 방법은 ?

① 자극수를 적게 한다.
② 회전자의 관성을 크게 한다.
③ 자극면에 제동권선을 설치한다.
④ 동기리액턴스 x_x를 작게 하고 동기화력을 크게 한다.

◆ 풀이 제동권선 : 난조 방지

답 ③

11 변압기의 개방시험으로 측정할 수 없는 것은 ?

① 무부하전류 ② 철손 ③ 여자 어드미턴스 ④ 임피던스 전압

◆ 풀이 • 무부하 시험(개방시험) : 철손, 여자전류(무부하전류), 여자 어드미턴스

답 ④

12 전기자 저항이 0.4 [Ω]이며, 단자전압이 200 [V], 부하전류가 46 [A], 계자 전류가 4 [A]인 직류 분권발전기의 유기기전력은 몇 [V]인가 ?

① 180 ② 220 ③ 225 ④ 240

◆ 풀이 • $R_a = 0.4$ [Ω], $V = 200$ [V], $I = 46$ [A], $I_f = 4$ [A], $E = ?$ 답 ②

$I_a = I + I_f = 46 + 4 = 50$[A]

$E = V + I_a R_a = 200 + 50 \times 0.4 = 220$[V]

13 전압 변동률이 작은 동기발전기는 ?

① 전기자 반작용이 크다. ② 동기 리액턴스가 크다.
③ 단락비가 크다. ④ 값이 싸다.

◆ 풀이 • 단락비가 큰 기계(철기계)의 특징 답 ③

① 안정도가 높다.
② 전압 변동률이 작다.
③ 충전 용량이 커진다.
④ 효율이 나쁘다.
⑤ 동기 임피던스가 작다.

14 전압 정류의 역할을 하는 것은 ?

① 보극 ② 탄소 ③ 보상권선 ④ 리액턴스 코일

◆ 풀이 • 양호한 정류를 얻는 방법 답 ①

① 보극 : 전압 정류
② 탄소브러시 : 저항 정류

15 3상 권선형 유도전동기의 속도 제어를 위해서 2차 여자법을 사용하고자 할 때 그 방법은 ?

① 1차 권선에 가해주는 전압과 동일한 전압을 회전자에 가한다.
② 직류 전압을 3상 일괄해서 회전자에 가한다.
③ 회전자 기전력과 같은 주파수의 전압을 회전자에 가한다.
④ 회전자에 저항을 넣어 그 값을 변화시킨다.

답 ③

16 리액터 기동방식에 리액터 대신에 저항기를 사용한 것으로서 전동기의 전원측에 직렬로 저항을 접속하고, 전원 전압을 낮게 감압하여 기동한 후 서서히 저항을 감소시켜 가속하고, 전 속도에 도달하면 이를 단락하는 방법에 해당되는 것은 ?

① 직입 기동방식
② Y-△ 기동
③ 1차 저항 기동방식
④ 기동보상기에 의한 기동

답 ③

17 동기발전기의 병렬운전에 필요한 조건이 아닌 것은 ?

① 기전력의 주파수가 같을 것
② 기전력의 위상이 같을 것
③ 임피던스 및 상회전 방향과 각 변위가 같을 것
④ 기전력의 크기가 같을 것

◆ 풀이 • 동기발전기의 병렬운전 조건 ≠ 용량 · 출력

답 ③

① 기전력의 크기가 같을 것
② 기전력의 위상이 같을 것
③ 기전력의 주파수가 같을 것
④ 기전력의 파형이 같을 것
⑤ 상회전 방향이 일치할 것

18 동기기의 안정도 증진법은 다음 중 어느 것인가 ?

① 동기화 리액턴스를 작게 할 것
② 회전자의 플라이휠 효과를 작게 할 것
③ 역상, 영상 임피던스를 작게 할 것
④ 단락비를 작게 할 것

답 ①

19 변압기에서 생기는 와류손은 철심 두께와 어떤 관계가 있는가 ?

① 철심 두께의 $\frac{1}{2}$승에 비례　② 철심 두께에 비례
③ 철심 두께의 2승에 비례　④ 철심 두께의 3승에 비례

◆ 풀이　• $P_e \propto t^2$ (t : 철심의 두께)　답 ③

20 3상 유도전동기에서 비례추이를 하지 않는 것은 ?

① 효율　② 역률　③ 1차 전류　④ 동기 와트

◆ 풀이　• 비례추이할 수 없는 것 : 출력, 효율, 2차 동손　답 ①

30회 실전응용문제

01 불평형 전압 상태에서 3상 유도전동기를 운전하면 토크와 입력은 어떻게 되는가 ?

① 토크가 감소하고 입력도 감소한다.
② 토크는 감소하고 입력은 증가한다.
③ 토크는 증가하고 입력은 감소한다.
④ 토크가 증가하고 입력도 증가한다.

답 ②

02 운전 코일과 기동 코일로 구성된 단상 유도 전동기의 내부에 설치되어 있으며 일정한 속도에 도달하면 기동권선을 전원으로부터 분리하는 기능을 가지고 있는 스위치는 ?

① 리미트 스위치　　② 원심력 스위치
③ 캄 스위치　　④ 셀렉트 스위치

답 ②

03 직류전동기의 공급전압을 V[V], 자속을 ϕ[Wb], 전기자 전류를 I_a[A], 전기자저항을 R_a[Ω], 속도를 N[rpm]이라 할 때 속도의 관계식은 어떻게 되는가 ? (단, k는 상수이다)

① $N = k\dfrac{V + R_a I_a}{\phi}$　　② $N = k\dfrac{V - R_a I_a}{\phi}$

③ $N = k\dfrac{\phi}{V + R_a I_a}$　　④ $N = k\dfrac{\phi}{V - R_a I_a}$

◆ 풀이　• 속도 $N = k\dfrac{E}{\phi} = k\dfrac{V - I_a R_a}{\phi}$

답 ②

04 2대의 단권 변압기를 사용해서 V 결선하면 2대의 자기 용량은 ?

① $\frac{3상부하용량}{\sqrt{3}} \times \frac{승압전압}{고압측전압}$
② $2 \times \frac{3상\ 부하용량}{\sqrt{3}} \times \frac{승압전압}{고압측전압}$
③ $3 \times \frac{3상\ 부하용량}{\sqrt{3}} \times \frac{승압전압}{고압측전압}$
④ $2 \times \frac{3상\ 부하용량}{3} \times \frac{승압전압}{고압측전압}$

◆ 풀이 • 단권 변압기 답 ②

V 결선 : $\frac{자기용량}{부하용량} = \frac{2}{\sqrt{3}} \cdot \frac{V_h - V_\ell}{V_h}$

여기서, $V_h - V_\ell =$ 승압전압

$자기용량 = 2 \times \frac{3상\ 부하용량}{\sqrt{3}} \times \frac{승압전압}{고압측전압}$

05 변압기유(油)의 요구 특성이 아닌 것은 ?

① 인화점이 높을 것
② 응고점이 낮을 것
③ 점도가 클 것
④ 절연내력이 클 것

◆ 풀이 • 절연유의 구비조건 답 ③

① 절연 내력이 클 것
② 점도(점성)가 낮을 것

06 권선형 유도전동기에서 2차 저항을 변화시켜서 속도제어를 할 경우 최대 토크는 ?

① 항상 일정하다.
② 2차 저항에만 비례한다.
③ 최대 토크가 생기는 점의 슬립에 비례한다.
④ 최대 토크가 생기는 점의 슬립에 반비례한다.

◆ 풀이 • 단락방향 계전기 답 ①

어느 일정 방향으로 일정값 이상의 단락 전류가 흘렀을 때 동작
(단락전류의 방향이 이미 정해진 방향일 때 동작)

07 병렬운전을 하고 있는 3상 동기발전기에 동기화 전류가 흐르는 경우는 어느 때인가 ?

① 부하가 증가할 때　　② 여자전류를 변화시킬 때
③ 부하가 감소할 때　　④ 원동기의 출력이 변화할 때

◆ 풀이　• 동기발전기의 병렬운전 조건　　답 ④
– 기전력의 위상이 같을 것 ≠ 유효 순환전류 발생(유효 횡류 = 동기화 전류)
원동기 출력이 변화 ➡ 발전기 입력이 변화
➡ 발전기 출력 변화 ➡ 위상차가 발생 ➡ 동기화전류 발생

08 동기발전기의 단자 부근에서 단락이 일어났다고 할 때 단락전류에 대한 설명으로 옳은 것은 ?

① 서서히 증가한다.　　② 발전기는 즉시 정지한다.
③ 일정한 큰 전류가 흐른다.　　④ 처음은 큰 전류가 흐르나 점차로 감소한다.

답 ④

09 직류기의 손실 중 기계손에 속하는 것은 ?

① 브러시의 전기손　② 와전류손　③ 풍손　④ 전기자권선동손

◆ 풀이　• 기계손 : 풍손, 베어링손, 마찰손　　답 ③

10 다음 중 부하의 변화에 대하여 속도 변동이 가장 큰 직류 전동기는 ?

① 분권전동기　② 차동 복권 전동기　③ 가동 복권 전동기　④ 직권전동기

◆ 풀이　• 속도변동률이 大 → 小　　답 ④
직 → 가 → 분 → 차

11 단상 직권정류자전동기의 기본형이 아닌 것은 ?

① 직권형　② 보상직권형　③ 유도보상직권형　④ 톰슨형

답 ④

12 1000 [kW], 500 [V]의 분권 발전기가 있다. 회전수 240 [rpm]이며 슬롯수 192, 슬롯내부 도체수 6, 자극수가 12일 때 전부하시의 자속수 [Wb]는 약 얼마인가 ? (단, 전기자 저항은 0.006 [Ω]이고, 단중 중권이다)

① 0.001 ② 0.11 ③ 0.185 ④ 1.85

◆ 풀이 • $P=$ 1000 [kW], $V=$ 500 [V], $N=$ 240 [rpm], **답** ②

$S=$ 192 , 도체수= 6 , 극수 = 6[극], $\phi=$?

$$I_a = I + I_f = \frac{P}{V} + 0 = \frac{1000\times10^3}{500} = 2000[\text{A}]$$

$$E = V + I_a R_a = 500 + 2000\times0.006 = 512[\text{V}]$$

$$E = \frac{P}{a}Z\phi\frac{N}{60} \text{ 에서}$$

$$\phi = \frac{E\cdot\ a\cdot\ 60}{PZN} = \frac{512\times60}{12\times(192\times6)\times240} \fallingdotseq 0.11[\text{Wb}] \ (\text{중권 } a=P)$$

13 3상 유도 전동기의 전원주파수를 변화하여 속도를 제어하는 경우 전동기의 출력 P와 주파수 f와의 관계는 ?

① $P\propto f$ ② $P\propto\frac{1}{f}$ ③ $P\propto f^2$ ④ P는 f에 무관

◆ 풀이 • 기계적 출력 $P_0 = T\cdot(1-s)\cdot\frac{4\pi f}{P}$, 따라서 $P_0\propto f$ **답** ①

14 10 [kVA], 2000/100 [A] 변압기에서 1차로 환산한 등가 임피던스는 $6.2+j7$ [Ω]이다. 변압기의 % 리액턴스 강하는 얼마인가 ?

① 0.75 [%] ② 1.75 [%] ③ 3.0 [%] ④ 6.0 [%]

◆ 풀이 • $P=$ 10 [kVA], $V_1=$ 2000 [V], $V_2=$ 100 [V], **답** ②

$Z=6.2+j7$, $\%X=q=$?

$$\%X = q = \frac{I_{1n}\cdot X_{21}}{V_{1n}}\times100 = \frac{5\times7}{2000}\times100 = 1.75[\%]$$

$$I_{1n} = \frac{P}{V_{1n}} = \frac{10\times10^3}{2000} = 5\ [\text{A}]$$

15 단상유도전압조정기 2차 전압이 100 ± 30 [V]이고, 직렬권선의 전류(2차 전류)가 5 [A]인 경우의 정격 출력은 몇 [kVA]인가 ?

① 0.1 [kVA] ② 0.15 [kVA]
③ 0.26 [kVA] ④ 0.45 [kVA]

◆ 풀이 • $E_2 = 30$ [V], $I_2 = 5$ [A], P_2[kVA]$=$? 답 ②

$P_2 = E_2 \cdot I_2 \times 10^{-3} = 30 \times 5 \times 10^{-3} = 0.15$[kVA]

16 4극, 60 [Hz]의 3상 동기발전기가 있다. 회전자의 주변 속도를 240 [m/s]로 하려면 회전자의 지름을 약 몇 [m]로 하여야 하는가 ?

① 0.03 ② 1.91 ③ 2.5 ④ 3.2

◆ 풀이 • $P=$ 4 [극], $f=$ 60 [Hz], $v=$ 200 [m/s], $D=$? 답 ③

$$v = \pi D \frac{N_s}{60}$$

$$D = \frac{60 \cdot v}{\pi \cdot N_s} = \frac{60 \times 240}{\pi \times 1800} = 2.5 \text{ [m]}$$

$$N_s = \frac{120f}{P} = \frac{120 \times 60}{4} = 1800 \text{ [rpm]}$$

17 회전 변류기의 직류측의 전압을 변경하려면 슬립링에 가해지는 교류측 전압을 변화시킨다. 그 방법이 아닌 것은 ?

① 직렬리액턴스에 의한 방법
② 유도전압조정기에 의한 방법
③ 분류저항 삽입에 의한 방법
④ 부하시 전압조정 변압기에 의한 방법

답 ③

18 단상 유도 전압 조정기에 대한 설명 중 옳지 않은 것은 ?

① 전압, 위상의 변화가 없다.
② 회전 자계에 의한 유도 작용을 한다.
③ 교번 자계의 전자 유도 작용을 이용한다.
④ 무단으로 스무드(smooth) 하게 전압이 조정된다.

◆ 풀이 • 유도 전압 조정기 답 ②
① 단상 – 교번자계 원리
② 3상 – 회전자계 원리

19 동기 전동기에서 난조를 일으키는 원인이 아닌 것은 ?

① 회전자의 관성이 작다.
② 원동기의 토크에 고조파 토크를 포함하는 경우이다.
③ 전기자 회로의 저항이 크다.
④ 원동기의 조속기의 감도가 너무 예민하다.

◆ 풀이 • 난조의 원인 답 ①
① 관성 모멘트가 작을 때
② 고조파를 포함하는 경우
③ 전기자 저항이 클 때
④ 원동기 조속기가 너무 예민한 경우

20 3상 반파정류회로에서 직류전압의 파형은 전원 전압의 주파수의 몇 배의 교류분을 포함하는가 ?

① 1 ② 2 ③ 3 ④ 6

◆ 풀이 • $3n$ 고조파 중 기수파를 의미한다. 답 ③
즉, 6고조파는 우수파로서 나타나지 않는다.

31회 실전응용문제

01 3상 유도 전동기의 출력이 10 [kW], 슬립이 5 [%]일 때 2차 동손은 ?

① 0.426 [kW] ② 0.526 [kW]
③ 0.626 [kW] ④ 0.726 [kW]

◆ 풀이 • $P_0 = 10$ [kW], $s = 0.05$, P_2[kW] = ? 답 ②

$$P_{2c} = \left(\frac{s}{1-s}\right) \times P_0 = \left(\frac{0.05}{1-0.05}\right) \times 10 = 0.526\,[\text{kW}]$$

02 다음 중 무부하특성곡선이 존재하지 않는 발전기는 ?

① 직류 직권 발전기 ② 직류 분권 발전기
③ 직류 차동복권 발전기 ④ 직류 가동복권 발전기

◆ 풀이 • 무부하시 전압확립이 되지 않는 발전기 : 직류 직권 발전기 답 ①

03 직류기의 전기자에 사용되는 전기자 권선법은 ?

① 개로권 ② 환상권 ③ 2층권 ④ 단층권

◆ 풀이 • 직류기의 권선법 세 가지 : 고상권, 폐로권, 이층권 답 ③

04 브러시를 이동하여 회전 속도를 제어하는 전동기는 ?

① 반발 전동기 ② 직류직권 전동기
③ 단상직권 전동기 ④ 반발기동형 단상유도 전동기

답 ①

05 다음 중 SCR에 관한 설명으로 옳은 것은 ?

① 증폭기능을 갖는 1방향성 3단자 소자이다.
② 정류기능을 갖는 1방향성 3단자 소자이다.
③ 제어기능을 갖는 양방향성 3단자 소자이다.
④ 스위칭기능을 갖는 양방향성 3단자 소자이다.

◆ 풀이 • SCR : 단방향 3단자 소자

답 ②

06 직류 분권발전기가 있다. 극수 6, 전기자도체 총수 400, 각 자극의 자속은 0.01 [Wb]이고, 그 회전수가 600 [rpm]일 때 전기자에 유기되는 기전력은 몇 [V]인가 ? (단, 전기자 권선은 파권이다)

① 40 [V] ② 120 [V] ③ 160 [V] ④ 240 [V]

◆ 풀이 • $P = 6$ [극], $Z = 400$, $\phi = 0.01$ [Wb],
$N = 600$ [rpm], 파권 $a = 2$, $E = ?$

$$E = \frac{P}{a} Z\phi \frac{N}{60} = \frac{6}{2} \times 400 \times 0.01 \times \frac{600}{60} = 120[\text{V}]$$

답 ②

07 직류기의 전기자 권선법 중 파권의 이점은 ?

① 효율이 크게 좋아진다. ② 전류가 증가된다.
③ 전압이 높아진다. ④ 출력이 증가한다.

◆ 풀이 • 직류기의 권선법
① 중권 : 저전압, 대전류
② 파권 : 고전압, 소전류

답 ③

08 다음 중 직류전동기의 속도제어법이 아닌 것은 ?

① 계자 제어법 ② 전압 제어법 ③ 저항 제어법 ④ 주파수 제어법

◆ 풀이 • 직류기의 속도제어법 답 ④

① 계자 제어법
② 전압 제어법
③ 저항 제어법

09 동기발전기의 외부특성곡선에서 부하전류가 일정한 경우 전압 변동률이 가장 적게 되는 역률은 ? (단, 부하는 유도성 부하이다)

① 0 ② 0.6 ③ 0.8 ④ 1

◆ 풀이 • 전압변동률이 최소일 때 역률 $\cos\theta = 1$ 답 ④

10 동기발전기에 관한 다음 설명 중 옳지 않은 것은 ?

① 단락비가 크면 동기임피던스가 적다.
② 단락비가 크면 공극이 크고 철이 많이 소요된다.
③ 단락비를 적게 하기 위해서 분포권과 단절권을 사용한다.
④ 전압강하가 감소되어 전압변동률이 좋다.

◆ 풀이 • 단락비가 큰 기계(철기계)의 특징 답 ③

① 안정도가 높다.
② 전압 변동률이 작다.
③ 충전용량이 커진다.
④ 효율이 나쁘다.
⑤ 동기 임피던스가 작다.

11 정전압 계통에 접속된 동기발전기는 그 여자를 약하게 하면 ?

① 출력이 감소한다. ② 전압이 강하된다.
③ 뒤진 무효 전류가 증가한다. ④ 앞선 무효 전류가 증가한다.

답 ④

12 단상 변압기 3대를 △-Y로 결선했을 때의 1차, 2차의 전압 위상차는 ?

① 0° ② 30° ③ 60° ④ 90°

답 ②

13 60 [Hz], 4극 정격속도 1720 [rpm]의 권선형 3상 유도 전동기가 있다. 전부하 운전 중에 2차 회로의 저항을 4배로 하면 속도는 약 몇 [rpm]으로 되는가 ?

① 96 2[rpm] ② 1215 [rpm] ③ 1483 [rpm] ④ 1656 [rpm]

답 ③

◆ 풀이 • $f = 60$ [Hz], $P = 4$ [극], $N = 1720$ [rpm],

$r_2 = 4$ [배], $N' = ?$

$N' = (1 - s')N_s = (1 - 0.18) \times 1800 \fallingdotseq 1483$ [rpm]

$$s = \frac{N_s - N}{N_s} = \frac{1800 - 1720}{1800} \fallingdotseq 0.044$$

$$N_s = \frac{120f}{P} = \frac{120 \times 60}{4} = 1800 \text{ [rpm]}$$

$s' = 0.044 \times 4 = 0.18$

14 어떤 주상 변압기가 4/5부하일 때, 최대효율이 된다고 한다. 전부하에 있어서의 철손과 동손의 비 P_c / P_i는 약 얼마인가 ?

① 0.64　② 1.56　③ 1.64　④ 2.56

◆ 풀이 • $\frac{1}{m}$부하시 최대효율

답 ②

$$\frac{1}{m} = \sqrt{\frac{P_i}{P_c}},\quad \frac{P_i}{P_c} = \left(\frac{1}{m}\right)^2 = \left(\frac{4}{5}\right)^2 = 0.64,$$

따라서 $\frac{P_c}{P_i} = \frac{1}{0.64} \fallingdotseq 1.56$

15 3상 권선형 유도 전동기의 회전자에 슬립 주파수의 전압을 공급하여 속도를 변화시키는 방법은 ?

① 교류 여자 제어법　② 1차 저항법
③ 주파수 변환법　④ 2차 여자 제어법

답 ④

16 내철형 3상변압기를 단상변압기로 사용할 수 없는 이유로 가장 옳은 것은 ?

① 1차, 2차간의 각 변위가 있기 때문에
② 각 권선마다의 독립된 자기회로가 있기 때문에
③ 각 권선마다의 독립된 자기회로가 없기 때문에
④ 각 권선이 만든 자속이 $\frac{3\pi}{2}$ 위상차가 있기 때문

답 ③

17 동기발전기를 모선에 연결하기 전에 동기검정기로 모선의 값과 동기발전기의 값들이 일치하는 지를 확인하려고 한다. 동기검정기로 알 수 없는 것은 ?

① 주파수 ② 상회전방향 ③ 전류 ④ 전압의 크기

답 ③

18 수은 정류기의 역호를 방지하기 위하여 운전상 주의할 사항으로 틀린 것은 ?

① 과도한 부하 전류를 피한다.
② 진공도를 항상 양호하게 유지한다.
③ 철제 수은 정류기는 양극 바로 앞에 그리드를 설치한다.
④ 냉각 장치에 유의하고 과열되면 급히 냉각시킨다.

답 ④

19 단상 브리지 정류 회로에서 저항 부하에 인가되는 전압이 200 [V]이면 전원 전압은 약 몇 [V]인가 ? (단, 정류기에서의 전압강하는 무시한다)

① 50 [V] ② 112 [V] ③ 222 [V] ④ 340 [V]

◆ 풀이 • 1ϕ 전파, $E_d = 200$ [V], $E = ?$ 답 ③

$E_d = 0.9E \quad E = \dfrac{200}{0.9} = 222$ [V]

20 운전 중인 유도 전동기의 등가회로에서 기계적 출력을 나타내는 것은 ?

① 2차 회로저항(r_2) ② 부하 저항(r)
③ 2차 임피던스(Z_2) ④ 2차 유기전압(E_2)

◆ 풀이 • 등가저항 = 2차 출력정수 답 ②

$R = r_2\left(\dfrac{1}{s} - 1\right)$ 4[%] $\Rightarrow 24\,r_2$

5[%] $\Rightarrow 19\,r_2$

32회 실전응용문제

01 변압기의 철손과 동선을 같게 설계하면 어떤 부하일 때 최대효율이 되는가 ?

① 전부하시　② 3/2 부하시　③ 2/3 부하시　④ 1/2 부하시

◆ 풀이 • 전부하시 철손(P_i) 과 동손(P_c)이 같을 때 최대효율이 된다.　답 ①

02 인가전압이 일정할 때 변압기의 와류손은 ?

① 주파수에 무관　② 주파수에 비례
③ 주파수에 역비례　④ 주파수의 제곱에 비례

◆ 풀이 • 변압기의 손실 $P_e \propto V^2$, $P_e \propto t^2$, 주파수와 무관　답 ①

03 60[Hz] 의 변압기에 50[Hz] 의 동일 전압을 가했을 때의 자속 밀도는 60[Hz] 때의 몇 배인가 ?

① 6 / 5　② 5 / 6　③ $(5/6)^{1.6}$　④ $(6/5)^2$

◆ 풀이 • 변압기의 손실　답 ①

$B_m \propto \frac{1}{f}$ 주파수가 감소하면 자속밀도는 증가 : $\frac{60}{50} = \frac{6}{5}$ 배 증가

04 다음 중 직권 정류자 전동기의 브러시에 의하여 단락되는 코일내의 변압기 전압(e_t)과 리액턴스 전압(e_r)의 크기가 부하전류 I 의 변화에 따라 어떻게 변화하는가를 설명한 것이다. 옳은 것은 ?

① e_t 는 I가 증가하면 감소한다.

② e_t는 I가 증가하면 증가한다.

③ e_r는 I가 증가하면 감소한다.

④ e_r 는 I가 증가하면 증가한다.

◆ 풀이 • 변압기의 전압(e_t)과 부하전류(I)는 비례

답 ②

05 분로권선 및 직렬권선 1상에 유도되는 기전력을 각각 E_1, E_2[V] 라 하고 회전자를 0°에서 180°까지 변화시킬 때 3상 유도전압조정기의 출력측 선간 전압의 조정 범위는 ?

① $(E_1 \pm E_2)/\sqrt{3}$

② $\sqrt{3}(E_1 \pm E_2)$

③ $(E_1 - E_2)$

④ $3(E_1 + E_2)$

◆ 풀이 • 유도전압 조정기(3ϕ)

조정범위 = $\sqrt{3}(E_1 \pm E_2)$

답 ②

06 다음 중 직류 전동기의 전기제동법이 아닌 것은 ?

① 플러깅(plugging)

② 회생제동

③ 발전제동

④ 직류제동

◆ 풀이 • 직류 전동기의 제동법

① 발전 제동

② 회생 제동

③ 역전(역상)제동 = 플러깅 제동

답 ④

07 유도전동기의 원선도 작성하지 필요치 않은 시험은 ?

① 무부하시험　② 슬립측정　③ 구속시험　④ 저항측정

◆ 풀이 • 원선도 작성시 필요한 시험

① 권선의 저항 측정 시험
② 무부하 시험(개방 시험)
③ 구속 시험

답 ②

08 다음 중 정전압형 발전기가 아닌 것은 ?

① 로젠베르그 발전기　② 제 3 브러시 발전기
③ 직류 분권발전기　④ 로토트롤 발전기

답 ④

09 일정한 부하에서 역률 1로 동기전동기를 운전하는 중 여자를 약하게 하면 전기자 전류는 ?

① 진상전류가 되고 증가한다.　② 진상전류가 되고 감소한다.
③ 지상전류가 되고 증가한다.　④ 지상전류가 되고 감소한다.

◆ 풀이 • 위상특성 곡선(V 곡선)

여자전류 감소 ➡ 역률이 뒤지고 전기자 전류는 증가

답 ③

10 동기전동기의 V곡선(위상특성) 에 대한 설명으로 틀린 것은 ?

① 횡축에 여자전류를 나타낸다.
② 종축에 전기자전류를 나타낸다.
③ 동일출력에 대해서 여자가 약한 경우가 뒤진 역률이다.
④ V 곡선의 최저점에는 역률이 0[%] 이다.

◆ 풀이 • V 곡선의 최저점에는 역률이 1 이다.

답 ④

11 유도 전동기의 기동 계급은 ?

① 19 계급　② 23 계급　③ 26 계급　④ 30 계급

답 ①

12 전압이나 전류의 제어가 불가능한 소자는 ?

① IGBT　② SCR　③ GTO　④ Diode

답 ④

13 SCR 에 대한 설명으로 옳은 것은 ?

① 턴온을 위해 게이트 펄스가 필요하다.
② 게이트 펄스를 지속적으로 공급해야 턴온 상태를 유지할 수 있다.
③ 양방향성의 3단자 소자이다.
④ 양방향성의 3층 구조이다.

답 ①

14 3상 권선형 유도전동기의 전부하 슬립이 4[%], 2차 1상의 저항이 0.3[Ω]이다. 이 전동기의 기동 토크를 전부하 토크와 같도록 하려면 외부에서 2차에 삽입할 저항은 ?

① 5.8[Ω]　② 6.7[Ω]　③ 7.2[Ω]　④ 8.3[Ω]

답 ③

◆ 풀이 • $s' = 1$, $s = 4$ [%], $r_2 = 0.3$ [Ω], $R = ?$

$$\frac{r_2}{s} = \frac{r_s + R}{s'}$$

$$\frac{r_2}{s} = \frac{r_2 + R}{1}$$

$$R = \frac{1-s}{s} r_2 = \frac{1-0.04}{0.04} \times 0.3 = 7.2 \quad [\Omega]$$

15 다음 중 워드 레오나드(Wardleonard) 방식의 목적은 ?

① 정류개선 ② 계자자속조정 ③ 속도제어 ④ 병렬운전

◆ 풀이 • 직류기의 속도제어법 답 ③

① 계자 제어법

② 전압 제어법 ┌ 워어드 레오너드 방식
└ 일그너 방식

③ 저항 제어법

16 200[V], 7.5[kW], 6극 3상 유도전동기가 있다. 정격전압으로 기동할 때 기동전류는 정격전류의 615[%], 기동 토크는 전부하 토크의 225[%] 이다. 지금 기동 토크를 전부하 토크의 150[%]로 하려면 기동전압은 약 몇 [V] 인가 ?

① 163 ② 182 ③ 193 ④ 202

◆ 풀이 • $T \propto V^2$ 답 ①

$225 : 200^2$

$150 : V^2$

$$V^2 = \left(\frac{150}{225}\right) \cdot 200^2$$

$$V = \sqrt{\frac{150}{225}} \times 200 = 163 \text{ [V]}$$

17 직류 분권전동기가 있다. 단자전압 215[V], 전기자전류 100[A], 1500[rpm] 으로 운전되고 있을 때 발생 토크는 약 몇 [N · m] 인가 ? (단, 전기자 저항 $r_a = 0.1\,[\Omega]$ 이다.)

① 120.6 ② 130.6 ③ 191.1 ④ 291.1

◆ 풀이 • 직류전동기의 토크 T 답 ②

$V = 215$ [V], $I_a = 100$ [A] $N = 1500$ [rpm],

$R_a = 0.1\,[\Omega]$, T[N · m] = ?

$$T = \frac{60P}{2\pi N} = \frac{60E \cdot I_a}{2\pi N} = \frac{60(V - I_a R_a) \cdot I_a}{2\pi N}$$

$$= \frac{60(215 - 100 \times 0.1) \times 100}{2\pi \times 1500} = 130.6\,[\text{N} \cdot \text{m}]$$

18 동기전동기에 관한 설명으로 옳은 것은 ?

① 기동 토크가 크다. ② 기동조작이 간단하다.

③ 역율을 조정할 수 없다. ④ 속도가 일정하다.

◆ 풀이 • 동기전동기의 장점 답 ④

① 속도가 일정

② 역률을 조정할 수 있다.

③ 효율이 유도기에 비하여 양호

19 어느 변압기의 퍼센트 저항강하가 p[%], 퍼센트 리액턴스강하가 퍼센트 저항강하의 1/2이고, 역률 80 [%](지역률)인 경우의 전압변동률[%] 은 ?

① 1.0 ② 1.1 ③ 1.2 ④ 1.3

◆ 풀이 • 변압기의 전압변동률 ϵ 답 ②

$$\epsilon = P\cos\theta + q\sin\theta = \left(1\times 0.8 + \frac{1}{2}\times 0.6\right) = 1.1\ [\%]$$

20 출력 P, 슬립 s로 운전할 때 2차 동손은 ?

① $\frac{1-s}{s}\cdot\ P$ ② $\frac{s}{1-s}\cdot\ P$

③ $\frac{1+s}{s}\cdot\ P$ ④ $\frac{s}{1+s}\cdot\ P$

◆ 풀이 • 2차 동손 P_{2c} 답 ②

출력 $= P$, 슬립 $= s$

$$P_{2c} = \left(\frac{s}{1-s}\right)\cdot\ P$$

참고문헌

1. *전기기기이론*, 이익환, 한국산업인력공단.
2. *전기기기*, 선재화 외, 형설출판사.
3. *전기기기*, 검정연구회, 동일출판사.
4. *전기기기*, 신재화 외 8인, 문운당출판사.
5. *6060 알기쉬운 전기기능사*, 김수용 외 1인, 미림원출판사, 2017.
6. *알기쉬운 전력공학*, 김수용, 웅보출판사, 2017.
7. *알기쉬운 송배전공학*, 김수용, 웅보출판사, 2017.
8. *안전교육학*, 김수용, 홍릉과학출판사, 2019.
9. *알기쉬운 전기설비*, 김수용, 화수목출판사, 2020.
10. *알기쉬운 전기회로*, 김수용 · 김근수, 화수목출판사, 2020.
11. *개념을 잡아주는 전기자기학*, 김수용, 화수목출판사, 2020.

찾아보기

| ㄹ

| ㅁ

| ㅂ

ㅈ

A-Z

저자 소개

김수용

교육학 / 공학박사 / 기술자(특급)

김근수

공학박사

알기 쉬운 전기기기 정가 21,000원

저자 : 김수용 · 김근수

발행인 : 임정대
발행처 : 도서출판 화수목

인쇄 : 2020년 8월 10일
발행 : 2020년 8월 14일

등록 : 제2014-000166호

주소 : 서울시 마포구 신촌로 2길 5-15
전화 : 02-338-9119
팩스 : 02-335-2201

ISBN 979-11-89933-11-1 (93530)